• *Evolution and Ethics and other Essays* •

我一生追求的目标就是促进自然科学知识的发展，尽我所能去推动科学研究方法在生活的一切方面的应用。

——赫胥黎

在英国社会伦理和政治的转变阶段，赫胥黎提供了最好的思想和实践方面的理论和经验。

——英国学者萨德勒（Michael Sadler）

很难料到有那么多的听众聚集一堂，听取赫胥黎教授作进化论与伦理学的演讲；那种场面，就像大家聚集起来去听现任首相的高谈阔论……说实在的，他的讲座只有一个缺陷：太多太多的听众，因为运气不好，不能直接站到教授的面前，有时几乎听不清楚。

——《牛津杂志》1893年5月"关于牛津大辩论"的报道

本书列入"十三五"国家重点图书出版规划

科学元典丛书

The Series of the Great Classics in Science

主　　编　任定成

执行主编　周雁翎

策　　划　周雁翎

丛书主持　陈　静

　　科学元典是科学史和人类文明史上划时代的丰碑，是人类文化的优秀遗产，是历经时间考验的不朽之作。它们不仅是伟大的科学创造的结晶，而且是科学精神、科学思想和科学方法的载体，具有永恒的意义和价值。

科学元典丛书

进化论与伦理学（全译本）

（附《天演论》）

Evolution and Ethics and Other Essays

［英］赫胥黎 著　宋启林 等 译

黄芳 一校　陈蓉霞 终校

北京大学出版社
PEKING UNIVERSITY PRESS

图书在版编目(CIP)数据

进化论与伦理学（全译本）（附《天演论》）/（英）赫胥黎著；宋启林等译；黄芳一校，陈蓉霞终校.—北京：北京大学出版社，2010.12

（科学元典丛书）

ISBN 978-7-301-09560-7

Ⅰ.进…　Ⅱ.①赫…②宋…③黄…④陈…　Ⅲ.科学普及−进化学说　Ⅳ.Q111

中国版本图书馆CIP数据核字（2005）第006663号

EVOLUTION & ETHICS: AND OTHER ESSAYS

By Thomas Henry Huxley

London: Macmillan, 1894.

书　　　名	进化论与伦理学（全译本）（附《天演论》）
	JINHUALUN YU LUNLIXUE
著作责任者	［英］赫胥黎 著　宋启林 等译　黄　芳 一校　陈蓉霞 终校
丛 书 策 划	周雁翎
丛 书 主 持	陈　静
责 任 编 辑	陈　静　刘　军
标 准 书 号	ISBN 978-7-301-09560-7
出 版 发 行	北京大学出版社
地　　　址	北京市海淀区成府路205号　100871
网　　　址	http://www.pup.cn　　新浪微博：@北京大学出版社
微信公众号	科学元典（微信号：kexueyuandian）
电 子 信 箱	zyl@pup.pku.edu.cn
电　　　话	邮购部 010-62752015　发行部 010-62750672　编辑部 010-62707542
印 刷 者	北京中科印刷有限公司
经 销 者	新华书店
	787毫米×1092毫米　16开本　15.5印张　8插页　220千字
	2010年12月第1版　2022年7月第7次印刷
定　　　价	65.00元

弁　言

　　这套丛书中收入的著作，是自古希腊以来，主要是自文艺复兴时期现代科学诞生以来，经过足够长的历史检验的科学经典。为了区别于时下被广泛使用的"经典"一词，我们称之为"科学元典"。

　　我们这里所说的"经典"，不同于歌迷们所说的"经典"，也不同于表演艺术家们朗诵的"科学经典名篇"。受歌迷欢迎的流行歌曲属于"当代经典"，实际上是时尚的东西，其含义与我们所说的代表传统的经典恰恰相反。表演艺术家们朗诵的"科学经典名篇"多是表现科学家们的情感和生活态度的散文，甚至反映科学家生活的话剧台词，它们可能脍炙人口，是否属于人文领域里的经典姑且不论，但基本上没有科学内容。并非著名科学大师的一切言论或者是广为流传的作品都是科学经典。

　　这里所谓的科学元典，是指科学经典中最基本、最重要的著作，是在人类智识史和人类文明史上划时代的丰碑，是理性精神的载体，具有永恒的价值。

一

　　科学元典或者是一场深刻的科学革命的丰碑，或者是一个严密的科学体系的构架，或者是一个生机勃勃的科学领域的基石，或者是一座传播科学文明的灯塔。它们既是昔日科学成就的创造性总结，又是未来科学探索的理性依托。

　　哥白尼的《天体运行论》是人类历史上最具革命性的震撼心灵的著作，它向统治西方思想千余年的地心说发出了挑战，动摇了"正统宗教"学说的天文学基础。伽利略《关于托勒密与哥白尼两大世界体系的对话》以确凿的证据进一步论证了哥白尼学说，更直接地动摇了教会所庇护的托勒密学说。哈维的《心血运动论》以对人类躯体和心灵的双重关怀，满怀真挚的宗教情感，阐述了血液循环理论，推翻了同样统治西方思想千余年、被"正统宗教"所庇护的盖伦学说。笛卡儿的《几何》不仅创立了为后来诞生的微积分提供了工具的解析几何，而且折射出影响万世的思想方法论。牛顿的《自然哲学之数学原理》标志着17世纪科学革命的顶点，为后来的工业革命奠定了科学基础。分别以惠更斯的《光论》与牛顿的《光学》为代表的波动说与微粒说之间展开了长达200余年的论战。拉瓦锡在《化学基础论》中详尽论述了氧化理论，推翻了统治化学百余年之久的燃素理论，这一智识壮举被公认为历史上最自觉的科学革命。道尔顿的《化学哲学新体系》奠定了物质结构理论的基础，开创了科学中的新时代，使19世纪的化学家们有计划地向未知领域前进。傅立叶的《热的解析理论》以其对热传导问题的精湛处理，突破了牛顿《原理》所规定的理论力学范围，开创了数学物理学的崭新领域。达尔文《物种起源》中的进化论思想不仅在生物学发展到分子水平的今天仍然是科学家们阐释的对象，而且100多年来几乎在科学、社会和人文的所有领域都在施展它有形和无形的影响。《基因论》揭示了孟德尔式遗传性状传递机理的物质基础，把生命科学推进到基因水平。爱因斯坦的《狭义与广义相对论浅说》和薛定谔的《关于波动力学的四次演讲》分别阐述了物质世界在高速和微观领域的运动规律，完全改变了自牛顿以来的世界观。魏格纳的《海陆的起源》提出了大陆漂移的猜想，为当代地球科学提供了新的发展基点。维纳的《控制论》揭示了控制系统的反馈过程，普里戈金的《从存在到演化》发现了系统可能从原来无序向新的有序态转化的机制，二者的思想在今天的影响已经远远超越了自然科学领域，影响到经济学、社会学、政治学等领域。

　　科学元典的永恒魅力令后人特别是后来的思想家为之倾倒。欧几里得的《几何原本》以手抄本形式流传了1800余年，又以印刷本用各种文字出了1000版以上。阿基米德写了大量的科学著作，达·芬奇把他当作偶像崇拜，热切搜求他的手稿。伽利略以他的继承人自居。莱布尼兹则说，了解他的人对后代杰出人物的成就就不会那么赞赏了。为捍卫《天体运行论》中的学说，布鲁诺被教会处以火刑。伽利略因为其《关于托勒密与哥白尼两大世界体系的对话》一书，遭教会的终身监禁，备受折磨。伽利略说吉尔伯特的《论磁》一书伟大得令人嫉妒。拉普拉斯说，牛顿的《自然哲学之数学原理》揭示了宇宙的最伟大定律，它将永远成为深邃智慧的纪念碑。拉瓦锡在他的《化学基础论》出版后 5 年被法国革命法庭处死，传说拉格朗日悲愤地说，砍掉这颗头颅只要一瞬间，再长出这样的头颅一百年也不够。《化学哲学新体系》的作者道尔顿应邀访法，当他走进法国科学院会议厅时，院长和全体院士起立致敬，得到拿破仑未曾享有的殊荣。傅立叶在《热的解析理论》中阐述的强有力的数学工具深深影响了整个现代物理学，推动数学分析的发展达一个多世纪，麦克斯韦称赞该书是"一首美妙的诗"。当人们咒骂《物种起源》是"魔鬼的经典""禽兽的哲学"的时候，赫胥黎甘做"达尔文的斗犬"，挺身捍卫进化论，撰写了《进化论与伦理学》和《人类在自然界的位置》，阐发达尔文的学说。经过严复的译述，赫胥黎的著作成为维新领袖、辛亥精英、"五四"斗士改造中国的思想武器。爱因斯坦说法拉第在《电学实验研究》中论证的磁场和电场的思想是自牛顿以来物理学基础所经历的最深刻变化。

在科学元典里，有讲述不完的传奇故事，有颠覆思想的心智波涛，有激动人心的理性思考，有万世不竭的精神甘泉。

二

按照科学计量学先驱普赖斯等人的研究，现代科学文献在多数时间里呈指数增长趋势。现代科学界，相当多的科学文献发表之后，并没有任何人引用。就是一时被引用过的科学文献，很多没过多久就被新的文献所淹没了。科学注重的是创造出新的实在知识。从这个意义上说，科学是向前看的。但是，我们也可以看到，这么多文献被淹没，也表明划时代的科学文献数量是很少的。大多数科学元典不被现代科学文献所引用，那是因为其中的知识早已成为科学中无须证明的常识了。即使这样，科学经典也会因为其中思想的恒久意义，而像人文领域里的经典一样，具有永恒的阅读价值。于是，科学经典就被一编再编、一印再印。

早期诺贝尔奖得主奥斯特瓦尔德编的物理学和化学经典丛书"精密自然科学经典"从 1889 年开始出版，后来以"奥斯特瓦尔德经典著作"为名一直在编辑出版，有资料说目前已经出版了 250 余卷。祖德霍夫编辑的"医学经典"丛书从 1910 年就开始陆续出版了。也是这一年，蒸馏器俱乐部编辑出版了 20 卷"蒸馏器俱乐部再版本"丛书，丛书中全是化学经典，这个版本甚至被化学家在 20 世纪的科学刊物上发表的论文所引用。一般把 1789 年拉瓦锡的化学革命当作现代化学诞生的标志,把 1914 年爆发的第一次世界大战称为化学家之战。奈特把反映这个时期化学的重大进展的文章编成一卷,把这个时期的其他 9 部总结性化学著作各编为一卷,辑为 10 卷"1789—1914 年的化学发展"丛书,于 1998 年出版。像这样的某一科学领域的经典丛书还有很多很多。

科学领域里的经典,与人文领域里的经典一样,是经得起反复咀嚼的。两个领域里的经典一起,就可以勾勒出人类智识的发展轨迹。正因为如此,在发达国家出版的很多经典丛书中,就包含了这两个领域的重要著作。1924 年起,沃尔科特开始主编一套包括人文与科学两个领域的原始文献丛书。这个计划先后得到了美国哲学协会、美国科学促进会、科学史学会、美国人类学协会、美国数学协会、美国数学学会以及美国天文学学会的支持。1925 年,这套丛书中的《天文学原始文献》和《数学原始文献》出版,这两本书出版后的 25 年内市场情况一直很好。1950 年,他把这套丛书中的科学经典部分发展成为"科学史原始文献"丛书出版。其中有《希腊科学原始文献》《中世纪科学原始文献》和《20 世纪(1900—1950 年)科学原始文献》,文艺复兴至 19 世纪则按科学学科(天文学、数学、物理学、地质学、动物生物学以及化学诸卷)编辑出版。约翰逊、米利肯和威瑟斯庞三人主编的"大师杰作丛书"中,包括了小尼德勒编的 3 卷"科学大师杰作",后者于 1947 年初版,后来多次重印。

在综合性的经典丛书中,影响最为广泛的当推哈钦斯和艾德勒 1943 年开始主持编译的"西方世界伟大著作丛书"。这套书耗资 200 万美元,于 1952 年完成。丛书根据独创性、文献价值、历史地位和现存意义等标准,选择出 74 位西方历史文化巨人的 443 部作品,加上丛书导言和综合索引,辑为 54 卷,篇幅 2 500 万单词,共 32 000 页。丛书中收入不少科学著作。购买丛书的不仅有"大款"和学者,而且还有屠夫、面包师和烛台匠。迄 1965 年,丛书已重印 30 次左右,此后还多次重印,任何国家稍微像样的大学图书馆都将其列入必藏图书之列。这套丛书是 20 世纪上半叶在美国大学兴起而后扩展到全社会的经典著作研读运动的产物。这个时期,美国一些大学的寓所、校园和酒吧里都能听到学生讨论古典佳作的声音。有的大学要求学生必须深研 100 多部名著,甚至在教学中不得使用最新的实验设备而是借助历史上的科学大师所使用的方法和仪器复制品去再现划时代的著名实验。至 20 世纪 40 年代末,美国举办古典名著学习班的城市达 300 个,学员约 50 000 余众。

相比之下,国人眼中的经典,往往多指人文而少有科学。一部公元前 300 年左右古希腊人写就的《几何原本》,从 1592 年到 1605 年的 13 年间先后 3 次汉译而未果,经 17 世纪初和 19 世纪 50 年代的两次努力才分别译刊出全书来。近几百年来移译的西学典籍中,成系统者甚多,但皆系人文领域。汉译科学著作,多为应景之需,所见典籍寥若晨星。借 20 世纪 70 年代末举国欢庆"科学春天"到来之良机,有好尚者发出组译出版"自然科学世界名著丛书"的呼声,但最终结果却是好尚者抱憾而终。20 世纪 90 年代初出版的"科学名著文库",虽使科学元典的汉译初见系统,但以 10 卷之小的容量投放于偌大的中国读书界,与具有悠久文化传统的泱泱大国实不相称。

我们不得不问:一个民族只重视人文经典而忽视科学经典,何以自立于当代世界民族之林呢?

三

科学元典是科学进一步发展的灯塔和坐标。它们标识的重大突破,往往导致的是常规科学的快速发展。在常规科学时期,人们发现的多数现象和提出的多数理论,都要用科学元典中的思想来解释。而在常规科学中发现的旧范型中看似不能得到解释的现象,其重要性往往也要通过与科学元典中的思想的比较显示出来。

在常规科学时期,不仅有专注于狭窄领域常规研究的科学家,也有一些从事着常规研究但又关注着科学基础、科学思想以及科学划时代变化的科学家。随着科学发展中发现的新现象,这些科学家的头脑里自然而然地就会浮现历史上相应的划时代成就。他们会对科学元典中的相应思想,重新加以诠释,以期从中得出对新现象的说明,并有可能产生新的理念。百余年来,达尔文在《物种起源》中提出的思想,被不同的人解读出不同的信息。古脊椎动物学、古人类学、进化生物学、遗传学、动物行为学、社会生物学等领域的几乎所有重大发现,都要拿出来与《物种起源》中的思想进行比较和说明。玻尔在揭示氢光谱的结构时,提出的原子结构就类似于哥白尼等人的太阳系模型。现代量子力学揭示的微观物质的波粒二象性,就是对光的波粒二象性的拓展,而爱因斯坦揭示的光的波粒二象性就是在光的波动说和粒子说的基础上,针对光电效应,提出的全新理论。而正是与光的波动说和粒子说二者的困难的比较,我们才可以看出光的波粒二象性学说的意义。可以说,科学元典是时读时新的。

除了具体的科学思想之外,科学元典还以其方法学上的创造性而彪炳史册。这些方法学思想,永远值得后人学习和研究。当代研究人的创造性的诸多前沿领域,如认知心理学、科学哲学、人工智能、认知科学等,都涉及对科学大师的研究方法的研究。一些科学史学家以科学元典为基点,把触角延伸到科学家的信件、实验室记录、所属机构的档案等原始材料中去,揭示出许多新的历史现象。近二十多年兴起的机器发现,首先就是对科学史学家提供的材料,编制程序,在机器中重新做出历史上的伟大发现。借助于人工智能手段,人们已经在机器上重新发现了波义耳定律、开普勒行星运动第三定律,提出了燃素理论。萨伽德甚至用机器研究科学理论的竞争与接受,系统研究了拉瓦锡氧化理论、达尔文进化学说、魏格纳大陆漂移说、哥白尼日心说、牛顿力学、爱因斯坦相对论、量子论以及心理学中的行为主义和认知主义形成的革命过程和接受过程。

除了这些对于科学元典标识的重大科学成就中的创造力的研究之外，人们还曾经大规模地把这些成就的创造过程运用于基础教育之中。美国兴起的发现法教学，就是几十年前在这方面的尝试。近二十多年来，兴起了基础教育改革的全球浪潮，其目标就是提高学生的科学素养，改变片面灌输科学知识的状况。其中的一个重要举措，就是在教学中加强科学探究过程的理解和训练。因为，单就科学本身而言，它不仅外化为工艺、流程、技术及其产物等器物形态、直接表现为概念、定律和理论等知识形态，更深蕴于其特有的思想、观念和方法等精神形态之中。没有人怀疑，我们通过阅读今天的教科书就可以方便地学到科学元典著作中的科学知识，而且由于科学的进步，我们从现代教科书上所学的知识甚至比经典著作中的更完善。但是，教科书所提供的只是结晶状态的凝固知识，而科学本是历史的、创造的、流动的，在这历史、创造和流动过程之中，一些东西蒸发了，另一些东西积淀了，只有科学思想、科学观念和科学方法保持着永恒的活力。

然而，遗憾的是，我们的基础教育课本和科普读物中讲的许多科学史故事不少都是误讹相传的东西。比如，把血液循环的发现归于哈维，指责道尔顿提出二元化合物的元素原子数最简比是当时的错误，讲伽利略在比萨斜塔上做过落体实验，宣称牛顿提出了牛顿定律的诸数学表达式，等等。好像科学史就像网络上传播的八卦那样简单和耸人听闻。为避免这样的误讹，我们不妨读一读科学元典，看看历史上的伟人当时到底是如何思考的。

现在，我们的大学正处在席卷全球的通识教育浪潮之中。就我的理解，通识教育固然要对理工农医专业的学生开设一些人文社会科学的导论性课程，要对人文社会科学专业的学生开设一些理工农医的导论性课程，但是，我们也可以考虑适当跳出专与博、文与理的关系的思考路数，对所有专业的学生开设一些真正通而识之的综合性课程，或者倡导这样的阅读活动、讨论活动、交流活动甚至跨学科的研究活动，发掘文化遗产、分享古典智慧、继承高雅传统，把经典与前沿、传统与现代、创造与继承、现实与永恒等事关全民素质、民族命运和世界使命的问题联合起来进行思索。

我们面对不朽的理性群碑，也就是面对永恒的科学灵魂。在这些灵魂面前，我们不是要顶礼膜拜，而是要认真研习解读，读出历史的价值，读出时代的精神，把握科学的灵魂。我们要不断吸取深蕴其中的科学精神、科学思想和科学方法，并使之成为推动我们前进的伟大精神力量。

任定成

2005 年 8 月 6 日

北京大学承泽园迪吉轩

当19世纪来临之际，乐观和兴奋的精神弥漫于欧洲大陆的大部分地区，并且跨过大西洋直达刚刚建立的美国。这是一个妇女穿长裙、男人打领带、蒸汽机刚刚对生产过程和旅行方式产生影响的时代。对于科学来说，这是一个激动人心的时代，全社会都在享受科学带来的从未有过的恩惠，人们似乎正在走进一个崭新的世界，而这个世界将通过科学变得更加美好！一切都已准备就绪，一场伟大的突破很快就要来临。但是在政治和经济上，这个时代的意义并不总是那么正面。19世纪是一个和平和革命交替转换的时代，在欧洲是民族主义的时代；在土耳其帝国和美洲诸国，是从欧洲政府手中争取独立的时代；是工业化和代价同步增长的时代，也是欧洲国家广泛推行帝国主义的时代。

← 1851年在伦敦"水晶宫"举办的世博会。共有600多万人参观了这次世博会的盛况，人们谅讶于工业革命带给世界的变化。维多利亚女王在开幕当晚的日记中写道："把地球上所有国家的工业联合起来——确实让人感动，永远值得纪念。"

↑ 到19世纪末，电灯照亮了伦敦街头，电报通信改变了新闻界和商业等领域，工厂轰鸣，城市街道忙碌于交易。图为伦敦结了冰的泰晤士河上举行的一次冬日集市。

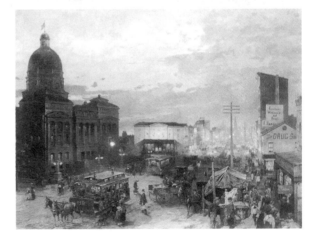

→ 美国繁忙、喧闹的城市，华丽的高楼大厦，煤气灯照明的街道。

19世纪的世界格局发生了巨大的变化，世界范围内战争不断，如欧洲的拿破仑战争、普法战争，美国的南北战争，中国的太平天国起义及两次鸦片战争……一些国家从农业文明走向工业文明，但另一些国家开始沦为殖民地或半殖民地半封建社会。

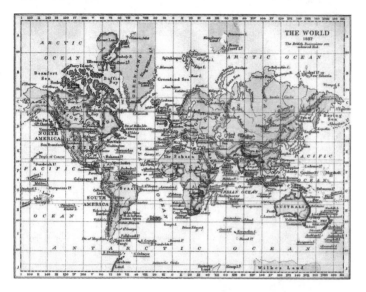

← 英国是最早完成工业革命的国家，并带动了许多国家相继发生工业革命。这具有划时代的历史意义，推动了人类文明的进步。

↓ 太平军和清军在南京城外长江上激战。1851—1864年的太平天国是中国近代一次大规模农民起义，洪秀全假借了当时从西方传入的新兴宗教，得到百姓的拥护，亦反映了当时人们渴望求变的思想。

↑ 1840—1842年，1856—1860年，英国先后两次发动鸦片战争，中国开始沦为半殖民地半封建社会。

→ 普法战争。1870年7月19日，法国对普鲁士宣战。

→ 19世纪社会主义经历了一个从空想到科学的发展过程。空想社会主义代表人物是法国的圣西门、傅立叶和英国的欧文。他们深刻揭露了资本主义的罪恶，对未来的理想社会提出许多美妙的设想，企图建立"人人平等，个个幸福"的新社会。欧文建立的第一个社会主义实验场位于苏格兰中部的克莱德河谷（clyde valley），名叫新兰那克村（new lanark）。图为今日的新兰那克村，已被列为世界文化遗产。

→ 马克思和恩格斯以历史唯物主义的观点揭示和发现了人类社会发展的规律以及当代资本主义经济运动的规律，这使得社会主义由空想变成了科学。

← 巴黎公社成立大会。巴黎公社起义是1871年3月18日至5月28日，巴黎无产阶级为推翻地主资产阶级的统治，建立无产阶级国家政权而进行的一次武装斗争。巴黎公社虽然只存在了72天，但它是世界历史上第一次实行无产阶级专政的尝试。革命失败后不久，公社委员欧仁·鲍狄埃写下了气势磅礴的《国际歌》。

细胞学说、能量守恒和转化定律、进化论被称为19世纪自然科学的三大发现。这三大发现，为辩证唯物主义的产生提供了重要的自然科学的理论依据，受到马克思、恩格斯的高度评价。

→ 1836—1839年间由德国植物学家施莱登（M.J.Schleiden，1804—1881）和施旺（Th.Schwann，1810—1882）共同创立的细胞学说，揭示了生物界在细胞层次上的统一性和共同起源，对神创论是一个有力的驳斥，为生物进化论以及辩证唯物主义自然观的建立提供了重大的科学依据。图为不同细胞和组织的模式图。

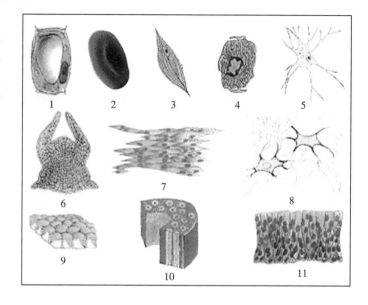

← 亥姆霍兹（Hermann von Helmholtz，1821—1894），德国物理学家，生理学家，他第一次以数学方式提出能量守恒定律。他是从"永动机不可能实现"这个事实入手研究并发现能量转化和守恒原理（即热力学第一定律），该定律指出，热能可以从一个物体传递给另一个物体，也可以与机械能或其他能量相互转换，在传递和转换过程中，能量的总值不变。

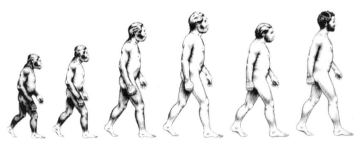

↑ 达尔文于1859年发表《物种起源》一书，标志进化论理论的正式确立。达尔文进化论认为物种是变化的，是不断由简单到复杂，从低等到高等逐渐进化的，自然界种种生物都是通过这个过程演化而来的，人类亦如此。达尔文进化论把发展、变化、联系的观点引进了生物学，使生物学最终摆脱了神学的束缚，成为真正的科学。

↑ 达尔文的《物种起源》《人类的由来及性选择》以及赫胥黎的《人类在自然界的位置》相继出版，进化论的影响越来越大。图为上述作品的中译本。

为了进一步宣传进化论思想，赫胥黎于1893年5月牛津大学罗马尼斯（Romanes）讲座上作了一场题为"进化论与伦理学"的演讲。该讲座每年在圣安东尼剧院举办一次，是著名的公开演讲。

在这些演讲的基础上，赫胥黎出版了《进化论与伦理学》一书。

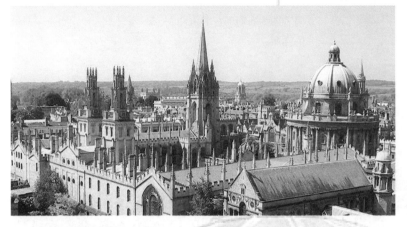

↑ 今日牛津大学。

↑ 罗马尼斯讲座是1892年由乔治·罗马尼斯（George John Romanes，1848—1894）教授在牛津大学设立的，他选择的头两个演讲人就是格莱斯顿（William Gladstone，1809—1898）和赫胥黎（Thomas Henry Huxley，1825—1895）。

↑ 格莱斯顿。尽管罗马尼斯讲明，该讲座不宜讨论政治和宗教问题，但是，显然避免不了。因为格莱斯顿和赫胥黎在之前的10年里就对圣经的奇迹（如对创世的解释）的自然主义基础进行过争论。两个名人变成了对手，格莱斯顿捍卫正统观念，赫胥黎捍卫科学的自然主义。

↑ 赫胥黎。赫胥黎与罗马尼斯教授有着亲密的友谊，在本书前言中，赫胥黎写道："提到罗马尼斯的名字，我不禁悲从中来，痛惜这位挚友在风华正茂之时遽然早逝。他为人厚道，我以及他的许多其他友人感到他可敬可亲；他的研究才能和对促进知识进步的热忱，受到了其同事们的公正评价。"

↑ 2003年圣安东尼剧院（Sheldonian Theatre）举办的一场讲座。

← 《进化论与伦理学》一书中也收录了赫胥黎给《泰晤士报》写的讨论布斯（William Booth，1829—1912）先生《最黑暗的英格兰及其出路》的信。这些信件已在1890年12月—1891年1月期间的《泰晤士报》上发表。图为布斯的 In Darkest England and The Way Out 一书中的插图。

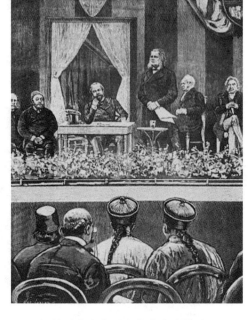

↑ 赫胥黎在英国皇家学院演说时也吸引了许多来自中国的学者。如后来成为"中国传播进化论第一人"的严复。

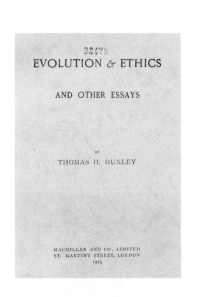

↑ 《进化论与伦理学》英文版及其扉页。《进化论与伦理学》最初作为一个小册子，1893年在罗马尼斯演讲完之后立即发表。该书和它的"导论"，于1894年以《论文集》的第9卷的形式第一次一起出版，书名为《进化论与伦理学及其他论文》，在随后的近百年里不断重版。1947年，赫胥黎的"导论"和"进化论与伦理学"，连同孙子朱利安·赫胥黎所写的3篇论文，以书名为《进化论与伦理学：1893—1943》再版。

→《物种起源》封面。赫胥黎阅读了达尔文赠送的《物种起源》，很快就接受了进化论，成为达尔文及其进化论的主要支持者。

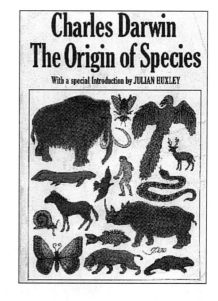

← 欧文（Richard Owen，1804—1892）与达尔文是20多年的同事和好友，但他坚决反对达尔文的理论，他甚至写匿名文章攻击达尔文，并亲自指使威尔伯福斯主教去和赫胥黎论战。当达尔文的论著在科学界被普遍承认时，他的态度开始有所改变，承认达尔文论据的精确性。但并不能根本扭转他否定达尔文学说的立场。

→ 地质学家塞奇威治（Sedgwick Adam，1785—1873）是达尔文在剑桥上学时的老师，对达尔文有过巨大帮助，但他在看过达尔文寄来的《物种起源》之后，回信说："如果我不认为你是一位性情和善、热爱真理的人，我就不会告诉你说我读了该书之后，所感到的苦痛多于愉快。"……

人类学家克劳弗德在《研究者》上，满怀敌意地发表针对《物种起源》的书评。大英博物馆的老格雷以一种优美的文体对达尔文进行了攻击。天文学家赫歇尔也轻蔑地说达尔文的书是"一塌糊涂的法则"。

除此之外，一些地质学家，昆虫学家，植物学家都加入了反对达尔文的行列，攻击、嘲讽、谩骂像暴风雨般袭来。最重要的是，科学进化论触及更为广泛的宗教观念和社会利益，所以这场斗争远比预想的更为激烈和尖锐。大批威胁恐吓的信件，从世界各地被送到党豪斯达尔文的住处。那些很少收到邮件的居民，看到当地邮局的信差肩上扛着装满邮件的笨重的麻袋，沿着小路向达尔文住宅走去，也习以为常了。

尖锐的斗争使达尔文和胡克、赫胥黎等科学家之间的战斗友谊越来越牢不可破。达尔文因为身体不好，捍卫进化论的任务就落到了赫胥黎等人身上。

1860年，"英国科学协会"在牛津开会，这次会议以关于《物种起源》的两次激战而闻名于世，这就是进化论历史上著名的"牛津大论战"。这场论战的胜利大长了进化论者的志气，大灭了神创论者的威风，大大促进了进化论的传播。

← 进化论的提出使得神学界一片惊慌，并引起了一场轩然大波。就此，科学和神学展开了激烈的论战。1860年6月28—30日，以牛津大主教威尔伯福斯（Wilberforce）为首的神创论者对达尔文及其《物种起源》进行了猛烈的攻击。图为牛津大学博物馆，赫胥黎与威尔伯福斯的著名论战就在此展开。

→ 赫胥黎全力以赴地投入捍卫达尔文思想的大论战中，被称为是"达尔文的斗犬"。他以丰富的论据理直气壮地宣传进化论，并批驳了威尔伯福斯一伙的傲慢与无知，使进化论取得了决定性的胜利。图为漫画：威尔伯福斯、赫胥黎。

↑ 此图表现了这场著名的论战当时的情景，中间竖立着达尔文雕像。

→ 胡克在赫胥黎之后上台发言，他简短而坚定地说威尔伯福斯主教根本没有读过《物种起源》这本书，却竟敢来判断这部著作，而且在植物学方面他连一点基本知识也没有。威尔伯福斯主教在听了胡克的发言之后，再没有登台论战的勇气，悄悄地溜出了会场。

目　录

弁言 / 1

导读一 / 1

导读二 / 1

前言 / 1

第一部分　进化论与伦理学：导论 / 1

第二部分　进化论与伦理学 / 19

第三部分　科学与道德 / 47

第四部分　资本——劳动之母 / 59

第五部分　人类社会中的生存斗争 / 75

第六部分　社会疾病与糟糕疗方 / 91

人名中英文对照表 / 136

附录 《天演论》 / 141

　　译《天演论》自序 / 143

　　译例言 / 147

　　天演论（上） / 151

　　天演论（下） / 177

导 读 一
中国近代思想史上的《天演论》

欧阳哲生

（北京大学　教授）

· *Introduction to Chinese Version* I ·

　　《天演论》是严复根据赫胥黎于 1894 年出版的《进化论与伦理学及其他论文》(*Evolution and Ethics and Other Essays*)一书中的两篇文章（"导论"和"进化论与伦理学"）改译的。全书采用了意译，并附有一篇自序和 29 段按语，甚至有些按语超过了译文篇幅。因此该书就不是一般的翻译了。严复在翻译和按语中所做的"中国化"工作，大大加强了译作的现实感。严复在《译〈天演论〉自序》中说："此书旨在自强保种"。正是这种"歪曲原意"的翻译，在当时的中国社会迅速掀起了一股"天演"热，如一声惊雷，对 19 世纪末 20 世纪初的中国历史产生了不同凡响的影响。

中国近代思想的产生与发展主要是依循两条路子：一条是推陈出新，即在中国传统经学（儒学）内部，发现与时代相结合的思想生长点，从中国传统学术的内在理路出发，提出具有时代意义的新思想、新理论、新学说，从龚自珍、魏源到康有为为代表的今文学派和自称"返本开新"的现代新儒家走的即是这条路子。一条是援西入中，即通过传播、译介外来思想理论，为中国近代思想的发展输入新的血液，在此基础上提出自己的维新、变革理论和建构新的思想系统，严复可谓这条路子的第一个典型代表。这两条路子并非判然有别，而是互为表里，相互渗透，思想家们往往以追求中西交融为其思想的极致。

近人论及中国近代思想历程时，无不交口称赞严复在译介西方思想理论方面的贡献。梁启超在评及晚清思想界的状况时如是论断："时独有侯官严复，先后译赫胥黎《天演论》，斯图亚丹《原富》，穆勒约翰《名学》《群己权界论》，孟德斯鸠《法意》，斯宾塞《群学肄言》等数种，皆名著也。虽半属旧籍，去时势颇远，然西洋留学生与本国思想界发生关系者，复其首也。"[①]1923 年 12 月蔡元培论及近五十年来中国哲学发展历程时，给严复的定位是："五十年来，介绍西洋哲学的，要推侯官严复为第一。"[②]胡适述及晚清翻译史时，对严复亦有高评："严复是介绍西洋近世思想的第一人，林纾是介绍西洋近世文学的第一人。"[③]毛泽东论及近代中国思想时，将严复置于"先进的中国人"这一行列："自从一八四〇年鸦片战争失败那时起，先进的中国人，经过千辛万苦，向西方国家寻找真理。洪秀全、康有为、严复和孙中山，代表了在中国共产党出世以前向西方寻找真理的一派人物。"[④]这些不同政见、不同党派的代表人物对严复历史定位所形成的共识，表明严复在介绍西方思想理论方面所发挥的历史作用已为举世公认。严复翻译的《天演论》位居严译名著之首，因其所产生的巨大影响，自然也就成为百余年来人们不断解读、诠释的经典文本。

一、赫胥黎的《进化论与伦理学》与严复的《天演论》

严复翻译的《天演论》，英文原作为英国生物学家、哲学家托·亨·赫胥黎（Thomas Henry Huxley，1825—1895 年）1893 年 5 月 18 日在英国牛津大学谢尔德兰剧院（Sheldonian Theatre）为罗马尼斯讲座（The Romanes Lecture）的第二次讲座所做的通俗演讲

◀ 赫胥黎与孙子朱利安（Julian Huxley，1887—1975）。朱利安从小就被父母教导说，要"像伟大的爷爷那样，要给爷爷争气……"朱利安长大后成为一名科学家，并担任地位很高的公职官员——联合国教科文组织第一届总干事。

---

① 梁启超：《清代学术概论》，收入朱维铮校注：《梁启超论清学史二种》，上海：复旦大学出版社，1985 年 8 月版，第 80 页。

② 蔡元培：《五十年来中国之哲学》，收入中国现代学术经典丛书《蔡元培卷》，石家庄：河北教育出版社，1996 年 8 月版，第 329 页。

③ 胡适：《五十年来中国之文学》，收入《胡适文集》第 3 册，北京：北京大学出版社，1998 年 11 月版，第 211 页。

④ 毛泽东：《论人民民主专政》，收入《毛泽东选集》第 4 卷，北京：人民出版社，1968 年 12 月版，第 1358 页。

时散发的小册子,英文原名 *Evolution and Ethics*,直译应为《进化论与伦理学》,此书
1893 年分别在英国伦敦 Macmilan and Co 和纽约初版,共 57 页,其中正文在前 37 页(未
分段),注释在第 38—57 页。按照罗马尼斯基金会的条例,"讲演者应避免涉及宗教上或
政治上的问题"。① 故赫胥黎的讲演内容主要是讨论进化论、以及进化论与伦理学之间的
关系。1894 年此书在英国伦敦 Macmilan and Co 再版,改名为 *Evolution and Ethics and
the other Essays*(《进伦论与伦理学及其他论文》),篇幅大为增加,书前有一序言(1894 年
7 月所作),正文包括五部分:第一部分《进化论与伦理学:导言,1894》(*Evolution and
Ethics. Prolegomena* ,1894)、第二部分《进化论与伦理学,1893》(*Evolution and Ethics*,
1893)、第三部分《科学与道德,1890》(*Science and Morals*,1890)、第四部分《资本——劳
动之母,1896》(*Capital—The Mother of Labour*,1896)、第五部分《社会疾病与糟糕疗
方,1891》(*Social Disease and Worse Remedies*,1891)。

　　严复翻译的《天演论》是选译 1894 年版的第一、二部分。中文书名译为《天演论》仅
取原作的前半部分,有两种截然不同的意见:史华兹、李泽厚以为严复不同意赫胥黎原作
把自然规律(进化论)与人类关系(伦理学)分割、对立起来的观点,意在表现其崇斯宾塞
绌赫氏的倾向。② 汪荣祖则别有见解,以为此举"正见严氏刻意师古,精译'天演论',略去
'人伦'"。③

　　赫胥黎是达尔文进化论学说的崇信者,对"自然选择原理"在达尔文理论中的重要地
位了如指掌,他著述《进化论与伦理学》的本意是表达他对斯宾塞的"社会达尔文主义"的
不满,他认为人类的生存斗争与伦理原则有矛盾,批评对殖民地的开拓是对自然状态的
破坏,强调人类社会与动物社会的差别是"天然人格与人为人格"的差别,社会进化过程
不同于生物进化过程,强调伦理在人类社会中的调节作用。一句话,《进化论与伦理学》
本身是一部批判"社会达尔文主义"的代表作。冯友兰先生把握到赫胥黎此著的精意,他
说,赫胥黎"把达尔文主义和社会联系起来,因此有人称赫胥黎所讲的是社会达尔文主
义,认为是把达尔文主义应用到人类社会,为帝国主义侵略殖民地的人民提供理论的根
据。其实,把达尔文主义同人类社会联系起来是一回事,而把达尔文主义应用到人类社
会又是一回事。赫胥黎并不是要把达尔文主义应用到人类社会,而是认为达尔文主义不
能应用于人类社会"。④

　　据严复在《天演论》自序中交代:"夏日如年,聊为迻译"八字,序末落款为"光绪丙申
重九",此书译于 1896 年夏,在重阳节作序(10 月 15 日)。⑤ 1897 年 12 月至 1898 年 2 月
以《天演论悬疏》为题在《国闻汇编》第 2、4—6 册刊载,1898 年 4 月由湖北沔阳卢氏慎始

① 参见(英)赫胥黎著、《进化论与伦理学》翻译组译:《进化论与伦理学》,北京:科学出版社,1971 年 7 月版,页 ii。
② 参见李泽厚:《论严复》,收入氏著《中国近代思想史论》,北京:人民出版社,1986 年 11 月版,第 261 页。本
杰明·史华兹著、叶凤美译:《寻求富强:严复与西方》,南京:江苏人民出版社,1995 年 2 月版,第 93 页。
③ 参见汪荣祖:《严复的翻译》,收入氏著《从传统中求变》,南昌:百花洲文艺出版社,2002 年 4 月版,第 148 页。
④ 冯友兰:《中国哲学史新编》第六册,北京:人民出版社,1989 年 1 月版,第 162 页。
⑤ 关于《天演论》翻译的时间,意见颇为分歧,严复之子严璩将严复翻译《天演论》时间定为 1895 年,参见严璩:
《侯官严先生年谱》,《严复集》第 5 册,第 1548 页。王栻则因陕西味经本《天演论》题有"光绪乙未春三月"字样,推测
《天演论》的"初稿至迟在 1895 年译成,可能还在 1894 年",参见《严复传》,上海:上海人民出版社,1976 年版,第 41
页。现在学界一般倾向于用严复本人在《天演论》自序中的说法。

基斋木刻出版。同年 10 月天津出版嗜奇精舍石印本。现将孙运祥先生所考《天演论》版本，列表如下：①

表五　《天演论》版本简表②

书名	刊行时间	出版者	备注
天演论悬疏	1897～1898	《国闻汇编》	1897～1898 载《国闻汇编》第 2、4～6 册，未完
天演论	1898	陕西味经售书处	封面题为"光绪乙未春三月"(1895 年 4 月)重刊，但其下卷已有"丙申"复案字样，怎么会在此前"重刊"？当刊于 1896 年以后，③非定本，无自序、无译例言
天演论	1897～1898	沔阳卢氏慎始基斋刻	校样本，同于《国闻汇编》本，"导言"还刻作"悬疏"，无译例言，无吴(汝纶)序
天演论	1898	沔阳卢氏慎始基斋刻	正式版本，前有吴序、自序和译例言
天演论	1898	侯官嗜奇精舍石印出版	"译例言"中删去"新会梁任父"五字。印行第二版
赫胥黎天演论	1901	富文书局石印出版	大字版本，删去译例言末段文字
天演论	未详	不著出版处	自序在吴序之前，"后学庐江吴保初、门人南昌熊师复覆校"，删去译例言末段文字。小线装本二册，似系 1901 年刊行
天演论	1903	不著出版处	"后学庐江吴保初、门人南昌熊师复覆校"，删去译例言末段文字。小线装本一册
吴汝纶节本天演论	1903	上海文明书局印行	全书依次分为三十五篇，而不分上下卷，无译例言，前十八篇中均无"案语"，译文也有删节
天演论	1905	上海商务印书馆	铅印本，删去译例言末段文字
天演论	1921	上海商务印书馆	印行第二十版

---

①　此表见孙运祥：《严复年谱》，福州：福建人民出版社，2003 年 8 月版，第 133—134 页。另参见孙应祥：《〈天演论〉版本考异》，收入黄瑞霖主编：《中国近代启蒙思想家——严复诞辰 150 周年纪念论文集》，北京：方志出版社，2003 年 12 月版，第 320—332 页。此文对《天演论》版本亦有详考。

②　此表未列盗版《天演论》。

③　查此刊本《天演论》是叶尔恺接任陕西学政后送交味经售书处印行的。现有其《与汪康年书》(十七)为证："弟前发味经刻《天演论》一书，所校各节，极可发噱……"[《汪康年师友书札》(三)，第 2476 页，上海古籍出版社 1987 年版]此函未署"十一月二十一日"，未署年份，但有汪康年注："已新正二十四收"。已是己亥，则此函当书于光绪二十四年戊戌"十一月二十一日"。可知，此前味经售书处本《天演论》尚未发行。又据叶《与汪康年书》(十四)云："弟于(光绪二十三年)九月二十八日自京动身，初四抵三原，初七接篆。"[《汪康年师友书札》(三)，第 2473 页]由此判断，他"发味经刻《天演论》"应在光绪二十三年十月初七日以后，或次年初，印成发行则应在光绪二十四年夏、秋间，而不可能在"光绪乙未春三月"。

据孙运祥先生考证,《天演论》问世后至 1931 年,曾被刊印 30 多种版本,风行海内。这些版本大致说来,可分两类:一是通行本,这是严复经过反复修改后的定本。如慎始基斋本、嗜奇精舍本、富文书局本和后来的商务印书馆铅印本。一是在作者译述修改过程中,陆续传播刻印的本子。如陕西味经售书处重刊本、《国闻汇编》中的《天演论悬疏》和《天演论》稿本等。不同的版本不仅在文字上有所差异,而且微妙地透射出译述者的思想变化。①

《进化论与伦理学》原文分导言和正文两部分,导论标明十五节,正文则未标明分节,只是根据义意中间以空行区隔为九节(现在科学出版社的《进化论与伦理学》中译本只分为七节)。严复的《天演论》可以说是《进化论与伦理学》的节译和意译(不译的段落《导论》部分有四节,《讲演》部分有十一节),每节分译文和案语两部分。卷上导言共十八篇,卷下论十七篇。在译文的结构上,严复做了很大的改造;译文内容也与原文很大出入,严复或增加文字以表达自己的思想,或取中国典故以迎合中国读者的口味。案语则全为严复自己的文字。严复自称:"译文取明深义,故词句之间,时有所颠到附益,不斤斤于字比句次,而意义则不倍本文。题曰达旨,不去笔译,取便发挥,实非正法。"②冯友兰先生则说:"严复翻译《天演论》,其实并不是翻译,而是根据原书的意思重写一过。文字的详略轻重之间大有不同,而且严复还有他自己的案语,发挥他自己的看法。所以严复的《天演论》,并不就是赫胥黎的《进化论和伦理》。"③俞政将严复意译的《天演论》与 1971 年科学出版社出版直译的《进化论与伦理学》比较对照,《天演论》的意译的具体情形可分为:一、基本相符的意译,二、大体相符的意译,三、大略相符的意译,四、根据赫氏大意自撰文字,五、添加词句,六、展开、发挥,七、换例,八、精译,九、简译,十、不译,十一、漏译,十二、曲译,十三、篡改。④ 这是目前对《天演论》翻译情形所作的最具体、最详细的分析,尽管它并不是与原作进行直接对照,但所依比较版本是可靠的直译本,故其结论可以说是比较准确的。经过严复的创造性翻译工作,译著与原著发出的讯息出现了较大的变化。在内容上,赫胥黎对人类社会与生物界的区隔和对强调人类社会的伦理观的一面被忽略了,"物竞天择,适者生存"这一生物进化原则被作为普遍原理适用于人类社会,可以说译著实际上对原著作了根本性的颠覆。在风格上,萨镇冰批评严复说:"《天演论》作者赫胥黎写文章和作报告,有科学家所应持的态度。他明白一切科学上的假设都需要进一步证实和不断补充修正,所以他的口气决不是武断的,这样,反而具有说服力。严先生的译笔有板起面孔陈述教义的味道,势欲强加于人,无异反赫胥黎的行文方式而变得相当严肃。赫胥黎的文稿原来是在大学做的报告,用的是演讲的体裁,话起话落,节奏自然成章。严先生爱用的是古文家纸上的笔调。"⑤

---

① 参见孙应祥:《〈天演论〉版本考异》,收入黄瑞霖主编:《中国近代启蒙思想家——严复诞辰 150 周年纪念论文集》,第 320 页。

② 《天演论·译例言》,《严复集》第 5 册,第 1321 页。

③ 冯友兰:《从赫胥黎到严复》,收入商务印书馆编辑部编:《论严复与严译名著》,北京:商务印书馆,1982 年 6 月版,第 101 页。

④ 俞政:《严复著译研究》,苏州:苏州大学出版社,2003 年 5 月版,第 21—63 页。

⑤ 戴镏龄:《萨镇冰谈严复的翻译》,载《翻译通讯》1985 年第 6 期。

二、在赫胥黎与斯宾塞之间

在评析《天演论》时,研究者们最为关注的首要问题是:严复为什么要翻译《天演论》? 他翻译此著想要向世人传达的信息到底是什么? 这是一个一直为人们所争论的问题。作为一部西方学术著作,赫胥黎原作的意旨应该说是非常明确,涉及西学的问题亦不少,但因严复在翻译过程中所作的调整和所加案语,使原作与译作的意义产生了差异,其中严复翻译的赫胥黎的《天演论》与他在案语中同时介绍的斯宾塞的"社会达尔文主义"之间的关系,是研究者们讨论《天演论》时最关切的问题。

史华慈认为:"《进化论与伦理学》一书为严复介绍他所理解的斯宾塞的进化论哲学提供了一个出发点,而赫胥黎则几乎成了斯宾塞的一个陪衬角色。在探讨过程中,严复自己所作的宗教的、形而上学的和伦理的案语已使这一点很明确了。最重要的是,正是在《天演论》中,他十分清楚地表达了自己的社会达尔文主义和它所包含的伦理的深深信仰。他清醒地知道这一伦理暗示了在中国将有一场观念的革命,现在他的注意力之所向正是这场革命。"[①]史氏的这一观点遭到了汪荣祖先生的反驳,汪认为:"严氏固然不完全赞同赫说,亦非全盘否定,自非只因其简短而译之。""我们不必视严氏案语尽是在发表他本人的意见,引入案语,不仅订正赫说,而且补充说明,以获致他认为较为平衡的观点。""我们实在无须采取非杨即墨的观点,把严氏定位于斯宾塞。严复一心要把他所理解的天演论说清楚,是十分显而易见的,实在没有必要囿于一家之说,吴汝纶序言中所谓'天行人治,同归天演',实已道出译者汇合赫、斯二说的微意。"[②]近又有论者提出新见,以为"Evolution and Ethics 决不是讲解生物进化论的科普读物,而是提倡美德、调和人际关系的伦理学著作。尽管书中列举了不少生物界的事例,但它们只是一些通俗的比方,是为了让读者容易理解并接受自己的社会伦理思想。由此推论,严复之所以翻译赫胥黎的著作而不去翻译达尔文的《物种起源》,其用意就是为了引进这种新型的伦理思想。只是由于赫胥黎的社会伦理思想建立在进化论的基础之上,因此在引进这种伦理思想的同时,必然要做普及进化论的工作。"[③]

细读《天演论》,提到斯宾塞名者有《自序》,正文中有导言一(此处为严复所加),案语中有卷上导言一、二、五、十三、十四、十五、十七、十八,卷下有论五、十五等处。直接提到赫胥黎名者有自序,案语中有卷上导言一、三、四、五、十二、十三、十四、十五、十六、十七、十八,卷下有论一、九、十三、十五、十六等处。应当说明的是,书中其他处虽未提及赫氏之名,实为讨论《天演论》本身者则几乎贯穿全书的案语。而涉及比较斯、赫两氏学说的地方有自序、案语中有导言五、十三、十四、十五、十七、十八,卷下中的论十五等处。从赫胥黎、斯宾塞的名字出现在《天演论》中的频率之高,可见对他俩的思想评介确是严复译

---

① [美]本杰明·史华慈著、叶凤美译:《寻求富强:严复与西方》,第104页。
② 汪荣祖:《严复的翻译》,收入氏著《从传统中求变》,第148—149页。
③ 俞政:《严复著译研究》,苏州:苏州大学出版社,2003年5月版,第1—2页。

著此书的重点所在。这里我们试将《天演论》中涉及赫胥黎、斯宾塞的文字分作三类处理。

第一类是严复赞扬斯宾塞的文字：

有斯宾塞尔者，以天演自然言化，著书造论，贯天地人而一理之，此亦晚近之绝作也。其为天演界说曰：翕以合质，辟以出力，始简易而终杂糅。（《自序》）

斯宾塞尔者，与达同时，亦本天演著《天人会通论》，举天、地、人、形气、心性、动植之事而一贯之，其说尤为精辟宏富。其第一书开宗明义，集格致之大成，以发明天演之旨；第二书以天演言生学；第三书以天演言性灵；第四书以天演言群理；最后第五书，乃考道德之本源，明政教之条贯，而以保种进化之公例要术终焉。呜呼！欧洲自有生民以来，无此作也。斯宾氏迄今尚存，年七十有六矣。其全书于客岁始藏事，所谓体大思精，殚毕生之力者也。（《导言一　察变》案语）

天演之义，所苞如此，斯宾塞氏至推之农商工兵语言文学之间，皆可以天演明其消息所以然之故，苟善悟者深思而自得之，亦一乐也。（《导言二　广义》案语）

人道始群之际，其理至为要妙。群学家言之最晰者，有斯宾塞氏之《群谊篇》，拍捷特《格致治平相关论》二书，皆余所已译者。（《导言十三　制私》案语）

斯宾塞尔著天演公例，谓教学二宗，皆以不可思议为起点，即竺乾所谓不二法门者也。其言至为奥博，可与前论参观。（《论五　天刑》案语）

第二类是严复赞扬赫胥黎的文字：

赫胥黎氏此书之旨，本以救斯宾塞任天为治之末流，其中所论，与吾古人有甚合者，且于自强保种之事，反复三致意焉。（《自序》）

本篇有云：物不假人力而自生，便为其地最宜之种。此说固也。然不知分别观之则误人，是不可以不论也。赫胥黎氏于此所指为最宜者，仅就本土所前有诸种中，标其最宜耳。如是而言，其说自不可易，何则？非最宜不能独存独盛故也。（《导言四　人为》案语）

此篇所论，如"圣人知治人之人，赋于治于人者也"以下十余语最精辟。（《导言八　乌托邦》案语）

至于种胤之事，其理至为奥博难穷，诚有如赫胥氏之说者。（《导言十六　进微》案语）

赫胥黎氏是篇，所谓去其所傅者最为有国者所难能。能则其国无不强，其群无不进者。（《导言十七　善群》案语）

此篇及前篇所诠观物之理，最为精微。（《论九　真幻》案语）

此篇之说，与宋儒之言性同。……赫胥黎氏以理属人治，以气属天行，此亦自显诸用者言之。若自本体而言，亦不能外天而言理也，与宋儒言性诸说参观可矣。（《论十三　论性》案语）

第三类是严复比较赫、斯二氏的文字：

于上二篇，斯宾塞、赫胥黎二家言治之殊，可以见矣。斯宾塞之言治也，大旨存于任天，而人事为之辅，犹黄老之明自然，而不忘在宥是已。赫胥黎氏他所著录，亦

什九主任天之说者,独于此书,非之如此,盖为持前说而过者设也。(《导言五　互争》案语)

赫胥黎保群之论,可谓辨矣。然其谓群道由人心善相感而立,则有倒果为因之病,又不可不知也。……赫胥黎执其末以齐其本,此其言群理,所以不若斯宾塞氏之密也。且以感通为人道之本,其说发于计学家亚丹斯密,亦非赫胥黎氏所独标之新理也。(《导言十三　制私》案语)

赫胥黎氏之为此言,意欲明保群自存之道,不宜尽去自营也。然而其义隘矣。且其所举泰东西建言,皆非群学太平最大公例也。太平公例曰:人得自由,而以他人之自由为界。用此则无前弊矣。斯宾塞《群谊》一篇,为释是例而作也。(《导言十四　恕败》案语)

赫胥黎氏是书大指,以物竞为乱源,而人治终穷于过庶。此其持论所以与斯宾塞氏大相径庭,而谓太平为无是物也。斯宾塞则谓事迟速不可知,而人道必成于郅治。……斯宾塞之言如此。自其说出,论化之士十八九宗之。计学家柏捷特著《格致治平相关论》,多取其说。夫种下者多子而子夭,种贵者少子而子寿,此天演公例,百草木虫鱼,以至人类,所随地可察者。斯宾氏之说,岂不然哉?(《导言十五　最旨》案语)

有国者安危利菑则亦已耳,诚欲自存,赫、斯二氏之言,殆无以易也。赫所谓去其所傅,与斯所谓功食相准者,言有正负之殊,而其理则一而已矣。(《导言十七　善群》案语)

则赫胥氏是篇所称屈己为群为无可乐,而其效之美,不止可乐之语,于理荒矣。且语不知可乐之外,所谓美者果何状也。然其谓郅治如远切线,可近不可交,则至精之譬。又谓世间不能有善无恶,有乐无忧,二语亦无以易。……曰:然则郅治极休,如斯宾塞所云去者,固无可乎?曰:难言也。大抵宇宙究竟与其元始,同于不可思议。(《导言十八　新反》案语)

通观前后论十七篇,此为最下。盖意求胜斯宾塞,遂未尝深考斯宾塞氏之所据耳。夫斯宾塞所谓民群任天演之自然,则必日进善不日趋恶,而郅治必有时而臻者,其竖义至坚,殆难破也。(《论十五　演恶》案语)

从上述所列严复在案语中对赫胥黎、斯宾塞尔的评价和对他俩的比较中,我们可以看出:在第一类文字中,严复赞扬斯宾塞尔的"贯天地人而一理之"的天演论,推崇他的群学,这是他继而翻译斯宾塞的《群学肄言》的主要动机。在第二类文字中,严复准确地把握到《天演论》的精意在于"救斯宾塞任天为治之末流",对于赫氏的"两害相权,已轻群重"或"群己并重",则舍己为群的"善群"思想推崇备至。在第三类文字中,严复一方面试图拉近赫、斯两人的思想差距,指出两人均有"任天而治"的思想,赫胥黎在《进化论与伦理学》一书中之所以特别强调"人治",是"盖为持前说而过者设也"。一方面也点出赫、斯两人的思想区别所在,在这种情形中,严复确实也表现了对斯宾塞尔思想的偏好,对其"所谓民群任天演之自然"的理论尤确信不疑,但严复的这种"偏好"应视为他对赫胥黎思想的补正,而不是推翻。史华兹先生的"说《天演论》是将赫胥黎原著和严复为反赫胥黎而对斯宾塞主要观点进行的阐述相结合的意译本，是一点也不过分的"这一结论①，显然有夸大严复偏向斯宾塞之嫌，只要看一看严复对赫胥黎的赞扬和细细体味一下他比较赫、斯两氏的思想，就不难理解这一点。当然，如要全面理解严复对斯宾塞尔思想的把握，则仅取《天演论》显然是不够的，还应联系严复其他的论著（如《原强》）和译作（如《群学肄言》），这非本文讨论的范围所及，在此不作赘述。②

三、《天演论》与严复的维新思想

《天演论》的轰动效应，很大程度上来自于他把赫胥黎、斯宾塞等人的理论与中国的现实结合起来，或者说，严复对赫、斯两氏理论的译述，使国人产生对自己境遇的联想，并迸发出自强、维新的思想。从这个意义上说，《天演论》与其说是严复翻译的西方学术著作，不如说是他为维新运动锻造的思想利器，它的现实意义远远高于它的学术意义，事实上受到这部书感染的国人大都未必能真正理解赫胥黎与斯宾塞之间的理论差异，但他们为书中所使用的"天演""物竞""天择""进化""保种"等词汇所震撼，这些在同时代人的回忆中可以找到印证。

吴汝纶作为《天演论》的第一读者，最早敏感的意识到《天演论》对中国自强的现实功用。1896 年 8 月 26 日他致信严复道："尊译《天演论》，计已脱稿，所示外国格致家谓顺乎天演，则郅治终成。赫胥黎又谓不讲治功，则人道不立，此其资益于自强之治者，诚深诚邃。"③1897 年 3 月 9 日他再次致信严复，对严复的用心表示"钦佩"，"抑执事之译此书，盖伤吾土之不竞，惧炎黄数千年之种族，将遂无以自存，而惕惕焉欲进之以人治也。本执事忠愤所发，特借赫胥黎之书，用为主文谲谏之资而已。"④吴氏"手录副本，秘之枕中"。⑤《天演论》正式出版时，吴氏在序中称："今议者谓西人之学，多吾所未闻，欲瀹民智，莫善于译书。""抑严子之译是书，不惟自传其文而已，盖谓赫胥黎氏以人持天，以人治之日新，卫其种族之说，其义富，其辞危，使读焉者怵焉知变，于国论殆有助乎？是旨也，予又惑焉。"⑥如此反复地说明《天演论》对中国"自强""保种"的指导作用，可见吴汝纶对它的现实功用的高度重视。

如果我们将赫胥黎的原作与严复的译作加以对比，可以发现阅读原作本身很难与中国的现实联系起来，但是经过严复的迻译和案语（其实是阐释和发挥），确有了截然不同的效果，《天演论》仿佛变成了一部指导中国现实改革的理论著作。严复究竟在哪些方面做了改造，使之产生了这样让国人心灵感到呼应的效果？

---

① ［美］本杰明·史华兹著、叶美凤译：《寻求富强：严复与西方》，第 96 页。
② 有关严复与斯宾塞思想的关系的研究，参见蔡乐苏：《严复启蒙思想与斯宾塞》，收入刘桂生、林启彦、王宪明编：《严复思想新论》，北京：清华大学出版社，1999 年 12 月版，第 287—314 页。
③ 《吴汝纶致严复》（一），《严复集》第 5 册，第 1560 页。
④ 《吴汝纶致严复》（二），《严复集》第 5 册，第 1560 页。
⑤ 现存吴汝纶所录副本，参见《桐城吴先生日记》（上），石家庄：河北教育出版社，1999 年 12 月版，第 475—512 页。据编者案语"此编较之原本删节过半，亦颇有更定，非仅录副也"。
⑥ 吴汝纶：《天演论》序，收入《天演论》（严译名著丛刊），北京：商务印书馆 1981 年 10 月版，页 vii。

首先，严复所加适合中国读者口味的标题，对是书的宗旨作了新的诱导。如卷上的"察变"、"趋异"、"人为"、"互争"、"人择"、"善败"、"汰蕃"、"择难"、"制私"、"恕败"、"进微"、"善群"、"新反"，卷下的"能实"、"忧患"、"教源"、"严意"、"天刑"、"佛释"、"种业"、"佛法"、"学派"、"天难"、"论性"、"矫性"、"演恶"、"群治"、"进化"诸篇篇名，乍一看这些标题，仿佛它们都是讨论一些与中国现实有关的话题，其实这些新加的篇名，完全是严复据自己对原文的理解所做的归纳，有些篇名甚至是对原作的结构做了调整后所做的新的归纳。

其次，严复在翻译过程中，考虑到中国读者的阅读、接受习惯，对原作的内容或有所增加，或有所减少，或有所舍弃，或有所改写，使之强化和突显严复所欲表达的立意。如《导言一 察变》中的结尾处所加"斯宾塞尔曰：'天择者，存其最宜者也。'夫物既争存矣，而天又从其争之后而择之，一争一择，而变化之事出矣。"这段话为严复所加，意在点明"物竞天择"之理，这也是全书的宗旨所在。又如《导言八 乌托邦》中的"故欲郅治之隆，必于民力、民智、民德三者之中，求其本也。故又为之学校庠序焉。学校庠序之制善，而后智仁勇之民兴，智仁勇之民兴，而有以为群力群策之资，而后其国乃一富而不可贫，一强而不可弱也。嗟夫，治国至于如是，是亦足矣。"[①]一段，亦非原作所有，而是严复"借"赫胥黎的口发出自己的改革呼喊，它与严复在此前发表的《原强》一文所表达的"鼓民力，开民智，新民德"，强调发展教育的维新思想如出一辙，是严复认定的拯救中国之路。

赫胥黎的《进化论与伦理学》原作中并没有中国人名、地名，更没有引证中国典故，但严复在翻译时，却改变原文采用中文典故和中国人名、地名表达，以增加《天演论》的可读性。如卷上《察变第一》篇中"即假吾人彭、聃之寿，而亦由暂观久，潜移弗知。"此处的彭、聃，即彭祖、老聃，相传为中国古代的长寿者。卷上《制私第十三》篇中"李将军必取霸陵尉而杀之，可谓过矣。然以飞将威名，二千石之重，尉何物，乃以等闲视之？"此处的李广为汉武帝时抗击匈奴的名将。卷下《能实第一》篇中"又如江流然，始滥觞于昆仑，出梁、益，下荆、扬。"这里的昆仑山为中国名山，梁、益、荆、扬则为中国古代地名。为了寻求与英文对应的中文概念，严复可谓煞费苦心，如 selection（天择）\、evolution（天演）、state of nature of the world of plants（天运）、the state of nature（当境之适遇）、obvious change（革）等，这些都是颇具创意的译文。严复自谓："他如物竞、天择、储能、效实诸名，皆由我始。"[②]

再次，严复以案语的形式，加入了自己的思想阐释或对原作的补充，为读者沿着他指引的思想方向留下了广阔的空间。《进化论与伦理学》原作本是赫胥黎阐述达尔文的进化论学说和自己的伦理学之间关系的一部著作。但严复翻译该著时，加进了大量的案语（《天演论》卷上 18 篇，卷下 17 篇，共 35 篇。严复为其中 29 篇写了案语，其中有 4 篇案语与正文篇幅约略相当，有 5 篇案语的篇幅超过正文），新加案语大大丰富了全书的内容，更便于中文读者对原作的理解。严复的案语就其内容来说，主要包括三个方面的内容：一是如前所述，借案语介绍斯宾塞的思想理论，并以之与赫胥黎的理论进行对比，使读者

---

① 《天演论·导言八　乌托邦》，《天演论》（严译名著丛刊），第 21—22 页。

② 《天演论·译例言》，《天演论》（严译名著丛刊），页 xii。

对达尔文主义的两支——赫胥黎与斯宾塞,有比较清晰的了解。二是在案语中介绍与正文内容相关的西学背景知识,包括一些人物、地名的注释,如在卷上《趋异第三》篇的案语中介绍马尔达(即马尔萨斯)的经济学说,在卷下《教源第三》篇中提到古代希腊哲学家德黎(即泰勒斯,前 624—前 547 年)、亚诺芝曼德(即阿那克西曼德,前 611—前 547 年)、芝诺芬尼(即色诺芬尼,前 565—前 473 年)、巴弥匿智(即巴门尼德,约前 6 世纪末—前 5 世纪中)、般剌密谤(约前 500 年—?)、安那萨可拉(即阿那克萨哥拉,前 500—546 年)、德摩颉利图(即德谟克里特,前 460—前 370 年)、苏格拉第(即苏格拉底,前 469—前 399 年)、亚里斯人德(即亚里士多德,前 384—前 322 年)、阿塞西烈(即阿塞西劳斯,前 315—前 241 年)等,在卷下《真幻第九》篇中介绍法国哲学家特嘉尔(即笛卡尔,1596—1650 年)等,以增进中文读者对原作的理解。三是与中学、中国的现实结合起来,借题发挥自己的见解,以使中国读者从《天演论》感受到严复本人的思想见解。故对这类案语的解读,也有助于理解严复的维新思想。

在案语中,严复多次将西方学理与中土学术联系起来加以比较,如把斯宾塞的"大旨存于任天,而人事为之辅"的思想比附为"黄老之明自然";①以为赫胥黎的"以理属人治,以气属天行"与宋儒言性之说相同;②把先秦的孔、墨、老、庄、孟、荀诸子与古代希腊的"诸智"相对应;③把卷下《天刑第五》篇与《易传》、《老子》作"同一理解"。④ 凡此例证,说明严复有汇通中西、中西互释的意向。应当说明的是,严复这种将西方学理纳入中土学术的框架来处理,并不符合赫胥黎、斯宾塞的原意,甚至有伤原作的本意,但在国人缺乏西学知识的背景下,有助于中国士人对《天演论》的理解。

为唤醒国人,刺激国人麻木的心灵,《天演论》中的案语多处表现了严复"保种"救亡的忧患意识。如以墨(美)、澳两洲"土人日益萧条"的事实,向国人发出强烈的呼吁,"此洞识知微之士,所为惊心动魄,于保群进化之图,而知徒高睨大谈于夷夏轩轾之间者,为深无益于事实也。"⑤以美、澳土著"岁有耗减"的惨痛结果提醒国人不要再做"泱泱大国"的美梦,"区区人满,乌足恃也哉,乌足恃也哉!"⑥感叹"中国廿余口之租界,英人处其中者,多不愈千,少不及百,而制度厘然,隐若敌国然。"而"吾闽粤民走南洋洲者,所在以亿计,然终不免为人臧获,被驱斥也。悲夫!"⑦从古代印度、希腊和近代欧洲的"风教"与"国种盛衰"中,严复看到当时的世界"若仅以教化而论,则欧洲、中国优劣尚未易言。然彼其民,好然诺,贵信果,重少轻老,喜壮健无所屈服之风。即东海之倭亦轻生尚勇,死党好名,与震旦之名大有异。呜呼! 隐忧之大,可胜言哉?"⑧诸如此类的事例,生动、具体地说明了"物竞天择,适者生存"的进化原则。

严复在翻译和案语中所做的"中国化"工作,大大加强了译作的现实感,在经历了中

---

① 参见《天演论·导言五 互争》案语,《天演论》(严译名著丛刊),第 16 页。
② 参见《天演论·论十三 论性》案语,《天演论》(严译名著丛刊),第 85 页。
③ 参见《天演论·论三 教源》案语,《天演论》(严译名著丛刊),第 55 页。
④ 参见《天演论·论五 天刑》案语,《天演论》(严译名著丛刊),第 61 页。
⑤ 《天演论·导言三 趋异》案语,《天演论》(严译名著丛刊),第 12 页。
⑥ 《天演论·导言四 人为》案语,《天演论》(严译名著丛刊),第 14 页。
⑦ 《天演论·导言七 善败》案语,《天演论》(严译名著丛刊),第 20 页。
⑧ 《天演论·论十四 矫性第》案语,《天演论》(严译名著丛刊),第 87 页。

日甲午战败的巨大创痛之后,《天演论》所传输的"物竞天择,适者生存"的原则对中国读者的冲刺作用,是不言而喻的,许多读者阅读该书时不知不觉地产生共鸣,顺其思路思考民族和国家的前途,或投身维新热潮,或走上革命之路,一场波澜壮阔的变法维新运动终于在这里找到了自己最有力的理论依据。

四、对《天演论》译文的评价

近代以来,西学流入中土,如何在语言上解决译介西学的问题？这是中国士人颇为头痛的一道难题。西学的新名词甚多,中文不易找到对应的词汇;西文在句法结构上与中文有明显出入,中文表达有一定难度;西文词义多歧,中文难以反映西文词义的内涵。傅兰雅在《江南制造总局翻译西书事略》中对这些问题有所探讨。[①] 严复当时敏感地意识到这些问题,在《译例言》中备举译事之难,"西文句中名物字,多随举随释,如中文之旁支,后乃遥接前文,足意成句。故西文句法,少者二三字,多者数十百言。假令仿此为译,则恐必不可通,而删削取径,又恐意义有漏。此在译者将全文神理,融会于心,则下笔抒词,自然互备。至原文词理本深,难于共喻,则当前引衬,以显其意。凡此经营,皆以为达,为达即所以为信也"。[②] 严复表达了一种既反对"直译"又并非"节译",而是"达"译的理由。"新理踵出,名目繁多,索之中文,渺不可得,即有牵合,终嫌参差,译事遇此,独有自具衡量,即义定名。"严复以 Prolegomena 为例,他先译"卮言",夏曾佑据内典改译为"悬谈",严复最后定为"导言"。"一名之立,旬月踟蹰。我罪我知,是存明哲。"[③] 严复在译书文字上,取先秦诸子散文为模范,是为"雅"。在桐城派占据文坛统治地位的当时,严复的译笔风格显示了他与桐城派文学取向的一致,这显然有助于《天演论》取得高级士大夫群体的承认。

《天演论》的成功,尤其是得到士人的激赏,在于他使用了当时的古典汉语(即先秦古文)来译介西方经典。吴汝纶在序中即肯定"自吾国之译西书,未有能及严子者也";"文如几道,可与言译书矣";"严子一文之,而其书乃骎骎与晚周诸子相上下"[④],对严译的语言功底给予了高度评价。以吴氏在晚清文坛的地位,在序中作如此隆重的推许,对《天演论》的流传和严复声名的传扬,自然会产生极大的作用。

《天演论》问世以后,在中国知识界围绕《天演论》的评论着重于其翻译方式和译文的正误,众多名家各抒己见。

吴汝纶是《天演论》的作序者,他一方面赞扬该著:"匪直天演之学,在中国为初凿鸿蒙;亦缘自来译手,无似此高文雄笔。"[⑤]"文如其道,始可言译书矣。"[⑥]表示了对严译文字

---

① 傅兰雅:《江南制造总局翻译西书事略》,收入黎难秋主编:《中国科技翻译史料》,合肥:中国科技大学出版社,1996 年 9 月版,第 417—420 页。

② 《天演论·译例言》,收入《严复集》第 5 册,第 1321 页。

③ 《天演论·译例言》,收入《严复集》第 5 册,第 1322 页。

④ 吴汝纶:《天演论》序,收入《严复集》第 5 册,第 1317—1318 页。

⑤ 《吴汝纶致严复书》,《严复集》第 5 册,第 1560 页。

⑥ 吴汝纶:《天演论》序。

倾向于古雅一面的"桐城派"文学风格的认同。同时，他也委婉地批评"往者释氏之入中国，中学未衰也，能者笔受，前后相望，顾其文自为一类，不与中国同"①，"若以译赫氏之书为名，则篇中所引古书古事，皆宜以元书所称西方者为当，似不必改用中国人语。以中事中人，固非赫氏所及知，法宜如晋宋名流所译佛书，与中儒著述，显分体制，似为入式。此在大著虽为小节，又已见之例言，然究不若纯用元书之为尤美"②，对严译《天演论》不分中、西文制式而将二者溶合为一炉的做法表示了不同的看法，以为译西书宜取法古人译佛经的模式。

梁启超1897年春致信严复说："南海先生读大著后，亦谓眼中未见此等人。"③但他对严译的古雅风格不以为然，以为"文笔太高，非多读古书之人，殆难读解"。④梁氏对严复的批评，反映了其"夙不喜桐城派古文"的立场。

蔡元培肯定严复的西学成就："五十年来，介绍西洋哲学的，要推侯官严复为第一。""他的译文，又都是很雅训，给那时候的学者，都很读得下去。所以他所译的书，在今日看起来，或嫌稍旧；他的译笔，也或者不是普通人所易解。"⑤

胡适早年深受梁启超、严复的思想影响。他评价严译："严复的英文与古中文的程度都很高，他又很用心不肯苟且，故虽用一种死文字，还能勉强做到一个'达'字。他对于译书的用心与郑重，真可佩服。"⑥但他也承认："严先生的文字太古雅，所以少年人受他的影响没有梁启超的影响大。"⑦

鲁迅对严译《天演论》则颇有好感，他说："最好懂的自然是《天演论》，桐城气息十足，连字的平仄也都留心。摇头晃脑地读起来，真是音调铿锵，使人不自觉其头晕。这一点竟感动了桐城派老子吴汝纶，不禁说是'足与周秦诸子相上下'了。""他的翻译，实在是汉唐译经历史的缩图。中国之译佛经，汉末质直，他没有取法。六朝真是'达'而'雅'了，他的《天演论》的模范就在此。唐则以'信'为主，粗粗一看，简直是不能懂的，这就仿佛他后来的译书。"⑧鲁迅强调严译《天演论》主要是"达"和"雅"，于"信"较弱。

批评的声音以傅斯年为最严厉，他在评论"五四"以前中国译界的情形时说："论到翻译的书籍，最好的还是几部从日本转贩进来的科学书，其次便是严译的几种，最下流的是小说。论到翻译的文词，最好的是直译的笔法，其次便是虽不直译，也还不大离宗的笔法，又其次便是严译的子家八股合调，最下流的是林琴南和他的同调。""严几道先生译的

---

① 吴汝纶：《天演论》序。

② 《吴汝纶致严复书》，《严复集》第5册，第1560页。严复对吴汝纶的意见似有保留，从他1897年10月15日致吴氏的信中可见一斑："虽未能悉用晋唐名流翻译义例，而似较前为优"，严复对自己的译法颇为自信。参见严复：《与吴汝纶书（一）》，收入《严复集》第3册，第520页。

③ 梁启超：《与严幼陵先生书》，收入《梁启超选集》，第42页。严复对梁启超的批评并不接受，他向梁氏委婉地表示其反对"文界革命"的立场："仆之于文，非务渊雅也，务其是耳。""若徒以近俗之辞，以取便市井乡僻之不学，此于文界，乃所谓陵迟，非革命也。"《与梁启超书》（二），《严复集》第3册，第516页。

④ 参见胡适：《五十年来中国之文学》，收入《胡适文集》第3册，第217—218页。

⑤ 蔡元培：《五十年来中国之哲学》，收入中国现代学术经典《蔡元培卷》，石家庄：河北教育出版社，1996年8月版，第329页。

⑥ 胡适：《五十年来中国之文学》，收入《胡适文集》第3册，第212页。

⑦ 胡适：《四十自述》，收入《胡适文集》第1册，第71页。

⑧ 瞿秋白、鲁迅：《关于翻译的通信》，收入《鲁迅全集》第4册，第380—381页。

书中,《天演论》和《法意》最糟","这都是因为他不曾对于原作者负责任,他只对自己负责任。""严先生那种达旨的办法,实在不可为训,势必至于改旨而后已。"①傅斯年是"直译"和用白话文翻译的极力提倡者,他对严译的批评,实际上是为了贯彻他的这一主张。

瞿秋白对严译也有类似的批评。他致信鲁迅说,严复"是用一个'雅'字打消了'信'和'达'。最近商务还翻印'严译名著',我不知道这是'是何居心'!这简直是拿中国的民众和青年开玩笑。古文的文言怎么能够译得'信',对于现在的将来的大众读者,怎么能够'达'!"。②

贺麟则批评说:"平心而论,严氏初期所译各书如《天演论》(1898)、《法意》(1902)、《穆勒名学》(1902)等书,一则因为他欲力求旧文人看懂,不能多造新名词,使人费解,故免不了用中国旧观念译西洋新科学名词的毛病;二则恐因他译术尚未成熟,且无意直译,只求达恉,故于信字,似略有亏。"③

范存忠以为严译《天演论》只能算是"编纂"。他说:"严复的汉译在我国发生过启蒙作用,这是不容否认的,但是他的译法有问题,上面已经提到过了。这里举一个具体的例子:你翻开《天演论》,一开头就看到这么几句:

> 赫胥黎独处一室之中,在英伦之前,背山而面野,槛外诸境,历历如在机下。乃悬想二千年前,当罗马大将恺彻未到时,此间有何景物?计惟有天造草昧,人功未施,其借证人境者,不过几处荒坟,散见坡陀起伏间,而灌木丛林,蒙茸山麓,未经删治如今日者,则无疑也。

这段文字,通顺、能懂,专读线装书的人一定还觉得相当古雅。但是,毫无疑问,这不是翻译,而是编纂。严复的《天演论》,前有导言,后有案语。全书案语 29 条,除了讲解原文主要论点和西方学术发展情况而外,还针对当时中国政情阐述自己的见解。严氏自己也说:

> 译文取明深义,故词句之间,时有所颠倒附益,不斤斤于字比句次,而意义则不倍原文,题曰达旨,不云笔译,取便发挥,实非正法。

严氏所谓'达旨',所谓'发挥',一般理解为意译,实际上是编纂,完全超出了翻译的范围。"④

钱钟书对严译也略加评点:"几道本乏深湛之思,治西学求卑之无甚高论者,如斯宾塞、穆勒、赫胥黎辈,所译之书,理不胜词,斯乃识趣所囿也。"⑤钱先生原有意在写完《林纾的翻译》后,有意再作一姊妹篇《严复的翻译》,惜未成文。后虽有汪荣祖先生补作此文,毕竟与钱氏无与焉。

围绕严译《天演论》的讨论,实际上也是对我国翻译西方经典翻译标准取向的争论。

---

① 傅斯年:《译书感言》,收入欧阳哲生主编:《傅斯年全集》,长沙:湖南教育出版社,2003 年 9 月版,第 1 卷,第 189—190 页。

② 瞿秋白、鲁迅:《关于翻译的通信》,收入《鲁迅全集》第 4 册,第 372 页。

③ 贺麟:《严复的翻译》,收入《论严复与严译名著》,第 34 页。

④ 范存忠:《漫谈翻译》,载《南京大学学报》(哲学社会科学版)1978 年第 3 期。

⑤ 钱钟书:《谈艺录》,北京:中华书局,1986 年 10 月版,第 24 页。

首先是关于意译与直译这两者何为优先的问题。严复在《天演论·译例言》中提出"信、达、雅"的译事标准,但他在翻译《天演论》时明显以"达、雅"为主,甚至有刻意追求古"雅"的倾向,以致有为"达、雅"而伤害"信"的偏弊,所以《天演论》虽归类为意译,实则只能以严复自己的话来说"达旨"而已。对严译的过于"中化",吴汝纶已有所不满,表示翻译西典宜别立制式,但吴氏对严译的古"雅"倾向仍给予鼓励。① "五四"以后,译界多以直译为上,故对严译的这种"达旨"的意译方式更是批评甚多。严复本人在自己的翻译实践中,似也感受到自己"达旨"的意译方式的局限,中期的译作如《原富》等,越来越重视译文的"信",几乎是取直译的方式,这一点已为论者所注意。② 其次是关于文言文与白话文译文语言的选择何者为宜的问题。严复崇信典雅,自信只有古文能得"达、雅"的效果,故其以上古文字为译文文语言。但其译文因过于"雅驯",很难为一般青年学子所接受,梁启超当时即对此有所批评。随着新文学运动的开展,白话文逐渐为学术界普遍使用,故对严译以古文为"达"的做法更为不满,严译作品遂成为时代的陈迹,只能作为古董供人们欣赏了。

五、《天演论》的历史作用评估

严复翻译《天演论》,对自己有不同于一般译品和翻译家的要求,表现了超乎寻常的雄心,他既想将这本"新得之学"、"晚出之书"介绍给国人,借此显示自己超前的思想,又想将西学与中学熔于一炉,把赫胥黎所表达的思想以一种最能为当时高级士大夫所接受的方式表达出来。他既要作一种学理的探讨,以《天演论》为中心展现自己渊博的西学学识,又欲借外来的学理来剖析中国的现实和世界的大势,寻求中国维新、自强之道。他既提出了一种新的翻译标准,为中国译界译介西方学术著作提供一种不同于传统翻译佛典的新模式,又逢迎"桐城派"的文学审美趣味,以一种古奥、典雅的译文进行创作。严复翻译的《天演论》定位如此之高,以至它长久被人们奉为典范,故其在近代中国的诸多方面有着划时代的意义。

在近代中国,对士人心理产生震撼性效应的第一本西书当是严复译述的赫胥黎的《天演论》。在此书之前,近代译书事业始于江南制造总局的译书局和一些来华传教士,

---

① 1898年3月20日吴汝纶致信严复,表明中学"以古为贵"的取向,他说"鄙意西学以新为贵,中学以古为贵,此两者判若水火之不相入,其能熔中西为一治者,独执事一人而已。"收入《严复集》第5册,第1561页。1898年4月3日吴汝纶给严复的信中更是道明"与其伤洁,毋宁失真"的求"雅"倾向,他说:"欧洲文字,与吾国绝殊,译之似宜别创体制,如六朝人之译佛书,其体全是特创。今不但不宜袭用中文,并亦不宜袭用佛书,窃谓以执事雄笔,必可自我作古。又妄意彼书固自有体制,或易见其辞而仍其体亦何可也。不通西文,不敢意定,独中国诸书无可仿效耳。来示谓行文欲求尔雅,有不可阑入之字,改窜则失真,因仍则伤洁,此诚难事。鄙意与其伤洁,毋宁失真。凡琐屑不足道之事,不记何伤。若名之为文,而俚俗鄙浅,荐绅所不道,此则昔之知言者无不悬为戒律。"吴汝纶的这两段意见,为严复所接受。

② 参见贺麟:《严复的翻译》,收入《论严复与严译名著》,第34页。贺氏将严复的翻译分为初、中、后三期,初期译作为《天演论》《法意》《穆勒名学》,中期译作为《群学肄言》《群己权界论》《原富》《社会通诠》,后期作品为《名学浅说》(1908年)、《中国教育议》(1914年)。鲁迅也注意到这一点,他提到严复"后来的译本,看得'信'比'达雅'都重一些。"参见鲁迅:《关于翻译的通信》,收入《鲁迅全集》第4册,第381页。

当时的译书范围,第一类是宗教书,主要是《圣经》的各种译本;第二类是自然科学和技术方面的书,时人称之为"格致";第三类是历史、政治、法制方面的书,如《泰西新史揽要》、《万国公法》等。而文学、哲学社会科学类的书则付诸阙如,对这一现象,胡适的解释是"当日的中国学者总想西洋的枪炮固然厉害,但文艺哲理自然还不如我们这五千年的文明古国了"①。中国人翻译西方社会科学方面的书当从严复的《天演论》始,而翻译西方文学作品则从林纾始,康有为所谓"译才并世数严林",说的就是严、林两人在当时译界的这种地位。

《进化论与伦理学》初版于 1893 年,增订本出版于 1894 年,严复的翻译工作始于1896 年,最早发表于 1897 年,中译本与原作的出版时间相差不过两三年,几乎是同步进行,可以说《天演论》是将西方最新的前沿学术研究成果介绍给国人的创试,从此中西文化学术交流工作在新的平台上同步进行,改变了以往中译本作品以陈旧的西方宗教经典(如《圣经》)和较低层次的自然科学作品为主的局面。

《天演论》是严复独立翻译的中文译本,也可以说是国人独立从事翻译西方学术经典著作的开始。在此之前,译书方法主要是采取西译中述的办法,此办法如傅兰雅所述:"必将所欲译者,西人先熟览胸中而书理已明,则与华士同译,乃以西书之义,逐句读成华语,华士以笔述之;若有难言处,则与华士斟酌何法可明;若华士有不明处,则讲明之。译后,华士将初稿改正润色,令合于中国文法。"②这种中西合作的办法相对来说有较大的局限性,它实际上是当时外国人不精通中文、中国人不熟谙外文所采取的一种权宜的、变通的翻译办法。严复以其兼通中、英文之长从事翻译,对两种语言的会通之处了然于胸,这是国人在近代翻译史上的一大突破。

严复在《天演论·译例言》中提出翻译的标准为信、达、雅,③并躬行实践,亲自示范。其译文虽因效法周秦诸子,过于古雅,译文本身因只求"达旨",过于随意,但毕竟已为中国近代翻译提出了新的可供操作的规范,而严译所取的意译方式,实际也在译界风行一时,成为近代中国继第一阶段"西译中述"之后第二阶段的主要翻译方式。对此,贺麟曾评价道:"他这三个标准,虽少有人办到。但影响却很大。在翻译西籍史上的意义,尤为重大;因为在他以前,翻译西书的人都没有讨论到这个问题。严复既首先提出三个标准,后来译书的人,总难免要受他这三个标准支配。"④"五四"以后,译界虽多取直译方式,对严译所用的古文基本摒弃,对严译的意译方式多有批评,对直译意译的优长亦各有所见,对严复提出的信、达、雅标准也意见分歧,但严复作为一翻译典范在近代翻译史上的地位则为人公认。

在 19 世纪末 20 世纪初的十多年间,《天演论》可以说是中国最为流行的西学译著。

---

① 胡适:《五十年来中国之文学》,收入《胡适文集》第 3 册,第 211 页。

② 傅兰雅:《江南制造总局翻译西书事略》,收入黎难秋主编:《中国科学翻译史料》,合肥:中国科技大学出版社,1996 年 9 月版,第 419 页。

③ 据钱钟书考证,严复提出的"信、达、雅"出自佛典的"信、达、严(释为饰,即雅)"。另钱氏也提到周越然在1930 年代商务印书馆出版的英语读本中提到严复的"信、达、雅"三字诀系受到英人泰勒(Alexander Tyler)《翻译原理论集》(Essays on the Principles of Translation)一书的启示。参见钱钟书:《管锥篇》,北京:中华书局,1991 年 6 月版,第 3 册,第 1101 页。

④ 贺麟:《严复的翻译》,收入《论严复与严译名著》,第 32 页。

据曹聚仁回忆："近二十年中,我读过的回忆录,总在五百种以上,他们很少不受赫胥黎《天演论》的影响,那是严氏的译介本。""如胡适那样皖南山谷中的孩子,他为什么以'适'为名,即从《天演论》的'适者生存'而来。孙中山手下大将陈炯明,名'陈竞存',即从《天演论》的'物竞天择,适者生存'一语而来。鲁迅说他的世界观,就是赫胥黎替他开拓出来的。那是从'洋鬼子'一变而为'洋大人'的世代,优胜劣败的自然律太可怕了。"① 曹聚仁列举的胡适、陈炯明、鲁迅这三人都是在 20 世纪初读到《天演论》这本书,并受其影响。而比这些人更长的一辈吴汝纶、康有为、梁启超、张元济等则是在 19 世纪末的读者了。20 世纪初,许多新学堂便用吴汝纶删节的《天演论》作为教科书,②其普及率自然大大延伸了。

《天演论》问世以后,畅销不断,"海内人士,无不以先睹为快",饱学硕儒和青年学子争相追捧,迅即成为影响他们世界观的思想教科书。最早阅读《天演论》的读者,如吴汝纶、康有为、梁启超、黄遵宪等维新志士都感受到一种雷击一般的思想震撼。如吴汝纶读罢《天演论》稿本,即感叹:"虽刘先生之得荆州,不足为喻。比经手录副本,秘之枕中。盖自中土繙译西书以来,无此宏制。匪直天演之学,在中国为初凿鸿濛,亦缘自来译手,无似此高文雄笔也。"③梁启超在《天演论》未出版之前,已读到《天演论》的稿本,亦对是著极为敬佩,传呈给其师康有为,"南海先生读大著后,亦谓眼中未见此等人。如穗卿言,倾佩至不可言喻"。④ 可见,《天演论》未出版以前,读到此稿的维新志士已感悟到它所带来的冲击,并将之作为维新变法的依据。《天演论》出版以后,风行于学界士林。黄遵宪奉《天演论》为经典,反复嚼读,自谓"《天演论》供养案头,今三年矣"。⑤ 1901 年在南京矿路学堂就读的鲁迅购到《天演论》,兴奋不已,他回忆起当时的情形:

> 看新书的风气便流行起来,我也知道了中国有一部书叫《天演论》,星期日跑到城南去买了来,白纸石印的一厚本,价五百文正。翻开一看,是写得很好的字,开首便道:
>
> "赫胥黎独处一室之中,在英伦之前,背山而面野,槛外诸境,历历如在机下。乃悬想二千年前,当罗马大将恺彻未到时,此间有何景物?计惟有天造草昧……"
>
> 哦!原来世界上竟还有一个赫胥黎坐在书房里那么想,而且想得那么新鲜?一口气读下去,"物竞""天择"也出来了,苏格拉第、柏拉图也出来了,斯多噶也出来了。⑥

鲁迅从此对严复崇拜得五体投地,他又将《天演论》赠送给自己的弟弟周作人阅读。以后,严复每出一书,鲁迅设法一定买来。⑦ "严又陵究竟是'做'过赫胥黎《天演论》的,的确

---

① 曹聚仁:《中国学术思想史随笔》,北京:三联书店,2003 年 8 月版,第 371—372 页。
② 参见胡适:《四十自述》,收入《胡适文集》第 1 册,第 70 页。胡适在上海澄衷学堂所阅《天演论》即为教师指定的吴汝纶删节的读本。
③ 《吴汝纶致严复书》,收入王栻编:《严复集》第五册,第 1560 页。
④ 《梁启超致严复书》,收入王栻编:《严复集》第五册,第 1570 页。
⑤ 《黄遵宪致严复书》,收入王栻编:《严复集》第五册,第 1571 页。
⑥ 《朝花夕拾·琐记》,收入《鲁迅全集》第 2 卷,北京:人民文学出版社,1981 年版,第 295—296 页。
⑦ 周作人:《鲁迅的青年时代·关于鲁迅之二》。

与众不同；是一个十九世纪末年中国感觉敏锐的人。"①严复宣传的进化论是对青年鲁迅影响最大的外来思想理论。无独有偶，1905 年在上海澄衷学堂就读的胡适经老师推荐，买到了经吴汝纶删节的严复译本《天演论》，国文教员还以"物竞天择，适者生存，试申其义"为题命学生作文，胡适在《四十自述》中谈及《天演论》对自己的影响：

> 读《天演论》，做"物竞天择"的文章，都可以代表那个时代的风气。
>
> 《天演论》出版之后，不上几年，便风行全国，竟做了中学生的读物了。读这书的人，很少能了解赫胥黎在科学史和思想史上的贡献。他们能了解的只是那"优胜劣败"的公式在国际政治上的意义。在中国屡次战败之后，在庚子辛丑大耻辱之后，这个"优胜劣败，适者生存"的公式，确是一种当头棒喝，给了无数人一种绝大地刺激。几年之中，这种思想像野火一样，延烧着许多少年的心和血。"天演""物竞""淘汰""天择"等等术语，都渐渐成了报纸文章的熟语，渐渐成了一班爱国志士的"口头禅"。还有许多人爱用这种名词做自己或儿女的名字，陈炯明不是号竞存吗？我有两个同学，一个叫孙竞存，一个叫杨天择，我自己的名字也是这种风气底下的纪念品。②

辛亥革命时期，革命志士在《民报》上撰文承认："自严氏书出，而物竞天择之理，厘然当于人心，而中国民气为之一变，即所谓言合群、言排外、言排满者，固为风潮所激发者多，而严氏之功盖亦匪细。"③伴随《天演论》的风行，进化论成为戊戌运动以后二十多年间最具影响力的西方思潮。

在学术界有一种颇具影响的误会，即以为严译《天演论》是第一本宣传达尔文进化论学说的译著，或者进化论输入中国，是从严复开始。④ 其实在 19 世纪 70 年代至 1897 年《天演论》问世以前，已有多种经由传教士翻译的格致书籍中夹杂有进化论的介绍。⑤ 但《天演论》确是第一本系统介绍进化论并产生巨大社会影响的译著。自《天演论》问世后，进化论在中国知识界蔚然成为一股具有影响力的思潮，许多人步严复的后尘，译介有关进化论的著作，可以说《天演论》是进化论在中国传播过程中的一块里程碑。"五四"以后，随着马克思主义、实验主义等新的外来思想的流行，进化论思潮的影响力逐渐退潮，《天演论》的读者群自然随之也大为缩小，傅斯年、瞿秋白这些"五四"时期崛起的新青年敢于以轻蔑的语气调侃严译《天演论》，这表明作为思想范本的《天演论》从此退出历史的舞台。

最后，对这里收入的《天演论》、《进化论和伦理学》、*Evolution and Ethics* 做一简要说明：《天演论》系按 1981 年 10 月商务印书馆出版的《天演论》（该版是在 1931 年商务印书馆出版的"严译名著丛刊"基础上改进）收入。《进化论与伦理学》曾于 1971 年 7 月由科

---

① 《热风·随感录二十五》，收入《鲁迅全集》第 1 卷，第 295 页。

② 《四十自述·在上海（一）》，收入欧阳哲生编：《胡适文集》第 1 册，北京大学出版社，1998 年版，第 70 页。

③ 胡汉民：《述侯官严复最近之政见》，载《民报》第二号，1905 年。

④ 参见王栻：《严复与严译名著》，收入《论严复与严译名著》，第 5 页。

⑤ 这方面的情形参见马自毅：《进化论在中国的早期传播与影响—19 世纪 70 年代至 1898 年》，收入《中国文化研究集刊》第 5 辑，上海：复旦大学出版社，1987 年出版。

学出版社出版,此书由该书翻译组直译,只译了第一、二部分,现据原文将全书的五部分全部译出。*Evolution and Ethics* 是依 1894 年伦敦 Macmilan and Co 出版的 *Evolution and Ethics and other Essays* 收入,原作有五部分,现只收前两部分。之所以将这三种收集在一起,是便于读者对严译与原作的区别进行比较,以加深读者对严译《天演论》的理解。

欧阳哲生

2009 年 7 月 7 日于北京海淀蓝旗营

导 读 二

宋启林

（广东金融学院　教授）

· *Introduction to Chinese Version* II ·

在经历了中日甲午战败的巨大创痛之后，《天演论》所传输的"物竞天择，适者生存"的原则对中国读者的冲激作用，是不言而喻的，许多读者阅读该书时不知不觉地产生共鸣，顺其思路思考民族和国家的前途，或投身维新热潮，或走上革命之路，一场波澜壮阔的变法维新运动终于在这里找到了自己的有力理论依据。《天演论》提出的思想成为维新领袖、辛亥精英、五四斗士改造中国的武器。康有为、梁启超、孙中山、鲁迅、胡适、毛泽东等人都曾深受其思想的熏陶。

托马斯·亨利·赫胥黎（Thomas Henry Huxley，1825—1895）

托马斯·亨利·赫胥黎(Thomas Henry Huxley),1825 年 5 月 4 日出生于英国米德塞克斯郡的伊林小镇。他虽然只受过 2 年的学校教育(8—10 岁),但凭借其天资聪明、顽强自学和勤奋研究,以及"响尾蛇号"的那段远航经历给他带来的"好运",使他很早就跻身于一流科学家之列。他担任过英国皇家学会主席(1883—1885)等众多学术职务,获得过皇家勋章(1852)、渥拉斯顿奖章(1876)、科普利奖章(1888)、林奈奖章(1890)和达尔文奖章(1894),被国内外众多科学组织授予多种荣誉称号。1900 年,英国皇家学会人类学会还设立了赫胥黎奖章,以表彰他在人类学上的贡献。他是达尔文生物进化论的坚定捍卫者,自称为"达尔文的斗犬";他在 1860 年 6 月 30 日与牛津主教威尔伯福斯(Samuel Wilberforce,1805—1873,又被称为油嘴"山姆")展开了一场著名论战,为进化论的公共接受立下了汗马功劳,也使他名扬天下。1895 年 6 月 29 日,集科学家、教育家和思想家于一身的赫胥黎因病去世,享年 70 周岁。在他去世时,有 100 多家国内外杂志发布了讣告,他的遗体安放在伦敦北的圣马里波恩公墓。

赫胥黎一生笔耕不辍,著述颇丰。在他去世前两年,他将自己的论文和演讲作品加以编辑,以《赫胥黎论文集》的形式出版。该论文集包括 9 卷:(1)《方法与结果》;(2)《达尔文主义》;(3)《科学与教育》;(4)《科学与希伯来传统》;(5)《科学与基督教传统》;(6)《休谟》;(7)《人类在自然界中的位置》;(8)《生物学和地质学论文集》;(9)《进化论与伦理学》。其中,最有影响的是《人类在自然界中的位置》和《进化论与伦理学及其他论文》。

《进化论与伦理学及其他论文》最初源于他在英国牛津大学罗马尼斯讲座上的一次演讲。罗马尼斯讲座是 1892 年由罗马尼斯(George John Romanes,1848—1894)在牛津大学设立的,属于年度讲座,每年举办一次,至今从未间断。第一位演讲人是当时的英国首相格莱斯顿(William Ewart Gladstone,1809—1898),题目是"中世纪的大学"(Mediaeval Universities);2009 年的演讲人是现任首相布朗(Gordon Brown,1951—   ),题目是"科学和经济的未来"(Science and our Economic Future)。赫胥黎是这个讲座的第二位演讲者,演讲的题目是"进化论与伦理学",演讲时间是 1893 年 5 月 18 日,演讲地点是牛津大学的谢尔德兰剧院(Sheldonian Theatre)。

在作演讲之前,赫胥黎曾分别给罗马尼斯、科利尔(John Collier,1850—1934)和廷德尔(John Tyndall,1820—1893)写信,谈他对日后演讲的感想。在给罗马尼斯的信中(1893 年 4 月 28 日),他坦承他的演讲内容既不符合正统观念、也与斯宾塞(Herbert Spencer,1820—1903)的观点相左,担心有人误解他借演讲进行攻击;但也表示,在不受约束的情况下,他会清楚明晰地阐述他的观点。在给科利尔的信中(1893 年 5 月 9 日),他写道:"我会在牛津大学讨论伦理问题,把我要说的话全说出来,不给任何人挑剔的机会;这次演讲肯定是我职业生涯中最富刺激性的事件。"在给廷德尔的信中(1893 年 5 月 15 日),他写道:"当我在三十年前打败大人物'山姆'的时候,谁会想到,在三十年后,我会在格莱斯顿之后受到邀请到牛津大学发表'进化论与伦理学'的演讲呢?"[①]可以想见,赫胥

◀ 年青时的赫胥黎。

---

①　The Huxley File, C. Blinderman & D. Joyce,http://aleph0. clarku. edu. /huxley/,下同。

黎当时的心情是自豪又自信,但多少有点担心。

事实说明,赫胥黎的担心有点多余,他的演讲获得了极大的成功。《牛津杂志》(*Oxford Magazine*)当时(1893 年 5 月)以"罗马尼斯讲座"为题发表了一篇评论性报道。"很难料到有那么多的听众聚集一堂,听取赫胥黎教授作进化论与伦理学的演讲;那种场面,就像大家聚集起来去听现任首相的高谈阔论。"演讲大厅坐满了人,许多人只能站在大厅的后面。他的演讲文采斐然、充满激情、清晰明了、雅俗共赏,感人至深、令人钦佩。"说实在的,这次讲座只有一个缺陷:太多太多的听众,因为运气不好,不能直接站到教授的面前,有时几乎听不清楚。"①

演讲结束后,"进化论与伦理学"以小册子的形式发行,在不到一个月的时间里,3000册就销售一空,也引来了一些评论。如斯蒂芬(Leslie Stephen,1832—1904)、米瓦特(St. George Mivart,1827—1900)、塞斯(Andrew Seth,1856—1931)等都撰文进行评论②。为了对有关的批评进行回应,同时弥补罗马尼斯讲座演讲中进化论知识的不足,赫胥黎于1894 年写了一篇"导论",作为"进化论与伦理学"的导言。后来,赫胥黎在编辑《论文集》第 9 卷时,收录了其他一些文章,题名《进化论与伦理学及其他论文》,1894 年由英国麦克米伦公司(Macmillan and Company)首版。

《进化论与伦理学及其他论文》共包括五个部分:(1)进化论与伦理学:导言(1894);(2)进化论与伦理学(1893);(3)科学与道德(1886);(4)资本——劳动之母(1890);(5)社会疾病与糟糕疗方(1891)。其中,"人类社会中的生存斗争"一文,本是赫胥黎1888 年写的一篇文章,在编辑第 9 卷论文集时,他将这篇文章作为第五部分("社会疾病与糟糕疗方")的导言。考虑到该文实际上是"进化论与伦理学"演讲内容的"前奏",故单独作为一个部分,于是本译稿就变成了六个部分。为了便于读者阅读,下面对六个部分作一点简要说明。

第一、二部分是《进化论与伦理学及其他论文》的主体内容。在这里,赫胥黎主要阐述了三个方面的思想。(1)宇宙间的一切事物都是宇宙过程的产物,处于不断的进化之中。人类社会及其伦理道德也不例外。(2)宇宙过程与伦理过程是性质完全不同的两种类型,二者处处分庭抗礼:宇宙过程"鼓励"生存斗争,"意"在"使最适者生存";伦理过程抑制生存斗争,意在"使尽可能多的人适宜生存"。(3)人类文明和社会进步是通过伦理本性不断战胜宇宙本性、伦理过程取代宇宙过程来实现的。在这里,赫胥黎实际上将达尔文的生物进化论发展为一般进化论,但他坚决反对将进化论的一般原理照搬到人类社会。赫胥黎呼吁人类要不断培育和发展伦理本性,逐步摆脱宇宙本性的影响;其核心主张是,人类要获得健康发展,就必须在从宇宙本性那里继承下来的自行其是和人类社会进化过程中形成的自我克制之间保持一种"中道"。所以,他既反对弃绝人的天性的僧侣主义,也反对斯宾塞倡导的"任天而治"的社会达尔文主义。

第三部分是赫胥黎对利利(William Samuel Lilly,1840—1919)1886 年 10 月在《双周评论》上发表的《唯物主义与道德》一文的回应。利利是赫胥黎同时代的随笔作家,天主

---

① The Romanes Lecture,The Huxley File.
② Jungle Verse Garden,The Huxley File.

教的捍卫者，以撰写宗教、政治和社会问题的文章而广为人知。在《唯物主义与道德》这篇文章中，利利将克利福德（William Kingdon Clifford，1845—1879）、斯宾塞和赫胥黎列为英国唯物主义的典型代表，并向他们抛出了"三大命题"。他认为唯物主义毁灭了"人类生活的所有最重要的部分"，自然科学无法引领人们过一种高尚生活。"如果有人告诉我，自私自利，不论怎样得到升华，会产生自我牺牲那样的果实；如果有人告诉我，能从自然史学、生理学、化学中推演出道德力量的诸因素，那是对我理解力的一种侮辱。"在他看来，"道德只能在人的精神本性中才能生根开花。"但是，"如果你把它从这块原先用生命之水浇灌、用天国露珠滋润的乐土上，移植到唯物主义的沙地，它就一定会枯萎和死亡。"①。对利利的一系列指责，赫胥黎都作了回应。他指出，利利抛出的三个命题没有一个是正确的。对于利利冠之于他的唯物主义那顶头衔，他并不买账，他自称自己是一个"不可知论者"（"不可知论"这个术语就是赫胥黎发明的）。他认为，道德的基础既不在于唯物主义，也不在于唯心主义和各种宗教，而是在于诚实："道德的基础在于坚决不说谎，不假装相信没有证据的东西，也不转述那些对不可知的事物提出的莫名其妙的命题。"

第四部分是赫胥黎论述资本与劳动关系的文章，其中涉及与乔治（Henry George，1839—1897）的争论。乔治是美国经济学家，40岁时出版了《进步与贫穷》（*Progress and Poverty*），于是名声大噪。孙中山先生曾对这本书作过评价：乔治"曾著一书，名为《进步与贫穷》，其意以为世界愈文明，人类愈贫困，……。其说风行一时，为各国学者所赞同"。② 在翻译这部分的周立博士看来，赫胥黎与乔治的分歧主要在以下几个方面。（1）资本与劳动孰先孰后。乔治认为劳动先于资本，赫胥黎则认为资本先于劳动。（2）二者的资本概念不同。乔治笔下的"资本"是狭义的经济学概念，而赫胥黎笔下的"资本"则是广义的哲学概念。赫胥黎的资本概念，至少包括了亨利概念中的劳动能力、物质资本和土地，涵盖了生产过程使用的劳动力之外的所有生产要素。（3）劳动价值论与要素价值论的差异。乔治竭力要证明的是"工资并非出自于资本，而实际上出自于付出劳动所创造的产品"，属于劳动价值论。而赫胥黎坚持"资本和劳动必然是紧密联系的，资本从来不是劳动单独创造的，资本不依赖于人类劳动而存在，资本是劳动的必要前提，资本提供了劳动的原材料。"劳动必须和"资本"捆绑在一起，才能创造财富，由于其广义资本概念，几乎涵盖了所有的物质投入，因而其主张的实质，是要素价值论。可能赫胥黎也自知自己与经济学家所论述的概念体系存在差异，所以在"资本——劳动之母"这个主标题下，又加了一个副标题：从哲学视角探讨经济问题。

第五部分，如前所述，实际上是赫胥黎在罗马尼斯讲座上的演讲内容的"前奏"。在主旨上，这篇论文与他的演讲是完全一致的：人无时不在生存斗争之中，但人只有最大限度地抑制生存斗争，人才能过人的生活。由于他在这篇文章中阐述了生存斗争的残酷性，使克鲁泡特金（Kropotkin，1842—1921）大为不满，于是发表文章，指名道姓地对赫胥黎予以批驳。比较二者的观点，相同点和分歧点一样明显。二者都认同达尔文生物进化论的一般观点，但从中演绎的结论是完全相反的：赫氏认为生存斗争是生物界的真实写

---

① Materialism and Morality, The Huxley File.
② 国父全集（第二册）. 台湾"中央文物供应社". 1985, pp. 197—198.

照,克氏则认为互助才是生物界的普遍特征;赫氏认为生存斗争是进化的引擎;而克氏则认为互助才是进化的主调;赫氏认为,人类要过上幸福生活,就必须采取人为措施来反抗人类社会中的生存斗争,而克氏则认为,只需将互助这一"道德观念的真正基础"①推而广之,人类就能走上光明大道。从二者争论的理路来看,他们的争论类似于我国古代思想史上的孟荀之争。荀子主张人性是恶的,恶之源在于"争";要实现大治,就需用"礼"进行人为干预;孟子认为人性是善的,只需将"不忍人之心"扩而充之,就能达到理想社会。在这个意义上,我们可以说,赫胥黎可谓英国的荀子,克鲁泡特金可谓俄国的孟子。

在最后一部分,赫胥黎对布斯(William Booth,1829—1912)创立和领导的救世军进行了抨击。救世军(The Salvation Army)是布斯于1865年开始创立并于1878年正式定名的一个具有宗教性质和准军事性质的慈善组织。"救世军"这一名称就一目了然地反映了这个组织的特点:"救世"和"军队";前者反映了他的宗教和慈善性质,后者反映了他的军队特色。救世军的总部设在英国伦敦,在世界各地设有分部,到21世纪的今天仍是如此。布斯是救世军的第一任总司令。这个组织的成员既是上帝的"使者",又是下层民众的"救星"。但是,赫胥黎根据他掌握的材料,给《泰晤士报》写了12封信,揭露布斯时代的救世军是"一个超级骗子"②。他主要从组织性质和财产管理两个方面对当时的救世军予以抨击。在他看来,布斯领导的救世军实质上就是"家天下",实施的是一种独裁的专制统治,要求"军官和士兵"绝对地毫无怨言地服从布斯的领导,组织内部充斥着典型的宗教狂热。然而在他看来,无条件地服从权威最容易败坏人的良知和心智。另一方面,布斯家族对组织成员进行体制性的超经济剥削,并将救世军军人的贡献和社会捐助用于谋取个人私利,过着即便不算奢华但也较为舒适的生活,而下级军官和普通士兵却常常食不果腹。关于赫胥黎对布斯救世军的抨击的效果,吕叔湘先生在《赫胥黎与救世军》一文的结尾写道:"但愿这位生物学家的'思出其位'不是徒劳。"③

赫胥黎的《进化论与伦理学及其他论文》的概貌大致如此。可以说,这本论文集既是科学的,又是人文的;既是学术的,又是文学的;既是深邃的,又是通俗的;既是严肃的,又是诙谐的;既是情深义重的,又是咄咄逼人的;既是有中心的,又是极为发散的。因而,在赫胥黎的9卷《论文集》中,这本论文集影响最大,印量也是最大的。关于这本论文集的影响,帕拉迪斯(James Paradis)在《维多利亚语境和社会生物学语境下的"进化论与伦理学"》一书中,附了一篇他写的"进化论与伦理学的历史"的文章,从出版发行和学术评论两个方面对"进化论与伦理学"的历史影响做了梳理和评论④。

赫胥黎及其《进化论与伦理学及其他论文》的主要思想初次被国人所知,是拜我国近代思想家和教育家严复(1854—1921)所赐。自1896年始,严复采取既译且著的方式翻译了赫胥黎的这本论文集的前两部分,取名《天演论》,并于1898年(光绪二十四年)出版。由于《天演论》所阐发的"物竞天择、适者生存"以及"自强保种"的思想,震撼了当时

---

① 克鲁泡特金著,李平沤译.互助论.商务印书馆.1984,p.264.

② Jungle verse Garden, Huxley File.

③ 《读者》1989年第9期。

④ James Paradis,George C. Williams,*Evolution & Ethics With New Essay on Its Victorian and Sociobiological Context*,Princeton University Press,pp. 218—219.

面临"亡国灭种"危险的中国知识人,在传统的士大夫和新型的知识分子中广为流传,在思想界掀起了一股"天演热",其影响大大超过了"进化论与伦理学"在西方社会的影响。"自严氏之书出,而物竞天择之理,厘然于人心,中国民气为之一变。"维新派、革命家和新文化运动的领袖,如康有为、梁启超、孙中山、邹容、陈独秀、李大钊、鲁迅、胡适、毛泽东等人,都受到过《天演论》思想的影响。但是,正如鲁迅、冯友兰、史华兹(Benjamin Schwartz,1916—1999)等人所说,严复的《天演论》并不就是赫胥黎的《进化论与伦理学》。在根本旨趣上,二者是完全相反的。赫胥黎在《进化论与伦理学》中对社会达尔文主义大加挞伐,而"构成《天演论》中心思想的,则显然是社会达尔文主义的口号"。[①] 个中原因,无疑是由于各自所处国家的境遇不同以及由此造成的各自追求的目标不同而造成的。赫胥黎为社会内部的生存斗争而感到痛心,严复则因"亡国灭种"的危险而备受煎熬,因而"赫胥黎梦想一个更加美好的英格兰,严复则梦想一个强大的中国;赫胥黎梦想一个更加仁慈的社会,严复则梦想一个更加团结的、……更加尚武的……'社会有机体'"(《中国与达尔文》,浦嘉珉著,钟永强译,江苏人民出版社 2008 年版,第 167 页)。于是,赫胥黎和严复在根本旨趣上就分道扬镳了。

斗移星转,沧海桑田。在科学、理性、文明与和平已成为时代主流精神的当代世界,在中华民族已由昔日的"东亚病夫"成长为"东方雄狮"的今天,不论是赫胥黎的《进化论与伦理学》,还是严复的《天演论》,似乎都失去了再现其思想锋芒、独领风骚的语境。然而,他们所阐发的思想精髓,与其他一切思想大师所述说的微言大义一样,永远给人们以无尽的启迪。笔者愚钝,在译毕《进化论与伦理学》、读完《天演论》之后,得一心得:一个国家、一个民族乃至个人,做一个强者是明智的,做一个不欺负弱者的强者是善良的,做一个扶弱济困的强者是伟大的。尊敬的读者,以为然否?

细究起来,赫胥黎的"进化论与伦理学"所指有三:一是指赫胥黎在罗马尼斯讲座的演讲,即第 9 卷论文集的第二部分;二是指"演讲"和"导论",即第 9 卷论文集的前两部分;三是指第 9 卷论文集全文,即《进化论与伦理学及其他论文》。本译稿是第 9 卷论文集的第一个中文全译本。在此之前,除了严复著译的《天演论》外,还有无名译者翻译了该书的前两部分,由科学出版社于 1971 年出版,书名为《进化论与伦理学》。我在翻译时,也沿用了这个书名。

正如严复先生在《天演论·译例言》中所言:"译事三难:信、达、雅","此三者乃文章正规,亦即为译事楷模。故信、达而外,求其尔雅"。笔者虽然力求遵循严复先生所训,但不免有力不从心之处,错讹之处在所难免,恳请读者批评指正。

[①] 史华兹著,叶凤美译.寻求富强:严复与西方.江苏人民出版社.1990,p.75.

前　言

· Preface ·

　　如果没有源于祖先的天性，这种天性受宇宙过程的操纵，我们将一事无成；一个否定这种天性的社会，必然会被外部力量所消灭。但如果这种天性过多，我们就会束手无策；一个被这种天性统治的社会，必然会因内部争斗而毁灭。

重刊在这本论文集前半部分里的"进化论与伦理学",是我在牛津大学的演讲;那是罗马尼斯讲座①创立以来的第二个年度讲座。提起罗马尼斯②的名字,我不禁悲从中来,痛惜这位挚友在风华正茂之时遽然早逝。他天性敦厚,我和他的许多友人都觉得他可敬可亲;他的研究才能和促进知识进步的热忱,得到了他的同事们的公正评价。我尤其记得收到他早期著作时的喜悦心情。当时作为皇家学会的秘书之一,我欣喜地看到,一位完全有资格在我们中间取得崇高地位的新成员,加入到这支科学工作者小队伍的行列中来。

如果说我有幸接到了正式邀请,那就是在朋友的急切催促之下,我才答应作这次演讲的。但我并非没有顾虑。多年来的公开演讲已经让我极度疲惫、嗓子沙哑;仅仅这些也就罢了,何况我还知道,我注定要在我们时代那位最负盛名、驾轻就熟的演说家之后演讲。他那势不可挡的青春活力,通过他那富有穿透力的悦耳嗓音展露无遗。插入这些对比的话,真是有点啰啰唆唆了。

即使不顾及我沙哑的声音,也不顾及我的虚荣心,也还有一个困难。近些年来,出于种种原因,我的注意力已经转向研究现代科学思想与道德问题和政治问题的关系上,而且我还无意改变我的研究方向。何况我认为,现在最重要、最有价值的事情是,引起古老而又著名的牛津大学关注这个问题,即便只是关注而已。

然而,罗马尼斯基金会有一个规定,演讲者应避免涉及宗教和政治问题。据我看来,也许我比大多数人更应当——不仅在字面上,而且在精神上——遵守这一规定。但伦理科学在各个方面都与宗教和政治问题紧密相连,如要演讲者在讨论伦理科学时不涉及宗教和政治问题,非得像跳鸡蛋舞③的人那样机敏灵活才行;而且他或许还会发现,当(保持理论的)明晰感与(遵守规则的)分寸感发生冲突时,前者是占不到一点儿便宜的。

在我着手准备这份差事时,我没有想到困难会有这么大;但是,当我看到,在针对我提出的、让我颇受教益的各种各样的批评中,还没有人抱怨我误闯禁区,这使我的痛苦和焦虑得到了安慰。

对我提出批评的人当中,不少人我深为感激。他们细心地注意到,我的表达受到了那条规则的束缚;他们还看到,由于我忘记了公众演讲的一句格言,我的演讲效果打了折扣。这句格言是演讲大师法拉第先生传授给我的。有一次,一个演讲新手要给一群颇有

◀悉尼郊外的一所房子,赫胥黎正是在此遇见了他的妻子希索恩小姐。

---

① 参见"导读一"的有关介绍。——译者注

② George John Romanes,1848—1894 年,皇家学会会员,英国进化论生物学家,比较心理学的奠基人。他支持达尔文的进化论,发表了不少进化论方面的著作,"新达尔文主义"这一概念就是他发明的。有学者指出,他的早逝是英国进化论事业的一大损失。——译者注

③ egg—dance,在散放着鸡蛋的地上跳舞。据说,鸡蛋舞与一场婚礼有关。一对情侣手拉着手在散放着 100 个鸡蛋的沙地上跳舞,如果跳下来,没有弄破一个鸡蛋,就可以结婚,再顽固的父母也不得阻挠。但是,前三次都失败了,准新郎就单膝下跪,恳求姑娘再跳一次,结果成功了,于是他们定下婚约,而且很快就结婚了。看来,这位新郎官与赫胥黎一样很不容易,但二者的结局都是皆大欢喜。——译者注

教养的一流听众演讲,他问法拉第先生,可以假定听众知道些什么,这位已故的演讲大师断然回答:"他们什么都不知道!"

使我感到羞愧的是,作为一个已经隐退的演讲老手,我毕生都因这句关于演讲策略的名言获益良多,但我却在关键时刻把它忘得一干二净。我愚蠢地认为,我不需要去重复许多我认为是早有定论的,并且实际上我在先前一些场合就已提出而无人反驳的命题。

为了尽力弥补我的过错,我在那篇演讲的前面增加了一部分内容,主要是一些基础性或重复性的东西,我称之为"导论"。我本希望,我能想出一个不这么学术化的标题来达到我的目的。如果有人认为,我增添到大厦上的这个新建筑物显得过于庞大,那么我只能辩解说,古代建筑师的惯例,常常是把内殿设计成庙宇最小的部分。

如果我打算对所有我刚提到的批评做出回应,那么我不知道我的庙宇的门廊将覆盖多大一片地方。我现在竭力去做的,是除掉已证明对大多数人来说是绊脚石的东西,也就是这个貌似自相矛盾的命题:伦理本性,虽然是宇宙本性的产物,但它必然与产生它的宇宙本性相对抗。在导论中,我尽量用最浅显的文字来表述我的观点,除非其中还有一些我无法察觉的缺点,否则这个表面上自相矛盾的命题乃是一条真理,既平凡又伟大;对道德哲学家来说,承认这一真理是最基本的。

如果没有源于祖先的天性,这种天性受宇宙过程的操纵,我们将一事无成;一个否定这种天性的社会,必然会被外部力量所消灭。但如果这种天性过多,我们就会束手无策;一个被这种天性统治的社会,必然会因内部争斗而毁灭。

每个生活在这个世界上的人,都得在自行其是和自我约束之间寻求一种与其个性和周围环境相适应的中道。这是人生这出大戏的主题。这出大戏的永恒悲剧在于:摆在我们面前的问题,其基本组成要素我们难以完全了解,而且对这个问题的正确的解决办法,即便仅仅只是接近于正确的方法,也很少出现,直到人生阅历这个严苛的批评家,拿出足够的理由,对我们所犯下的无法弥补的过错加以幽默的嘲讽。

书中还重刊了自 1890 年 12 月到 1891 年 1 月期间我发表在《泰晤士报》上的关于"最黑暗的英格兰"计划的信件。这些信件在发表后曾加上附录以《社会疾病与糟糕疗方》为题结集出版。我之所以要再度刊出这些信件,是因为尽管图谋冲击我们国家的这个计划已经受阻,但布斯先生的常设军队还在活动,其组织固有的一切作恶能量仍在蠢蠢欲动。我希望我们牢记这一事实;我也希望当锣鼓和喇叭的喧嚣声有所减退时,我们仍不要忘记,依然存在一股势力,它一旦落入坏人之手,随时都可能作恶。

1892 年,"为调查在《最黑暗的英格兰及其出路》①一书的呼吁下募集而来的款项的使用情况,专门成立了"一个委员会,委员会的成员是一些绅士,其能干与公正,完全值得每个人信赖。1892 年 12 月,委员会发布了一份报告。报告中说,"除了用于建造哈德雷'营房'的款项",接受调查的所有钱款"都只用于原定目标,资金使用也符合原定方式,并未用于其他方面"。

---

① "In Darkest England and Way out",是救世军总司令威廉·布斯所写并于 1890 年自行印发的一本小册子。正文包括两大部分:第一部分为"The Darkness",揭露社会黑暗;第二部分为"Deliverance",寻求解救之道。——译者注

尽管如此,委员会的最终结论却是这样写的:"(4)因这份'呼吁书'募来的财产,包括不动产和动产,用于投资时都适用于1891年1月30日订立的《信托契约》并受其约束,救世军的任何一位'总司令'若将这类财产用于这份契约所规定以外的目的,都意味着背信,将面临民事和刑事诉讼,但在本报告提出之前,**还不存在充分的法律保护措施,来阻止对这类财产的滥用**。"

我用黑体字标出的部分是于1892年12月19日发布的报告的部分内容。也就是说,即使在1891年1月30日《信托契约》生效以后,所谓"充分的法律保护措施""阻止对这类财产的滥用",仍是子虚乌有。那么,直到一周前,即1891年1月22日,我的第十二封信、也是最后一封信在《泰晤士报》发表时,情况又怎样呢?我曾经说过,缺乏足够的安全措施来对布斯先生托管的资金进行适当管理;再也找不到比委员会报告中的下面这段话(第36—37页),能更好地支持我的这一说法了:

"有可能总司令会忘记自己的职责,将资产出售并将收益挪为己用,或偿还救世军的总债务。照现在的情形看,他而且只有他,才有权决定这样的售卖行为。为防止这类情况发生,委员会认为有理由进行一些强行检查。"

再次提请大家回忆一下,由委员会提出并由亨利·詹姆斯爵士起草的这份报告,连同1891年的《信托契约》,曾在公众面前大肆炫耀,让人们大饱眼福。

委员会对目前这种极不满意的状况提出了改进意见,但是,应该仔细考虑一下这一改进意见所带来的实际价值(报告第37页):

"委员会充分意识到,即使上述意见能够得到执行,创设的保护与检查措施仍不足以完全达到下列目的:杜绝在违背捐赠人意愿的情况下对不动产和钱款进行处置的行为。"

实际上,他们满足于表达最微小的希望:"如果改进意见得到实施,由此就可以对采取欺诈行为对不动产和款项进行处置的人设置一些障碍。"

我不知道,而且在这种情况下,我也不能说我很在意,委员会的这些意见是否已经得到实施。不论实施与否,事实是,尽管面临"一些"障碍,一个肆无忌惮的"总司令"还是可以为所欲为的。

如此这般,这个成立于1892年,具有高度权威、必然缺乏异议的委员会,对其关注的事情所作的判断,很难让民众对它满怀信任。此外,我还要大家记住,委员会刻意逃避了他们对"作为一个宗教组织的救世军的原则、管理、教义和行事方式进行审查"的义务,除非涉及因"最黑暗的英格兰"呼吁募来的钱款的管理情况。

结果,委员会根本没有触及我信中讨论的那些最重要的问题。即便委员会的报告对"最黑暗的英格兰"计划充满溢美之词,即便报告向捐赠人确实作过保证,所捐赠的资金绝对不会被滥用,但这些丝毫不会削弱我在那些信中——从政治与社会层面——提出的反对布斯先生建立的专制组织——具有成千上万发誓盲目效忠的驯良的追随者——的理由。"六便士的利"仍然抵不过"一先令的害",如果真是这样,那么害的相关价值或说负价值,就宁可用先令而不要用英镑①来衡量。

---

① 便士、先令和英镑均为英国货币的名称。在1971年未进行币值十进制之前,一英镑等于20先令;一先令等于12便士。6便士就是半先令。——译者注

　　面对委员会的财政委员就那家知名银行发表的意见，以及对于法律专家就所谓的"人民代理人"发表的意见，难道人们会缄默不语吗？

赫胥黎
于伊斯特本的新房子①
1894 年 7 月

---

① Hodeslea，是赫胥黎为退休后住的房子所起的名字，也应是他在"导论"开篇中提到的那栋房子。由于没有找到对应的汉译名称，在参考了有关英文介绍后，译为"新房子"。——译者注

6　　 *Evolution and Ethics and other Essays* ·

第 一 部 分

进化论与伦理学：导论

（1894 年）

· Evolution and Ethics — Prolegomena ·

> 　　摆在人类面前的路，就是通过不断地斗争，维持和改进一个有组织的社会的"人为状态"，从而与"自然状态"相对抗。在这种社会中并通过这种社会，人类也许能发展出一种有价值的文明，使人类能够维持下去并不断地自我改进，直到我们地球的进化开始走下坡路，到那时，宇宙过程重新掌权，"自然状态"再次在我们这个星球的表面耀武扬威。

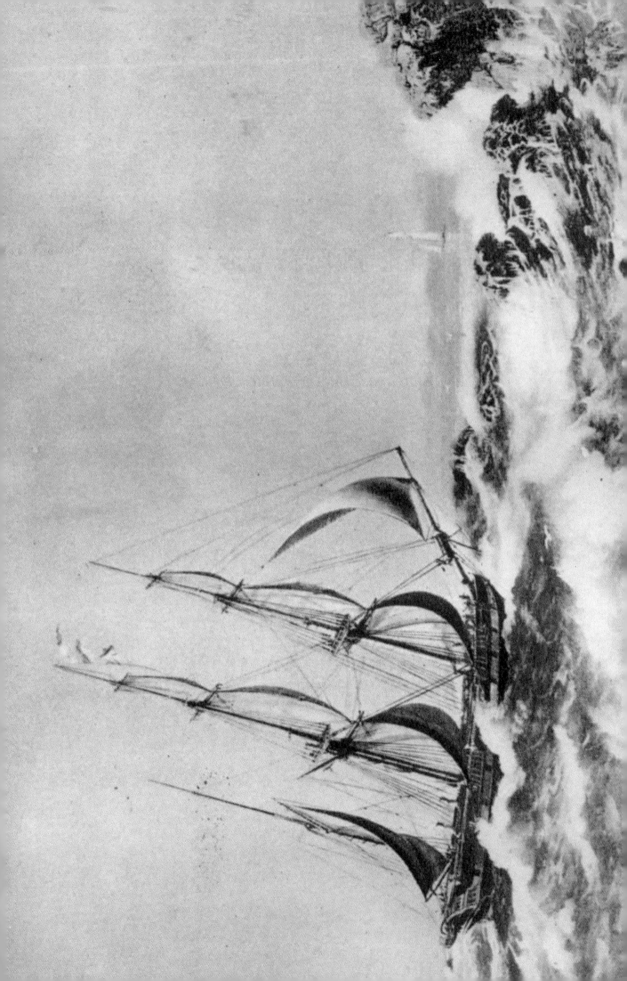

一

可以有把握地设想，2000 年前，在恺撒尚未登陆英国南部时，如果从我写作的屋子往窗外看，整个原野还处在所谓的"自然状态"。或许只有几座隆起的坟茔，就像如今四处散落的坟堆那样，破坏了丘陵地带流畅的轮廓。除此之外，人类的双手再没有在这儿留下什么痕迹。覆盖在广阔高地和峡谷斜坡上那薄薄的植被，也没有受到人类劳作的影响。土生土长的牧草、杂草，还有散布其间的一丛丛金雀花，你争我夺，抢占着贫瘠的表层土壤。这些植物盛夏抗击干旱，寒冬抵御严霜，而且一年四季都要面对时而从大西洋、时而从北海刮来的狂风。此外，地下和地上的各种动物还常常进行骚扰，留下一片片空隙，有赖这些植物尽其所能加以填补。年复一年，它们保持着一种稳定的类群数量——也就是说，通过内部不断的生存斗争，它们之间形成了一种动态平衡。不容置疑，在恺撒到来之前的几千年里，这个地区保持着一种基本上相似的自然状态。如果人类不去干预，那么不得不承认，这种状态将在同样长远的岁月中继续存在下去。

用通常的时间标准来衡量，本土植被就像它所覆盖的"永恒山丘"一样，似乎将永远存在。今天在某些地方极为茂盛的小黄芩，就是那些到处留下燧石工具的史前野蛮人践踏过的小黄芩的后代。而且在冰川时期的气候条件下，小黄芩可能生长得比现在还要繁茂。这样低等的植物，历史已如此悠远，与之相比，整个人类文明史不过是短短的一段插曲。

可以完全肯定地说，若按宇宙计时的巨大尺度来衡量，目前的这种自然状态，尽管像是长期演变而来并似乎将永远持续下去，其实不过是大自然无穷变化中的昙花一现，不过是地球表面自诞生以来，在亿万年中历经一系列变化后的现存状态。在临近海岸边500 英尺高的白垩峭壁上，翻开一平方英尺薄薄的草皮，坚固的地基就裸露出来了。因此，我们完全可以确信，有一段时期，海洋曾淹没了"永恒山丘"的所在地。那时，在离海洋最近的陆地上，植物种类与现在苏塞克斯丘陵上的植物种类有所不同，也与现在的中非地区的植物种类有所不同。① 还可以肯定的是，从白垩形成到原始草皮出现，其间历经了几千个世纪。在这个过程中，白垩沉积时代的自然状态逐渐演变成现在的自然状态，但是，由于变化非常缓慢，因而亲眼目睹这种变化的世世代代的人们，都觉得他们那一代的状况好像没有发生变化，也不会发生变化似的。

但也可以肯定，在白垩沉积之前，已度过了一段更为漫长的岁月。我们很容易发现，在这段漫长的岁月里，生物永无休止的变化过程和生物之间进行生存斗争的过程，都是

◀ 画作《响尾蛇号》。

---

① 见前一部论文集中的《论白垩》(第八卷，p. 1)。

有迹可寻的。我们不能回溯得更远,并不是因为有什么理由认为我们已回溯到混沌初始的时代,而是因为最古老的生物遗迹还未被发现或已经毁灭。

因此,我们现在开始考察的植物界的自然状态,远非具有永恒不变的属性。恰恰相反,自然状态的本质是暂时性。也许这种自然状态已存在了2万年或3万年,也许还将继续存在2万年或3万年,并且不发生任何明显的变化,但是正如可以确定它是从一个非常不同的状态演变而来,我们也能确定它必将向另一个非常不同的状态演变而去。能够持久存在的,不是生命形态这样或那样的结合,而是宇宙本身产生的过程,而生命形态的各种结合不过是昙花一现而已。在生物界,这种宇宙过程最典型的特征之一就是生存斗争,即每一个体和整个环境的竞争,其结果就是选择。也就是说,那些存活下来的生命形态,总体上最适应于某个时期存在的各种条件。因此,就这一点而言,也仅仅就这一点而言,它们是最适者。① 丘陵上的植被被宇宙过程推向顶点,结果就产生了夹杂着杂草和金雀花的草皮。在现有条件下,杂草和金雀花在斗争中胜出——它们能够存活下来,就证明它们是最适于生存的。

自然状态在任何时候都只是一个暂时阶段,处在已经历无数年代且不断变化的一个过程之中。对我来说,这一命题与近代史上所确立的任何命题一样,是显而易见的。此外,古生物学让我们相信,古代哲学家们在缺乏证据的情况下,提出过同样的学说,但他们却错误地假定,各个阶段形成一个循环,丝毫不差地重复过去,预示未来,处于轮回之中。与此相反,古生物学提供令人信服的证据,让我们去思考,如果这些最低等的本地植物的祖先系列的各个环节都能保存下来,并且为我们所发现,那么整个环节将显示出一个复杂性逐渐减小、不断趋同的形态系列,直到在地球史的某一时期——比已经发现的任何生物遗骸所处年代还要久远——融入那些还分不清是动物还是植物的低等族群之中。②

"进化"一词,现在一般用于宇宙过程,曾经有过一段独特的历史,并在不同的意义上被使用。③ 就其通俗的意义而言,它指前进性的发展,即从相对单一的情况逐渐演变到相对复杂的情况,但该词的内涵已扩展到包括退化现象,即从相对复杂到相对单一的演变过程。

进化,作为一个自然过程,其性质与种子长成树或卵发育为家禽的过程是一样的,它排除了创世和其他各种超自然力量的干预。进化,作为一种固定秩序的表现,每一阶段都是一些因素按照一定规律发生作用后造成的结果,因而进化这个概念照样把偶然性排除在外。但要切记,进化不是对宇宙过程的解释,而只是对该过程的方式和结果的一种概括性表述。此外,如果有证据证明,宇宙过程最初是由某种力量推动的,那么这种力量就是宇宙过程及其一切产物的创造者,尽管这种超自然的干预在宇宙过程以后的进程中,仍然会被严格地排除在外。

---

① 任何一种关于进化的理论,不仅要适用于向前发展的情况,还要适用于在同一条件下恒久不变,甚至出现倒退变化的情况,对于这一点,我从1862年开始一直反复强调。见《论文集》第二卷,pp. 461—489;第三卷,p. 33;第八卷,p. 304。记得我在1862年以"地质同时性与持续类型"为题的一次演讲中,第一次提出了关于这个论题的古生物学证据。

② 《论动物王国与植物王国的疆界》,《论文集》第八卷,p. 162。

③ 见《生物进化论》,《论文集》第二卷,p. 187。

只要对事物性质的有限揭示——我们称之为科学知识——还在继续，它就会越来越有力地使人相信，不仅仅是植物界，还有动物界，不仅仅是生物，还有地球的整个结构，不仅仅是我们的星球，还有整个太阳系，不仅仅是我们的恒星和卫星，还有作为遍布无限空间和经历无限时间的秩序的"证人"的亿万个类似星体，都在努力完成它们预定的进化过程。

眼下，除了讨论那些居住在地球上的生命形态的进化过程外，其余的我一概不论。第一，所有的动植物都表现出变异的倾向，不过变异的原因尚待查明；第二，任一特定时间内的生存条件，总是有利于最适应它们的变种的生存，而不利于其他变种的生存，于是产生选择；第三，所有生物都有无限繁殖的倾向，而生存资源总是有限的，原因很明显：后代的数量总比前代的数量多，但在保险精算的意义上，二者的预期寿命又是一样的。如果没有第一种倾向，就不可能有进化。如果没有第二种倾向，就无法合理地解释，为什么一种变种会消失，另一种变种会取而代之。也就是说，没有第二种倾向就没有选择。如果没有第三种倾向，生存斗争——即在自然状态中推动选择过程的原动力——就会消失。[①]

倘若存在上述趋势，那么就可以将植物史和动物史上所有已知的事实纳入到合理的相互关系中。这种说法，相比我所知道的其他任何假说，更值得加以辩护。例如，存在这样一些假说。有的说，存在一种原始的、无序的混沌；有的说，存在一种按原型观念塑造但塑造得又不太成功的被动而又有惰性的永恒物质；还有人说，存在一种由超自然力突然创造并迅速成型的崭新的普遍材料（world stuff）。上述这些假说，不仅得不到我们现有知识的任何支持，而且与现有知识是相矛盾的。我们的地球曾经可能是构成星云状宇宙黏液的一部分，这种假设当然是有可能的，而且看起来可能性还很大，但我们没理由怀疑，秩序主宰一切，如同我们视为最完善的自然物和人工制品也完全为某种秩序所支配一样。[②] 由知识产生的信念，在一种永恒的秩序中找到了目标，这种秩序在无尽的时间和无限的空间里催生出不断的变化——宇宙能量的各种表现形式在潜在阶段和显现阶段之间交替更迭。也许正如康德所说的那样[③]，每一团宇宙黏液注定要演化成为一个新世界，而它自己也不过是已消失的前身的注定产物。

二

我在前面谈及的自然状态，如果只就一小块土地而言，早在三四年前就因人类的干预而不复存在了。一堵墙把这块土地与其他土地隔开，墙内受到保护的土地，原生的本地植物已被崭草除根，同时一群外来植物被移植过来，在此扎根。简言之，这块土地被改造成了一块园地。现在，墙内墙外面貌迥异：墙外的土地，仍然处于自然状态；墙内的土

---

① 《论文集》第二卷各处。
② 《论文集》第四卷，p.138；第五卷，pp.71—73。
③ 同上，第八卷，p.321。

地,已经过人类的处理。树木、灌木和草本植物,其中有许多来自异国他乡的野生种类,在园地繁荣昌盛。此外,园内还生产大量的蔬菜、水果和花卉,这些品种在墙外不仅现在不存在,过去也没有存在过,只有在诸如园地所提供的条件下才能生存,因此,这些品种,就像栽培它们的棚架暖房一样,是人类技艺的成品。就这样,"人为状态"由人类从野生状态中创造出来,由人来维持,靠人而存在。如果没有园丁的精心管理,没有园丁对处处存在的宇宙过程的反作用进行顽强阻挡和反抗,"人为状态"顷刻就会消失殆尽:围墙坍塌,园门朽坏;四足动物、两足动物入侵,吞噬、践踏园中实用而美丽的植物;鸟类、昆虫、枯萎病和霉菌恣意妄为;本地植物的种子借助风或其他力量迁徙过来,这些曾遭鄙视的本地杂草凭着长期以来获得的对当地条件的特殊适应能力,很快扼杀了园中精选的外来竞争者。再过一两百年,除了围墙、暖房和棚架的地基,人工的痕迹所剩无几——显而易见,在自然状态中发生作用的宇宙威力,消除了园艺家的技艺对它的至高权威造成的临时阻碍。

无可否认,与我们提到的任何人造物一样,这个园地也是一种技艺成品①,或技巧制品。蕴藏在人体内的某些能力,在同样蕴藏于体内的智力的指导下,生产出一系列在自然状态下无法产生的物体。这一命题,对人类双手制成的所有成品——从燧石工具到大教堂到精密计时器——来说,都是成立的。正因如此,我们称这些成品为人工制造的,取名为技艺的成品或技巧制品,从而把它们同在人类之外进行的宇宙过程的产物——我们称之为自然物或自然成品——区别开来。在自然成品和人工成品之间作这种区分,已得到普遍认可,并且,我认为,作这种区分既是有用的,也是合理的。

三

无疑,可以恰当地主张:运用人的体力和智力来建造和维护园地,即我所说的"园艺过程",严格说来,也是宇宙过程的重要组成部分。对于这个命题,没有人会比我更毫不犹豫地表示赞同。事实上,我知道,在过去的 30 年里,没有谁比我更坚定地去维护这种在早期备受谩骂的学说:有躯体、智力和道德观念的人,与最低等的杂草一样,既是自然的一部分,又纯粹是宇宙过程的产物。②

但是有人提出,如果按上述说法推导下去,就会出现这样的情形:宇宙过程不可能与属于它自身一部分的园艺过程相对抗。对此我只能回答,如果"两个过程是相互对抗的"这一结论在逻辑上是荒谬的,那么我为逻辑感到遗憾,因为我们亲眼所见的事实就是如此。园地同其他每一件人类技艺成品一样,都是宇宙过程通过和借助人的体力和智力发生作用的结果;同时,园地与在自然状态中创造出的其他每一件人工制品一样,自然状态的作用总是倾向于破坏它和毁灭它。毫无疑问,福斯河桥和海面上的装甲舰,如同桥下

---

① Art——"技艺"(艺术)一词的含义正在变窄,对大多数人来说,所谓"技艺的成品"(work of art)的意思是"艺术品",指一幅画、一座雕像或一件宝石装饰品;作为一种补偿,"艺术家"一词的含义已扩大到画家和雕塑家之外,包括厨师和芭蕾舞女演员。

② 见《人类在自然界的位置》,《论文集》第七卷和后面的《论人类社会的生存斗争》(1888)。

流动的河水、浮载船舰的海水，归根结底都是宇宙过程的产物。但是每阵微风都要对大桥造成一点儿损害，每一次潮汐都会削弱一点儿桥基，温度的每一次变化都使桥梁的连接部分稍稍移动，产生摩擦并且最终造成损耗。船舰时不时要靠岸停泊，与此同理，桥梁时不时也要进行维修。原因很简单，人，作为自然的孩子，总是从母亲那儿借来各种东西进行拼装组合，但普遍的宇宙过程不喜欢组合的东西，于是自然母亲总是倾向于将这些东西收回。

因此，不仅可以说，宇宙能量在通过人对植物界的一部分发生作用的同时，还通过自然状态发生反作用，而且还可以说，人工和自然之间处处显示出类似的对抗。甚至在自然状态内部，生存斗争如果不是宇宙过程在生命领域内的各种产物的彼此对抗，它还是什么呢？①

四

不仅自然状态与园地的人为状态相对立，而且园艺过程的原理，即建立和维护园地的原理，也与宇宙过程的原理相对立。宇宙过程的典型特征是剧烈的、永不停息的生存斗争；园艺过程的典型特征是通过铲除产生竞争的条件来消灭生存斗争。宇宙过程倾向于对植物的生命形态进行调整，使之适应眼下的生存条件；园艺过程则倾向于对生存条件进行调整，使之能够满足园丁期望培育的植物生命种类的生长需要。

宇宙过程以不受限制的繁殖为手段，使数以百计的生物为极为狭小的生存空间和极为匮乏的食物而竞争——它还唤来严霜和旱魔消灭体力不济和运气不佳者。因而要生存下去，不仅要强壮，还要有韧性，有好运气。

与此相反，园丁则限制繁殖，给每株植物提供足够的空间和养分，为它御寒防旱，以各种方式尽力改善生存条件，以使那些最接近园丁脑子里实用或美观标准的生物种类得以生存。

假如收获的果实和块茎、树叶和花朵达到或非常接近园丁的理想，就没有理由不让现状保持下去。只要自然状态大致保持原样，创建园地所费的体力和智力就足以用来维持园地。然而，人类对自然的控制，仅限于狭小的范围。如果白垩纪环境重现，恐怕最灵巧的园丁也得放弃栽种苹果和醋栗；同样，如果冰川时代的环境失而复得，龙须菜的露天苗床将是多余的，修剪长在南墙旁最佳位置的果树也是浪费时间和自找麻烦。

但是，指出下面这一点是极其重要的，即使自然状态保持不变，但如果园地的产出不能让园丁满意，园丁也会想方设法使产出更接近他的理想。虽然生存斗争可能停止，但进步可能不会停止。在讨论这些问题时，很奇怪人们常常会忘记这一点，即生物改良或进化的必要条件是变异和遗传机制。选择就是选定某些变种并使其后代保存下来的手段，生存斗争仅仅是选择得以实现的手段之一。人工栽培的花、果、根、块茎和球茎的无数

---

① 举个更简单的例子来说明。如果一个人两手各执绳子一端用力往两边拉，想把绳子拉断，那么他的右臂和左臂必然是往相反的方向用力，但两臂的力量都是来自同一个地方。

变种,就不是通过生存斗争进行选择的产物,而是根据效用或美观的理想标准进行直接选择的产物。在园地里占据同样位置、身处同样环境的一大群植物中,出现了变种,其中那些朝着园丁指定的方向演变的变种被保存下来,其余的则被淘汰。保存下来的变种又继续重复上述程序,直到诸如野甘蓝变成了卷心菜,野生三色堇变成珍贵的三色紫罗兰为止。

五

殖民过程与园地的形成过程非常相似,这是发人深省的。我们假定,英国殖民者乘船前往塔斯马尼亚①去开拓殖民地,是在上世纪中叶。登陆后,他们发现自己处于一种自然状态之中,除了最常见的自然条件外,一切都与英国本土完全不同——常见的植物、鸟类、四脚兽,还有人,都与他们在地球那一边的出发地看到的完全不同。殖民者急于占领大量土地,于是着手消除眼前的自然状态。他们清除本地植被,只要有需要就灭杀或驱赶动物,并且采取各种措施防止植物再生和动物回迁。他们还引进英国的谷物、果树,英国的狗、羊、牛、马,还有英国人,以取而代之——事实上,他们是在原有的自然状态中,新建了一个植物区系和动物区系,同时引进了新的人种。殖民者的农场和牧场相当于大型园地,而他们自己就像是侍弄园地的园丁,小心翼翼地同旧"制度"相对抗。从整体上看,殖民地如同引进到原有自然状态中的一个综合体,继而成为参与生存斗争的一个竞争者,不胜即亡。

在假定的条件下,如果殖民者能群策群力,肯定会取得成果,但是,如果他们懒散愚笨、漫不经心,或者把精力浪费在内耗上,那么原有的自然状态就很有可能重占上风。迁徙来的文明人,会被野蛮的土著人所消灭;一些来自英国的动植物,会被本地的竞争对手所铲除;其余的则沦为野生状态,成为自然状态的一部分。再过几十年,殖民地的一切遗迹将消失得干干净净。

六

现在我们设想有一位行政长官,其能力才智远胜于常人,就像常人远胜于家畜一样。他当上了殖民地的首领,负责管理大家的事务,以保证殖民地战胜其所处的自然状态的敌对影响。他接下来的行事方式与园丁管理园地如出一辙。首先,他全面毁灭和驱赶本地的竞争对手,不管是人还是野兽抑或植物,尽可能地制止外部竞争的影响。同时,这位行政长官以成功的殖民地理想模型来挑选他的成员,就像园丁根据实用或美观的理想标准来选择植物一样。

---

① Tasmania,即澳大利亚的塔斯马尼亚州,曾是英国的殖民地。1642年11月24日,荷兰航海家和探险家阿贝尔·塔斯曼(Abel Tasman,1603—1659)首次将塔斯马尼亚的风光介绍给欧洲人,并以他的赞助人安东尼·范·迪门来命名该岛。1856年1月1日,为了纪念塔斯曼,正式将该岛更名为"塔斯马尼亚"。——译者注

其次，由于成员内部会产生对生存资源的争夺，从而降低全体成员同自然状态斗争的效率，因此行政长官会做出安排，使每一位成员都有必要的生存资源，而且让他们不用担心自己的那一份会被精明强干的同伴夺走。殖民地集体通过法律，将每个人的"自行其是"限制在不影响和平的范围之内。换句话说，宇宙中的生存斗争，比如人与人之间的生存斗争，都将遭到严厉禁止，而借助生存斗争而进行的选择，也像在园地一样，完全被排除在外。

同时，除了上面提到的情况，自然状态还有一些条件阻碍了殖民者能力的全面发展。因此，殖民者就通过创造一些利于自身发展的生存条件，来消除那些不利条件。他们建造房屋，添置衣物，以抵御严寒酷暑；兴建排水灌溉工程，以防洪抗旱；筑路修桥，开挖运河，设置舟车，使天堑变通途；制造机械，补充人力和畜力的不足；采取卫生预防措施，以防止和消除可能引发疾病的自然原因。文明的步伐每向前迈进一步，殖民者的生活受自然状态的影响便减少一分，而受人为状态的影响就增加一分。为了达到目的，行政长官就必须利用移民的勇气、勤勉和集体智慧。显而易见，使具有这些品质的人不断增多，让缺乏这些品质的人不断减少，群体的利益才能实现最大化。换句话说，就是按照理想标准进行选择。

如此看来，行政长官或许希望建立一个人间天堂，一个真正的伊甸园，所有的措施都是为了园丁们的福利。在那里，宇宙过程，这种自然状态中野蛮的生存斗争，应予以废除；在那里，自然状态应被人为状态所取代；在那里，每种植物和每种低等动物都要适合人类的需要，而且不能脱离人类的管理和保护而独立生存；在那里，每个人已成为执行完美社会的职能的工具，因此也应该按其社会效能经受选择。要建立这种理想社会，不是靠人们逐渐去适应周围的环境，而是创造适应人类生存的人为环境；不是允许生存斗争自由进行，而是排除这种斗争；不是通过生存斗争去实现选择，而是按照行政长官的理想标准进行选择。

七

然而，伊甸园里也有蛇，而且还是非常狡猾的蛇。人类和其他生物一样，具有强大的生殖本能，因而也面临由此产生的后果，即趋向于过多繁殖。行政长官为实现目标而采取的措施越得力，自然状态的淘汰作用被消除得越彻底，人类的繁殖就越难以控制。

另一方面，由于殖民地厉行和睦相处的原则，剥夺了人们恃强凌弱夺取他人生存资源的权力，因而殖民者之间不再有生存斗争；只剩下对日用品的争夺，起不了调节人口的作用。

这样一来，只要殖民者开始繁殖，就会引起竞争，不仅为日用品竞争，还为生存资源竞争。于是摆在行政长官面前的，就是宇宙斗争将重返他管理的人为社会。一旦殖民地的人口增长到环境可承受的极限，就必须设法处理掉多余的人口，否则，残酷的生存斗争必定卷土重来，毁掉维持人为状态对抗自然状态的基本条件——和平。

如果行政长官完全按科学思维的指导行事，那么他就会像园丁一样，采取系统根除或驱逐过剩者的办法，来应对这个极为严重的困难。患不治之症者，年老体衰者，体弱多病者，残疾者或智障者，还有过剩的婴儿，统统被处理掉，就像园丁拔掉有缺陷的或过剩的植株,育种者杀死不称心的牲畜一样。只有身强体健、精心配对的夫妻,才能孕育后代,因为这样的后代才最符合行政长官的期望。

八

很多人试图运用宇宙进化的原理,或据称是诸如此类的原理,来完全解释近年来出现的社会和政治问题。在我看来,其中相当一部分人是基于这种观点:人类社会有能力利用自身的资源提供我所想象的那种行政长官。简言之,鸽子们将成为他们自己的约翰·塞伯莱特①爵士。一个专制政府,无论是个人专制还是集体专制,都应具备超凡的智力,同时还须极度残忍,而且要残忍到恐怕让很多人认为是天理不容的地步;这也是它要贯彻通过极端彻底——彻底依赖于成功的方法——的选择来改进社会的原则所需要的。的确,经验没有向我们提供对单个的"社会救世主"的残忍进行限制的依据;此外,基于"团体既没有肉体也没有灵魂"这句众所周知的格言,下述情况是有可能出现的(的确,这种想法并不缺乏历史依据):集体专制,即在传教士的煽惑之下相信其权力乃为神授的一群暴徒,比起任何独裁暴君(他沉浸于同样的幻想之中),在这方面有能力做得更加彻底。但智力却是另一回事。"社会救世主们"热衷此道,就足以证明他们没多少智力。他们仅有的那点智力,通常都出卖给了财大气粗的资本家,因为他们要依赖资本家的物质资源而生存。可是我怀疑,即使有这样一个人,他在鉴定人才方面具有最敏锐的判断力,但要他在 100 个 14 岁以下的男孩和女孩中,分辨出哪些肯定是对社会有用而应予以保留的,哪些肯定是又懒又蠢、道德败坏而应该用氯仿杀死的,他的成功率将微乎其微。辨别好公民和坏公民的"特点",确实比分辨小狗或短角公牛的"特点"要难得多,人的许多特点只有在生活中遇到实际困难时才能充分激发出来。不过到那个时候就晚了,木已成舟。坏种,哪怕只留下一个,都已经赢得了繁殖的时间,因而选择就徒劳无用了。

九

还有一些理由让我担心,这种进化统治的逻辑理想——鸽子饲养家的社会组织——是难以实现的。在缺少一位我们梦寐以求的具有严谨科学头脑的行政长官的情况下,人类社会是靠独特的纽带维系起来的——如果人类试图仿效那位行政长官来改进社会,那么维系人类社会的纽带就面临松弛的危险。

社会组织并非为人类所特有。蜂群和蚁群等社会组织之所以形成,也是因为尝到了在生存斗争中通力合作的好处。把这些社会组织与人类社会相比较,其相似和差异之处

---

① 这样一种社会概念,不一定需要以进化论的观念为基础。柏拉图式的国家概念就证实了这一点。——原文注释

约翰·塞伯莱特(John Sebright,1767—1846),英国农业学家,他以改良家畜(禽)及养鸽术而出名。——译者注

都对人类很有启发意义。蜂群这种社会组织非常符合共产主义格言——"各尽所能、按需分配"——所描绘的情形。在蜂群内部，生存斗争受到严格的限制。蜂后、雄蜂和工蜂们，各自享有分配所得的充足的食物，各自履行按蜂群经济分工后安排的任务，共同对抗自然状态中其他采集花蜜花粉的物种，为蜂群的利益贡献自己的力量。如果说园地或殖民地是人工技艺的成品，那么照样可以说，蜂群组织是蜜蜂技艺的成品，是宇宙过程作用于膜翅目类组织的结果。

由于蜂群组织是功能性需要的直接产物，这就迫使每个成员的行为都符合整体利益的需要。每只蜜蜂都承担责任，但不享有任何权利。蜜蜂是否有感情，是否能思考——对这个问题，我们不能作武断的回答。坦率地说，我倾向于认为蜜蜂只具有一些意识的萌芽。[①] 但是，我们可以作一个有趣的假设，假如有一只善于思考的雄蜂（工蜂和蜂后无暇进行思考），具有做道德哲学家的天赋，那么它一定会宣称自己就是最纯正的直觉主义道德家。它会义正词严地说，工蜂劳苦一生，无休无止，只不过是为了能够勉强糊口。对工蜂的这种行为，既不能用开明的利己来解释，也不能用功利的动机来解释，因为工蜂一从蜂房孵化出来，就开始工作，既没有任何经验也来不及作任何思考。显然，对这种现象能作的唯一解释就是，工蜂天性如此，这种天性与生俱来且永远不变。另一方面，生物学家通过追踪独居和群居蜜蜂之间的各个主要阶段，清楚地看到，由独居走向群居是一个自发的完善过程，其间独居个体的后代在漫长的时期中不断发生变异，又经受生存斗争的考验，从而走向群居生活。

十

我看没理由怀疑，人类社会在形成之初与蜂群一样，是功能需要的产物。[②] 首先，人类家庭赖以产生的条件，与较低等的动物形成类似联合所需的条件，完全是一样的。其次，显而易见，家庭关系的存续期每延长一段，越来越多的子孙后代为了自保和防御，就越会进行合作，发生这种变化的家庭，相比其他家庭来说，就获得了明显的优势。再次，如同蜂群一样，逐步限制家庭成员内部的生存斗争，会提高整个家庭与外部竞争的效率。

不过，在蜜蜂社会和人类社会之间，也存在着巨大的、根本性的差异。在蜜蜂社会里，其成员在器官构造上，注定只能执行一种特殊类型的职能。假如蜜蜂被赋予欲望，能够按其所愿做某项工作，它也只会选择特别适合其器官组织的任务。从蜂群的整体利益来看，蜜蜂这样做也是非常合适的。只要没有新的蜂后出现，蜜蜂社会里就不会出现敌对和竞争。

与此相反，在人类社会里，并不存在这种预先注定的对其成员的严格定位。无论人类个体在智力高低、感情强度和感觉灵敏度上存在多大差异，都不能说某个人只适合做农民，不适合干其他的，某个人只适合做地主，不适合做其他工作。再者，虽说人们天资

---

① 《论文集》第一卷，《动物的无意识性》；第五卷，《序言》，p. 45。
② 《论文集》第五卷，《序言》，pp. 50—54。

各异,但有一点是共同的:人类天生都是趋乐避苦的。简单说来,人类只做让自己高兴的事,丝毫不顾及他们所处的社会的福利。这种天性是人类从其进化已久的一系列祖先——人、猿、兽那里继承而来的(原罪论的现实基础也源于此),而且这种"自行其是"的天性所具有的力量,也是人类祖先在生存斗争中获胜的条件。正因如此,贪图享乐、永不餍足[1]这种天性,是人类在与外界的自然状态斗争时取胜的必要条件之一,但是,如果任由这种天性在人类内部发展,它就会成为破坏社会的必然因素。

人类"自行其是"的自由天性,是人类社会得以产生的必要条件,限制这种天性的自由发挥,则是某些功能需要的产物,但和蜂群赖以形成的功能需要不是一回事。人类对此的需要之一是,在漫长的幼年期得到强化的父母和子女之间的互爱。但最关键的是,人类身上有一种倾向得以蓬勃发展,即倾向于在自己身上复制出与别人类似或相关的行为和感情。人类是动物界中最善于模仿的:除了人,没有哪种动物会画画和仿造;论模仿声音,不管在范围上、种类上还是准确度上,其他动物都无可匹敌;没有哪种动物像人一样,是个精通表情动作的高手;而且人类去模仿只是出于模仿本身所带来的快乐。此外,再没有什么动物像人一样,是情感的"变色龙",说变就变。通过一个单纯的心理反射活动,我们就能感染周围人的各色情感表达。通常所说的同情心,并不总是靠有意地"将自己置身于"快乐或受苦的人的处境时才会产生。[2] 的确,常常悖逆我们的正义感的是,不管我们是否情愿,"同情或者使我们出奇地仁慈",或者使我们出奇地残忍。尽管传说中的古代贤哲,能以冷静而理智的眼光对待公众舆论,不为所动,但一直以来,我却无缘遇见一位真实存在的贤哲,能做到敌意当前而安之若素。实不相瞒,我的确怀疑古往今来是否有这样的哲人,可以做到明知自己被街边男童极端藐视却毫不动怒。尽管我们不能为哈曼希望把摩迪开[3]吊死在高高的绞架上进行辩护,但说真的,当哈曼这个亚哈随鲁[4]国王的大臣进出王宫大门时,想到摩迪开这个卑微的犹太人对他毫无敬意,他心中一定极为恼火。

只需环顾四周,我们就会发现,最能抑制人类的反社会倾向的,不是对法律的恐惧,而是对其同伴舆论的恐惧。传统荣誉感约束着那些破坏法律、道德和宗教规定的人,人们宁可忍受肉体上的极端痛苦也不愿放弃生命,但羞耻感却能逼得最懦弱的人去自杀。

社会的每一次进步,都使人与人之间的关系变得更为紧密,也使得因同情而生的苦乐感变得愈发重要。从孩童时代起,每日每时我们都以自己的同情心来评判周围人的行为,也以周围人的同情心来评判我们自己的行为,这样天长日久,直到我们在某一行为与褒奖或贬斥的感情之间建立起不可分割的联系,就像语言文字之间的相互联系一样。无

---

① 见下文。罗马尼斯的演讲,注释 7。

② 亚当·斯密对此有精辟的论述,他说,一个男人对一个正在分娩的妇女产生同情,不能说是这个男人设身处地为这个妇女着想。《道德情操论》第七篇,第三部,第一章)这个例子也许是幽默有余而说服力不足。尽管亚当·斯密举了这个例子并做了其他一些论述,但我认为他这本著作的不足之处仍在于过分强调了有意识的设身处地,而对于纯粹反射性的同情心则强调得不够。

③ 《旧约》"以斯帖记"第 9—13 卷中写道:"……当哈曼在王宫门口见到摩迪开时,见他既不站起来,也不向他行礼,他对摩迪开充满了愤怒……哈曼向他们夸说他的财富……和国王赏给他的各种东西……'可是只要我一见到坐在王宫门口的摩迪开这个犹太人,这一切对我都毫无用处了'。"这对人性的弱点是多么尖锐的暴露啊!

④ Ahasuerus,波斯国王。——译者注

法想象存在着既得不到当事人褒奖也不受当事人贬斥的行为,不论这个当事人是他本人还是其他人。我们开始用学来的道德言辞去思考问题。人类除了天然的人格外,还有一种人为的人格被建立起来,即"内在人",也就是亚当·斯密所说的"良心"。① 它是社会的看守人,负责把自然人的反社会倾向限制在社会福利所要求的限度之内。

十一

人类的情感,最初在很大程度上铸就了维系人类社会的原始纽带,后来逐渐进化为一种有组织的、人格化的同情心,也就是我们所说的良心。对这一情感进化的过程,我称之为伦理过程。② 只要伦理过程有助于使人类社会在与自然状态或其他社会性组织进行生存斗争时更有效率,那么它的作用就与宇宙过程形成了和谐的对照。但同样真实的是,由于法律和道德限制人与人之间的生存斗争,因而伦理过程就与宇宙过程的原则相对抗,并倾向于压制那些最有利于在生存斗争中获胜的品质。

还要进一步看到,尽管自行其是是维持人类社会对抗自然状态的必要条件,但若在社会内部任其自由施展,就必然毁灭这个社会。与此同理,尽管自我约束这一伦理过程的实质要素,是每一个社会存在的基本条件,但如果约束过多,也会对社会带来灾难。

那些只关注理想社会中的人际关系的道德家们,不论他身处哪个时代或是秉承哪种信仰,都一致认可"推己及人"这一"金科玉律"。换句话就是,让同情心成为你的向导,设身处地为对方着想,在某一情况下你希望别人怎样对你,你就怎样对待别人。不管人们认为这条行为准则有多么高尚,不管人们多么相信普通人可能彻底依靠这一无法将其全部的逻辑后果予以兑现的信条,但还是应该认识到这一事实:在这个世界上已有的或人们能够看见的一切情形下,这些逻辑后果与文明状态的生活都是不相容的。

这是因为,我猜想,毫无疑问,每一个干坏事的人,其最大愿望就是能够逃脱其恶行所带来的苦果。假设我遭人抢劫,站在劫匪的位置上想,我发现我迫切希望的是不用罚款或坐牢;假设有人狠狠打了我一巴掌,如果设身处地为这人着想的话,那么我应该感到满意,因为没有出现比我转过头再挨他一巴掌更惨的结果。严格地说,"推己及人"这一规则有否定法律的意味,因为它拒绝将违法者绳之以法;从社会组织的外部关系来看,它也反对进行生存斗争。只有在拒斥这一规则的社会的保护之下,我们才可以在一定程度上遵守这一规则。若缺少这样的庇护,遵守这条规则的人就会沉溺于对天堂的向往,但他们还必须面对这样一个铁定的事实:其他人将成为尘世的主人。

如果园丁在对待杂草、鼻涕虫、鸟和其他入侵园地的动植物时,也设身处地为它们着想,那么园地将会变成什么样呢?

---

① 《道德情操论》第三篇,第三章《论良心的影响和权威》。
② 远在近代进化学说出现以前,哈特莱和亚当·斯密就大致阐述了伦理过程的要点。见 p.26 的附注。

十二

在前几节中,我在论证所需要的范围内,对宇宙过程以及自然状态这一宇宙过程的产物的本质特征,作了一个虽然粗略但希望是可靠的说明。我以园地为例,把自然状态同由人的智力和体力所创造的人为状态进行了对比;我还说明,不论人为状态处于何处,唯有靠不断地抵御自然状态的敌对影响,才能得以维持。我还进一步指出,"园艺过程"只有反抗"宇宙过程"才能建立起来,因此从这个意义上说,二者基本上是对立的;园艺过程通过限制繁殖(它是引起生存斗争的主要原因之一),通过创造一种优于自然状态条件的人为的生存条件,使之适宜栽培植物的生长,从而阻止生存斗争。我还详细论述了以下事实:尽管进步性变化——它是自然状态下生存斗争的结果——已然完结,但这种变化仍然受到选择的影响,这种选择是按照自然状态下的人完全不知道的实用或合意的标准进行的。

我又进一步说明,在一个处于自然状态的地方建立起来的殖民地,表现出与园地极为相似的特征;我还指出,一位既能干又愿意实施园艺法则的行政长官,为了确保这个新建的组织取得成功(假定它能够无限地扩张),他所采取的系列措施。如果情形相反,我也说明,肯定会出现困境。一旦人口的无限增长超过了有限的土地,或迟或早会把殖民者之间为生存资源进行的斗争,再度引入到殖民地来,可是,行政长官的首要目的就是要排除这种生存斗争,因为它会彻底破坏社会团结的首要条件——和平共处。

对于这一威胁到殖民地生存的恶疾,我简要地描述了我所知道的唯一根治办法。虽然无比遗憾,但我还是得承认,把进化原理用于人类社会的那种严格的科学方法,几乎无法在实际的政治领域中使用。不是因为多数人不愿意,而是因为,也仅仅是因为,不能指望单凭人类,就有足够的智力来挑选出最适宜生存的人。为了得出这一结论,我还引证了其他理由。

我指出,人类社会起源于功能上的需要,主要体现在人类的模仿和同情心上;在人类同自然状态以及作为自然状态一部分的其他社会组织进行的生存斗争中,逐步走向密切合作的那部分人类群体,较之其他群体占有极大的优势。[①] 但是,由于每个人都或多或少具有与其他人同样的能力,特别是都具有追求不加节制的自我满足的欲望,因此社会内部的生存斗争只能逐步地予以消灭。只要这种情况仍然存在,社会就只能继续充当生存斗争的一个不完美的工具,但社会也通过生存斗争产生的选择作用而得到改善。假定其他条件相同,在野蛮人的部落中,那些秩序井然的部落得以保存,那些内部最安全、对外时成员之间又真心互助的部落,得以幸存。

尽管维系人类社会的纽带可以阻止社会内部的生存斗争,但当这种纽带逐渐增强到一定程度的时候,就会提高作为一个共同体的人类社会在宇宙斗争中的生存机会。我把这个纽带增强的过程称之为伦理过程。我竭力说明,当伦理过程发展到保证每个社会成

---

① 《论文集》第五卷《序言》,p.52。

员都拥有生存资源的时候,社会内部人与人之间的生存斗争,事实上就结束了。而且不可否认,高度发达的文明社会实质上已经达到了这个阶段,所以对它们来说,生存斗争在其中已不能够发挥重要作用。① 换句话说,不会发生在自然状态下产生的那种进化。

我还进一步分析了下述信念产生的原因:园艺家和育种者所做的那种直接选择,在社会进化中,从未扮演也不可能扮演重要的角色——除其他理由外,还因为我看不出,在没有对维系人类社会的那些纽带进行严重削弱甚至是毁灭的情况下,这种选择怎样能够进行。我突然想到,有些人总是在盘算如何主动或被动地消灭弱者、不幸者和过剩的人,他们还认为其所作所为是理所当然的,声称这样做是受命于宇宙过程,是确保种族进步的唯一途径。如果这些人能做到一以贯之,那么他们一定会把医学列为妖术,把医生视为不适者的恶意保护人。在撮合婚姻时,对他们最起作用的将会是种马繁殖原则。因此,终其一生,这些人都在培育如何压制自然感情和同情心这门高贵的技艺,在他们身上这类东西自然存货不多。然而没有了这些东西,也就没有了良心,没有对人的行为的限制,只剩下自私自利的精打细算,以及在明确的眼前利益和不确定的未来辛劳之间的反复权衡——经验告诉我们,这样的人生有何价值。我们每天都看到,一些相信地狱之说的忠实信徒,他们也会犯罪。尽管当他们冷静下来的时候,就会意识到,他们可能会因此受到永恒的惩罚,与此同时,他们却在压抑自己,不让自己的(针对同胞的)同情心冒头。

十三

文明向前演化的过程,即通常所说的"社会进化",事实上与自然状态下物种进化的过程和人为状态下变种进化的过程,在性质上存在着根本差异。

英国的文明,从都铎王朝统治以来,无疑已经发生了巨大变化。但据我所知,还没有一星半点的证据能支持以下结论:在英国文明的进化过程中,人——社会进化的主体,其体质特征或精神特征也随之发生了改变。至今我还没有找到任何根据来推定,今天一个普通的英国人与莎士比亚所认识和描写的英国人有什么明显差异。透过莎士比亚的作品这一伊丽莎白时代的魔镜,我们能清清楚楚地看到自己的形象。

从伊丽莎白王朝到维多利亚王朝的 3 个世纪里,人与人之间的生存斗争在绝大多数情况下被广泛地加以限制(除了一两次短暂的内战),因而生存斗争基本没有或完全没有起到选择的作用。至于其他可称得上是直接选择的行为,也因为只在小范围实施,因而可以忽略不计。刑法将违反其条款的人处以死刑或长期徒刑,就这点而言,它可以防止遗传性犯罪倾向的滋生;济贫法,在一定程度上可能拆散婚姻,而这类人的贫穷又源于品格上的遗传性缺陷。因此,刑法和济贫法毫无疑问是选择性力量,因为它们有利于选出社会中遵纪守法和效率更高的成员。但是,这类法律所影响的人口比例是很小的,而且

---

① 只要人们将现代社会置于自然状态的关系之中,那么他们与自然状态和其他社会进行的生存斗争,是否对当代社会产生选择性影响以及产生何种影响,是一个不易回答的问题。军事战争和工业战争对处于战争中的人产生何种影响,是一个非常复杂的问题。

总体来说,遗传性罪犯和遗传性贫民,在法律对他们发挥作用之前已经繁育了后代。在大多数情况下,犯罪与贫穷和遗传无关,而是部分因环境造成的,部分因本身所具有的品质决定的。不过,在不同的生活条件下,这些品质可能激起他人的尊重甚至赞赏。说起脏物,有人曾说,垃圾只是放错了地方的财宝。说这话的人真是世上少有的聪明人。这条千真万确的格言还可以用来解释道德问题。仁慈和慷慨,可为富人增色,也能让穷人更穷;力量和勇气,是士兵飞黄腾达的阶梯;头脑冷静、胆大心细,是金融家发家致富的法宝——但在不利条件下,这些品质又可以轻易地将他们送上绞架、送进监狱。再者,一个"失败者"的了女,极有可能在其他长辈的指导下有所改进,从而走上不同的道路。有时候我在想,那些高谈阔论要淘汰不适者的人,是否曾冷静地思考过自己的过去。的确,一个人如果不知道在一生中会有一两次很容易陷入"不适者"的境地,这个人真称得上是一个"适者"了。

我相信,我们民族天生的品质,无论是体质上的,还是智力上或道德上的,在过去的四五百年里实质上没有什么变化。如果说生存斗争对我们造成了什么严重影响的话(对此,我表示怀疑),那也是由于与其他民族进行军事或工业战争而间接造成的。

十四

通常所说的社会中的生存斗争(我为自己很不严谨地使用这个术语表示歉意),是一种竞争,但不是争夺生存资源,而是争夺享受资源。在这场现实的竞争性考试中,拔得头筹的是一些有财有势的人,那些多少算是失败者的人则处于社会下层,甚至沦落到贫民、罪犯这等不堪的田地。最泛泛地估计,我猜测前一类人的数量不会超过总人口的2%,估计后一类人的数量也不会超过2%。不过为了论证起见,姑且设定后一类人的数量多达5%。①

由于只是在后一类人中才会发生类似于自然状态中的那种生存斗争,而且,只是在总人口的5%的人群中,才有许多的男人、女人和儿童或快或慢地死于饥饿,或者因为长期生活在恶劣环境下染病身亡。再者,在他们被夺去生命之前也无法阻止其进行繁殖,同时与富人阶层相比,他们婴儿的死亡率更高、人口增长速度更快。因此,基于上述种种原因,可以清楚地看到,这一阶层中的生存斗争对占总人口95%的其他人群,没有起到任何明显的选择作用。

如果一个绵羊育种者心满意足地从1000只羊中挑出最劣等的50只,把它们放逐在贫瘠的公用草地上,直到最赢弱的羊饿死后,再把那些幸存者赶回到羊群当中,试问,这是个什么样的育种人呢?这个比喻真是太好了,因为在多数情况下,现实中的穷人和罪犯既不是最弱小的,也不是最坏的。

在争夺享受资源的斗争中,赢得胜利必备的品质是精力充沛、勤劳肯干、才智过人、意志坚定,而且最起码要有理解他人的同情心。如果不存在那种让笨蛋和奸人身居社会

---

① 读过我这本论文集的最后一篇文章的人,不会指责我希望减少这一类人(不论人数多少)的存在所带来的罪恶。

顶层的人为安排，而是让他们自然下降到社会底层①，那么争夺享受资源的斗争，将会确保社会复合体中的人类小单元，自上而下、自下而上地持续循环。这场斗争的胜出者，即那些仍然构成社会最大群体的人，不是高高在上的"最适者"，而是占多数的"中等适者"，这群人在数量和繁殖力方面的优势，使他们总是可以盖过那些天资异常的少数人。

我想每个人都可以看出，不管是从社会的内部利益来考虑，还是从社会的外部利益来考虑，让权力和财富掌握在精力最充沛、最勤劳肯干、才智最出众、意志最坚定且对人类富有同情心的人的手上，是一种很理想的情形。只要争夺享受资源的斗争，有利于将这样的人置于有财有势的地位，那么这种斗争的过程就有助于造福社会。我们可以看出，这个过程既不像自然状态下让生物适应于当时条件的自然斗争过程，也不同于园艺家的人为选择过程。

十五

我们再来同园艺进行对比。在现代世界里，人类对自身所进行的园艺活动，实际上不是去进行选择，而是限于去履行园丁的另一种职能，即创造出比自然状态更利于自己生存的条件，达到促进公民的天赋才能在与总体利益相协调的情况下能够自由发展的目的。在我看来，道德哲学家和政治哲学家的职责是，采用其他科学研究工作中普遍使用的观察、实验、推理的方法，确定最利于实现上述目的的行动步骤。

但是，假定经过科学论证得出了行动步骤，并且谨慎地予以实施，但这绝不可能终止自然状态中的生存斗争，而且无论如何也不会有助于人类去适应自然状态。即使整个人类都被纳入到一个庞大的、由"绝对的政治正义"统治的社会组织之中，但人类与存在于社会组织之外的自然状态之间的生存斗争仍会继续，由于过度繁殖而使人类社会内部斗争重现的趋势仍会继续存在。人类的祖先在自然状态中打了一场漂亮仗，也因此犯下原罪，并把它遗传给了后人。除非这种原罪被目前尚未显露——至少对那些不相信超自然力的人来说，是如此——的方法所根除，否则每位婴儿在出生时都带有无限度地"自行其是"的本能。因此，人类必须学习自我约束和克制自己，尽管进行自我约束和克制自己可能是一件很好的事，但并不是一件快乐的事。

人类，作为一种"政治动物"，通过教育和指导以及运用聪明才智，从而使生活条件适应于他的更高需要，是能够得到巨大改进的。对此，我没有一丝的怀疑。但是，只要人类还是容易犯错，不论是智力上还是道德上的错误；只要人类被迫去不断地防备存在于人类社会的里里外外但目的与人类大相径庭的宇宙力量；只要人类还在被难以磨灭的记忆和无望的抱负所纠缠；只要人类认识到其智力有限从而被迫承认自己无力洞悉存在的奥秘——那么期盼一种无忧无虑的幸福生活，或者说期盼一种虽然遥远却也堪称完美的状态，在我看来，就像是曾经漂浮在可怜的人类眼前的一种蒙人的幻觉。很多人都有过这样的幻觉。

---

① 我曾在另外的场合慨叹过，社会缺少一种让无能者下的机制。见《行政的虚无主义》，《论文集》第一卷，p54。

摆在人类面前的路，就是通过不断地斗争，维持和改进一个有组织的社会的"人为状态"，从而与"自然状态"相对抗。在这种社会中并通过这种社会，人类也许能发展出一种有价值的文明，使人类能够维持下去并不断地自我改进，直到我们地球的进化开始走下坡路，到那时，宇宙过程重新掌权，"自然状态"再次在我们这个星球的表面耀武扬威。

附注：现今似乎有忽视哈特莱①的风气，但早在一个半世纪以前，他就为一个真正的有关智力和道德方面的进化理论奠定了基础，而且建立起大部分的基本框架。他把我所称的"伦理过程"叫做"我们从利己到献身的进步过程"。②

---

① David Hartley，1705—1757 年，自然神论哲学家，心理学家。著有论文《观念的联想》(1746)和专著《对人的观察：人的结构、义务及其期望》(1749)。后者是第一部系统论述联想主义心理学的著作。——译者注
② 《对人的观察》(1749)，第二卷，p. 281。

第二部分

进化论与伦理学

（1893 年"罗马尼斯"讲座的演讲）

· *Evolution and Ethics* ·

　　毫无疑问，社会中的人也是受宇宙过程支配的；像其他动物一样，不断地进行繁殖，为了生存资源而卷入严酷的竞争。生存斗争倾向于消除那些不能使自己适应生存环境的人。最强大的人，即最自行其是的人，倾向于蹂躏弱者。而且，社会的文明程度越低，宇宙过程对社会进化的影响就越大。社会进步意味着处处阻止宇宙过程，并代之以所说的伦理过程。

我常常跨越防线深入敌方阵营，不是当逃兵而是去侦察。

——塞涅卡《书信集》第 2 号，第 4 页

一

有一个很有意思的童话故事，名叫"杰克和豆秆"①，在座的我的同代人可能都很熟悉这个故事。不过我们沉稳可敬的年轻人，是在更为严肃的精神食粮的哺育下长大的，他们中的很多人，或许只是通过一些比较神话学的入门读物，才知道什么叫做仙境。因此，在这里有必要介绍一下故事梗概。这是一个关于豆子的传说，豆子长啊长啊，一直长到高高的天上，在那儿，豆秆的枝叶铺展开来，形成一个巨型的华盖。故事的主人公受到鼓舞，顺着豆秆往上爬，发现宽阔茂盛的枝叶支撑着一个世界，构成这个世界的各种元素和地上的世界是一样的，但又是那样的新奇。至于主人公的奇遇，我就不多说了，但可以肯定地说，他的经历彻底改变了他对事物性质的看法。由于这个故事不是哲学家写的，也不是为哲学家写的，因而在观点方面就没有什么好说的。

我现在要做的，有点像故事中的主人公，这个勇敢的冒险家所做的事。我请求你们与我一道，借一颗豆子之力，尝试进入一个可能令大多数人感到奇异的世界。大家知道，豆子很简单，看上去也毫无生气，但是，如果把它种在条件适宜的地方，最重要的是温度适宜、够暖和，那么它就会显示出惊人的活力。一颗小小的绿色豆秧从豆子里长了出来，破土而出，茁壮成长。这棵植物经历了一系列的形态变化，但由于我们每日每时都可以看到这些变化，所以它们一点也不像传奇故事里那样，让我们感到惊奇。

不知不觉地，这棵植物逐渐长大，形成由根、茎、叶、花、果组成的一个巨大且形式多样的组织结构，每一部分的里里外外，都是按照一种非常复杂但又异常精确细致的模型塑造而成。每一个复杂的结构，及其每一个最微小的组成部分，都有一种内在的能量。不同部分的能量和谐共存，且每一部分都不断为维持整体的存在而努力，同时有效地发挥自身在自然系统中应当发挥的作用。但是，如此精致的构造，刚一完成就开始瓦解。植物一点点地枯萎，渐渐从人们的视线中消失，剩下一些或多或少看上去毫无生气、平淡无奇的物体，就像它从中蹦出来的那颗豆子一样。然而，这些遗物也像豆子一样拥有同样的潜能，从而造成类似的循环过程。

对于这样一个不断向前发展又似乎回到起点的过程，要找到与之相似的事物，并不需要太多诗意或科学的想象。它就像一块抛出的石头上升又下降的过程，又如同离弦之箭的运动轨迹。或者可以这样说，活动着的能量最初时走的是一条上坡路，然后走的是

◀ 这幅水粉画表现了在路易西亚德群岛，一群土著居民将独木舟与"响尾蛇号"系到一起，借力行驶。

---

① "Jack and the Bean-stalk"，又译为"杰克与魔豆"、"杰克与豆茎"，是英国著名的民间文学家詹姆士·利维兹所写的最有影响的童话故事之一。——译者注

一条下坡路。或者更恰当的是,把胚芽发育成为一株成熟的植物的过程,比作打开折扇的过程,或说像滚滚流淌、不断拓宽的河流,由此得出"发育",或说"进化"的概念。在这里以及在别处,名称只是"噪音"和"烟雾",重要的是,对名称指代的事实要有一个明确而恰当的概念。在我看来,这里的事实指的是一个西西弗斯①的过程。在这一过程中,活着并生长着的植物,最初的形态是一颗种子,相对简单但蕴藏潜力,然后过渡到一种高度分化的类型,本质完全显现出来,此后又回复到一种简单和潜伏的状态。

深刻而理性地把握这一过程的性质,其价值在于,它适用于种子,也适用于所有的生物。动物界也和植物界一样,从非常低级的形式发展到最高级的形式,生命过程表现出同样的循环进化[1]。不仅如此,放眼望去,世界上的其他东西,其循环进化也从方方面面显现出来。我们看到,水流入大海又复归于水源;天体盈亏圆缺,绕行之后回复原位;人生年轮的不可阻挡的结局;以及文明史上最突出的主题——朝代和国家的相继崛起、兴盛和没落。

正如没有人趟过急流时能在同一条河里落脚两次,也没有人可以准确断定,这个感性世界中的事物当下所处的状态[2]。当一个人说话的时候,不,当他在思考这些话的时候,谓语的时态已经不适用了,"现在"变成了"过去","是"(is)变成了"曾是"(was)。我们对事物的本质认识得越多,也就越明白,所谓的静止不过是未被察觉的活动,表面的平静只是无声而剧烈的战争。在每一个局部,每一时刻,宇宙所处的状态,都是各种对抗势力短暂协调的表现——是战争的现场,所有的战士在这儿依次倒下。局部是这样,整体亦如此。自然知识越来越倾向于得出这样的结论:"天上的群星和地上的万物"都是宇宙物体的过渡形式,沿着进化的道路前行。从星云状的潜能,到太阳、行星和卫星的无止境的演变,到物质的全部多样性,到生命和思想的无限多样性,也许还要经过某些我们既不可名状又无法想象的存在形态,再回到初始的潜在状态。这样看来,宇宙最明显的特征是暂时性。它所呈现的面貌与其说是永恒的实体,不如说是变化的过程。在这一过程中,除了能量的流动和遍布宇宙的合理秩序外,没有什么东西是永久不变的。

二

我们已经顺着豆秆爬到了一个奇境,在这里,普通熟悉的东西变得新颖和奇异。在探索这个象征性的宇宙过程中,人类的最高智慧得到了无穷无尽的发挥,巨人听任我们使唤,耽于冥想的哲学家的精神情感沉浸于永恒不朽的美之中。

宇宙过程,虽然像机械结构一样完美,像艺术品一样美丽,但也有其另一面。创造宇宙的能量在哪儿对感性存在发挥作用,那儿就会产生各种各样我们称之为痛苦或不幸的东西。随着动物组织的等级不断提高,进化产生的这种不祥之物,数量会越来越多,强度也越来越大——到了人那里,它就达到了登峰造极的地步。而且,仅仅在动物意义上的

---

① Sisyphun,是古希腊神话中的人物,是一个邪恶奸诈之徒。由于他泄露了宙斯的秘密,被宙斯打入冥界。众神为了惩罚他,就迫使他在一座陡峭的山上推巨石。当他快要将那块石头推上山顶时,石头又滚下山去,他就永远重复做这件事情。作者在这里以此来说明进化是一个"循环往复、永无止境"的过程。——译者注

人那里,它还无法达到登峰造极,在未开化和半开化的人那里也不行,只有在作为有组织的社会成员的人那里,它才能做到这一点。这是人类试图以这种方式——即拥有那些全面发展人类最高贵能力的必要条件——来生活的必然结果。

人这种动物,事实上在感性世界里发挥着主导作用,并因在生存斗争中取胜而成为超级动物。当环境处于井然有序时,人的机体通过自我调试,比处于宇宙斗争中的其他竞争者更能适应环境。就人类而言,他的自行其是表现为,不择手段地攫取一切可攫取的东西,占有一切可占有的东西;正是这些构成了生存斗争的实质。在整个未开化时期,人类能够不断进步,主要归功于他具有猿和虎的那些品质——他有着非同寻常的体质结构,既机灵又合群,有很强的好奇心和模仿力,在被激怒时则暴跳如雷、凶猛无比。

但是,随着人类从无政府状态过渡到社会性组织,随着文明程度的逐步提高,与之相应,上述根深蒂固、原本有用的品质就成了缺陷。就像那些成功人士的所作所为一样,文明人也乐于做过河拆桥的事情——他多么急于看到"猿与虎死去"①。然而,猿和虎偏不让人如愿;人类在火热的青春时代结交的这些亲密伙伴,令人讨厌地闯入井然有序的文明生活,把无数难于估量的巨大痛苦与悲哀加诸宇宙过程的必然产物——还仅仅只是动物的人——的身上。事实上,文明人对所有这些猿与虎的本能冲动,都冠以罪恶之名,把源于这些冲动的许多行为,都当作犯罪加以惩处。在极端情况下,他还竭力用斧头和绳索把那些幸存下来的原始时代的最适者置于死地。

我说过,文明人已经达到了这一步。也许这种说法过于宽泛笼统,最好把它表述为,伦理人已经达到了这一步。伦理科学宣称能为我们提供理性的生活准则,告诉我们什么行为是对的、为什么是对的。不管专家们的意见存在何种分歧,但有一点他们达成了共识,即猿与虎的生存斗争方式与合理的伦理原则是水火不容的。

三

故事的主人公又从豆秆上爬下来,回到了普通世界。在这里,生活和工作同样艰辛;在这里,丑恶的竞争者比美丽的公主要常见得多;在这里,与自身进行的持久战,比与巨人交锋获胜的把握还要小得多。我们已经做过这样的事情。在几千年以前,我们成千上万的同类已经先于我们发现,他们面对着同样可怕的罪恶问题。他们也已懂得,宇宙过程就是进化,其间充满了惊奇和美丽,同时也充满了痛苦。他们努力去探索这些重大事实在伦理学上的意义,努力去发现是否存在着对宇宙行径的道德制裁。

四

以进化概念为主的宇宙理论,至少在公元前 6 世纪就已存在。在五世纪时,有关宇宙理论的某些知识,从远在恒河河谷和爱琴海亚洲沿岸的发源地,传到我们这里。印度斯坦的早期哲学家,和希腊的爱奥尼亚②哲学家一样,认为现象世界的显著而又典型的特

---

① 这里的猿与虎源于 19 世纪英国桂冠诗人丁尼生的诗句,喻指人心深处的兽性。——校者注
② Ionia,古地名,位于小亚细亚两岸。——译者注

征,是它的易变性;万物无休无止地流动,从产生到有形的存在,到不存在,其间看不到它们开始的任何迹象,也看不到它们结束的任何征兆。现代哲学的某些古代先驱者也非常清楚,痛苦是一切生物的标记——它不是偶然的伴随物,而是宇宙过程的本质要素。精力充沛的希腊人,在"斗争是父、是王"的世界里,或许找到了无尽的欢乐;古老的亚利安人①的精神,却被印度贤人的寂静主义所征服;笼罩着人类的痛苦之雾,遮蔽了他的视线,使他看不到其他任何东西;对他来说,生命就是痛苦,而痛苦也就是生命。

在印度斯坦,如同在爱奥尼亚一样,继漫长的半野蛮时期和争斗时期之后,曾出现过一段比较发达且相当稳定的文明时期。富足和稳定孕育了悠闲和教养,不过紧随其后的却是患上耽于思考的毛病。最初,人类仅仅为了生存而斗争,这是一场永无止境的斗争;虽然对少数幸运者来说,这种斗争有所减轻并部分得到遮掩。后来又出现了一种斗争,旨在让人们理解生存的意义,使事物的秩序与人的道德观协调一致,这种斗争同样是永无止境的。然而,对少数会思考的人来说,随着知识的一点一滴增长,随着有价值的人生理想的一步一步实现,这种斗争变得更加尖锐了。

2500年前,文明的价值与现在一样明显;那时和现在一样,显然只有在一个秩序井然的社会园地里,才能结出人类能够结出的最美好的果实。但是,同样显而易见的是,文化所带来的福祉并不是纯粹的。园地很容易成为温室。感官刺激和情感放纵,为寻欢作乐提供了源源不断的由头。随着知识领域的不断扩大,为人类所独有的思前想后的能力也相应发达,人类不仅关注转瞬即逝的现在,还要关注过去的旧世界和未来的新世界;人类在其中逗留得越久,文化水平也就越高。感官变得敏锐、情感变得细腻,为人类带来了无尽的欢乐,但也正因如此,人类的痛苦程度注定也要相应加深。超凡的想象力既创造了新的天堂与新的尘世,但也相应地给人们创设了地狱[3],使人类充满了对过去无益的悔恨、对未来病态的焦虑。最后,过度刺激必然得到惩罚,走向衰竭,文明向其大敌——厌倦——敞开大门;不论男女,凡事都毫无兴致,只有死气沉沉、平淡无味的厌倦;一切皆空虚,一切皆烦恼;除了逃避死亡的烦扰之外,人生似乎没有活下去的价值。

甚至纯知识的进步,也会招致报复。有些问题,只知行动的野蛮人,原本已经用粗糙、现成的办法解决了,但当人类有时间开始思考时,这些问题又重新引起注意,并显示出它们仍然是未解之谜。怀疑这种仁慈的魔鬼,为数众多,本来藏身于古老信念的坟墓之中,如今却现身人间,从此便赖着不走。神圣的习俗,也就是祖先中的智者制定的神圣法律,原本受到传统的尊崇,并认为是永远有益的,也遭到了质疑。文化培育的反思能力要求他们出示证据,并且按照自己的标准对它们做出判断,最后,把自己认可的东西纳入伦理体系,其中的推理不过是为采纳早就做出的结论而提出的体面托词而已。

在伦理体系中,最古老和最重要的原理是正义的概念。除非聚集在一起的人们同意相互遵守一定的行为规则,否则社会是不可能形成的。社会的稳定,有赖于他们坚定地遵守这一协议;只要他们稍有动摇,相互信任这一社会的纽带,就会遭到削弱和毁坏。除非狼群达成一个真正的协议(尽管是默示性的),即在猎食时绝不互相攻击,否则它们是无法集体狩猎的。最初级的社会组织,也就是根据类似默认或明示的协议而生活的一群

---

① Aryan,远古时期生活在中亚地的一个部落群体,自称"亚利安人。"——译者注

人，较之狼群社会来说，已取得了非常重大的进步，他们同意运用整体的力量来对抗违规者，保护守纪者。这种对共同协议的服从，以及随之而来的根据公认的规则对赏罚进行分配，就叫做正义；与此相反的，就叫做非正义。早期伦理学不太关注违规者的动机。但是，如果对过失犯罪和故意犯罪的案件，对纯属错误的行为和犯罪行为，不做严格区分，文明就不可能有大的发展。不过，随着道德鉴别力的不断细致，因上述区分所产生的赏罚问题，在理论和实践上也显得越来越重要。就算必须以命抵命，也要认识到，过失杀人犯不应一律处死；通过对公共的正义概念与私人的正义概念进行折中，就为过失杀人犯找到了一个避难所，使他免于"以血还血"者的报复。

正义观念就这样逐步得到了升华，从根据行为进行赏罚到根据是否应得，或者说，根据行为者的动机进行赏罚。正直，即源于正确动机的行为，不仅成为正义的同义语，而且成为清白无辜的绝对要素和善的真正核心。

五

当古印度或古希腊的先哲们悟出善的概念后，再去审视世界，特别是直面人类生活时，就会像我们一样发现，哪怕只是让进化过程符合正义与善的伦理观的基本要求，也是很困难的。

如果世上有一件最明白不过的事情，那就是，在一个纯粹的动物世界里，不论是生命的快乐还是痛苦，都不是按照应得的赏罚来进行分配的——因为，对处于较低等级的感性存在来说，应该得到奖赏或者应该得到惩罚，显然是不可能的。如果对人类生活的现象作一个能为各个时代各个国家的有识之士所认可的概括，那就是：违规者常常能逃脱他应得的惩罚；邪恶之徒像绿色的月桂树一样欣欣向荣，而正直的人却要乞食求生；父辈行恶，却让子孙受罚；在自然王国里，过失犯罪要受到和故意犯罪一样严厉的惩罚；千万个无辜的人们，因为一个人故意或过失的犯罪行为而遭受折磨。

在对这个问题的看法上，希腊人、闪米特人①和印度人是一致的，《约伯记》②《工作与时日》③和佛经是一致的，赞美诗的作者、以色列传道者和希腊悲剧诗人也是一致的。事实上，古代的悲剧作品，除了表现事物本性所具有的那种深奥难解的非正义性之外，还有什么更共同的主题呢？除了描写无辜的人亲手把自己毁灭，或因他人的致命恶行而遭到毁灭之外，还有什么让人去更深刻地感觉真实？诚然，俄狄浦斯④的心地是纯洁的，是自然的系列事件——宇宙过程——驱使他误杀父亲，娶母为妻，让他的臣民遭殃，使自己草

---

① Semite，又称闪族人。阿拉伯人、犹太人都是闪米特人。现在生活在中东、北非的大部分居民，是古代闪米特人的后裔。——译者注

② Job，即圣经旧约中的《约伯记》。——译者注

③ Works and Days 为古希腊诗人赫西俄德所写的田园诗，既描写了平静而优美的农村生活场景，又包括很多道德方面的警句。——译者注

④ Oedipus，希腊神话中的人物，因其悲剧性命运而成为艺术创作的对象，悲剧大师索福克勒斯著有《俄狄浦斯王》。此外，奥地利精神分析学家弗洛伊德把他的命运诠释为"恋母情结"。——译者注

草毁灭。或者更进一步，我暂且抛开时间顺序的限制，构成《哈姆雷特》永恒魅力的东西，除了因深深地体验他的经历而产生的感染力外，还有什么呢？这个同样无辜的梦想家，不由自主地被拖进一个混乱的世界，卷入一团罪恶与痛苦的乱麻之中。而这种罪恶与痛苦，是宇宙过程的基本力量渗透到人之中，并通过人发挥作用而造成的。

因此，如果把宇宙送上道德法庭，很可能要判它有罪。人类的良心反感自然对道德的漠视，微观宇宙的原子应该早已发现无限的宏观宇宙是有罪的。但是，几乎无人有胆量记下这一判决。

在闪米特人对这一争端进行重大审判时，约伯托庇于缄默和屈从；印度人和希腊人或许不够明智，试图调和那根本不能调和的事情，为被告进行辩护。结果，希腊人发明了神正论，而印度人提出了一种就其最后形式而言最好称之为宇宙正论的理论。因为，尽管佛教承认有许多神灵、许多主宰，但他们都只是宇宙过程的产物；存续的时间再长，也只是宇宙过程永恒活动的暂时表现。不论轮回学说起源于何时，婆罗门教徒和佛教徒在思考轮回学说时，找到了一个得心应手[4]的方法，为宇宙对待人的方式作了一个似乎有理的辩护。如果这个世界充满了痛苦和悲伤，不幸和罪恶像下雨一样同时降落在正义者和不正义者的身上，这是因为不幸和罪恶像下雨一样，都是无穷的自然因果链中的部分环节，在这个因果链上，过去、现在和将来不可分割地联系在一起，因此，无所谓这种情形比那种情形更不正义。每一个感性存在者都是在收割其以前种下的果，不是今生种下的果，就是前生种下的果，这个前生也不过是无穷系列的前生中的某一个。因此，善与恶的现世分配，是累积起来的正报应和负报应的代数和，或者更确切地说，它取决于善恶账目的动态平衡，因为在他们看来，随时都应该进行彻底清算是不必要的。未付清的款项可以作为一种"挂账"而延期；刚刚享受了一段天堂般的幸福时光，接下来就得长期忍受可怕的地狱生活，但依然不能还清前世作孽所欠下的债[5]。

经过这样一番辩解，宇宙过程是否显得比原先更道德一些，也许还是有疑问的。但是，这种辩解理由并不比其他理由逊色，只有极为草率的思想家，才会以其固有的荒谬性而摒弃它。像进化论学说本身一样，轮回学说也扎根于这个真实的世界，它可以要求得到像通过类比得来的完美论证所能提供的那种支持。

有一些事实，由于天天接触变得稀松平常，其实它们都可以归在遗传的名下。我们每个人身上都有家族的或者远亲的明显印记。更为特别的是，一定行为方式形成的总体倾向，即我们所说的"气质"，往往可以追溯到漫长系列的祖先和旁亲。所以我们有理由说，气质，作为一个人道德和智力的实质性要素，确实从一躯体传到另一躯体、从一代轮回到另一代。在新生婴儿的身上，血统上的气质是潜伏着的，"自我"不过是一些潜能。但这些潜能很快就变成了现实。从童年到成年，这些潜能表现为迟钝或聪慧，羸弱或健壮，邪恶或正直。此外，每一特征由于受到另一气质的影响而发生改变——如果没有其他影响的话，这种气质就会传给作为其化身的新生体。

印度哲学家把上面所说的气质称为"羯磨①"[6]。正是这种羯磨，从一生传到另一生，并以轮回的链条将此生与彼生连结起来。他们认为，羯磨在每一生都会发生变化，不仅

---

① Karma，梵文的音译。——译者注

受血统的影响，而且还受自身行为的影响。事实上，印度哲学家都是获得性气质遗传理论的坚定信徒——目前，这一理论处于备受争议之中。不容置疑的是，表现某种气质的种种倾向，在很大程度上受到各种条件的促进或阻碍，其中最重要的条件是有无进行自我修行。但是，气质本身是否会因自我修行而发生变化，并不是确定无疑的，而且同样无法肯定的是，恶人遗传的气质比他得到的气质更差，正直人遗传的气质比他得到的气质更好。然而，印度哲学不容许对这一问题有任何怀疑——相信环境尤其是相信自我修行对羯磨的影响，不仅是印度哲学中报应理论的必要前提，而且还是逃脱永无止境的轮回转世的唯一出路。

印度哲学的较早形式，与我们这个时代所流行的理论一样，都假定在变动不居的物质或精神现象下面，存在一个永恒实在或"本体"。宇宙的本体是"婆罗门"，个人的本体是"阿德门"，后者与前者的分离（倘若我可以这样说的话），仅仅是由它的皮囊，由包裹着感觉、思想、愿望以及快乐和痛苦等这些构成人生幻境的东西所造成的。无知的人把这一点当做实在，他们的"阿德门"因此永远被幻觉所囚禁，被欲望的镣铐所桎梏，被不幸的鞭子所抽打。但是，已经觉悟的人发现，表面的实在不过是幻觉，或者正如两千年以后所说的，所谓的善与恶，不过是思想的产物。如果宇宙"是公正的，而且用由我们的淫乐织成的鞭子来抽打我们"①，那么避免我们遗传罪恶的唯一方法似乎就是，铲除让我们流于堕落的欲望之根，不再充当进化过程的工具，并退出生存斗争。如果羯磨通过自我修行得到改变，如果它那接二连三的粗鄙欲望能够被灭绝，那么，自行其是的原动力即生存欲望就被摧毁了[7]。那时，幻象的泡沫会破灭，游荡着的个体的"阿德门"会自行消融于普遍的"婆罗门"之中。

这些似乎是佛教以前的拯救概念，这也是那些愿意获救的人所追随的方式。在禁欲方面，没有比印度的苦行隐士做得更彻底的了——在使人的精神萎缩到无感觉的半梦游状态方面，后来的僧侣主义者中没有一个能够如此地接近成功，若不是其公认的圣洁，就很难将它与白痴的状态分开。

必须认清的是，这种拯救，必须通过知识和基于知识的行为才能获得，正如那些想得到某种物理或化学结果的实验者，必须具有相关的自然法则的知识，以及足以完成一切操作所需要的久经考验的意志。在此意义上，超自然性完全被排除了。没有任何外部力量，能够对引起羯磨的因果序列产生影响——只有羯磨的主体自身的意志，才能使它终结。

我刚才已尽力对这一卓越理论作了一个合理的概述，在此理论基础之上，只能得出唯一的一条行为准则。如果过多的痛苦是一种必然，那么继续活下去就是愚蠢的，不幸会随着生命的延续而越来越多，而且这种可能性是无法阻挡的。消灭肉体只会使事情变得更糟。除了通过自愿地阻止灵魂的一切活动来消灭灵魂外，别无他法。财产、社会关系、家庭感情、世俗的友谊，都必须抛弃；最天然的欲望即便是饮食，也必须禁绝，至少要减至最少，直到一个人心如死灰、清心寡欲，成为一个托钵僧，经过自我催眠进入一种死一般的沉睡状态。走火入魔的神秘主义者误认为，这就是最终融入婆罗门的一种先兆。

佛教创始人接受了他的前辈所探究的基本原理。但是，他对含有将个人存在消融于绝对存在——即，将"阿德门"消融于"婆罗门"——的那种完全灭绝的思想并不满意。看

---

① 源自莎士比亚的《李尔王》。——译者注

来,对他来说,承认任何实体——即便是那种既没有质量又没有能量而且没有任何可以述说的属性的"空"——的存在都是一种危险和陷阱。尽管将"婆罗门"归结为一种实体性的虚无,但它还是得不到信任;只要实体尚存,它就会满载着无限的悲哀,不可避免地重新转动那令人讨厌的变化之轮。乔答摩①使用研习哲学的人非常感兴趣的形而上学之绝技,清除了永恒存在的影子的藏身之处,因而填补了贝克莱主教著名的唯心论主张所留下的那一半空白。

假如承认这些前提为真,我不知道怎样去避开贝克莱的结论,即物质的"本体"是一个形而上的未知数,存在的本体是不能证明的。贝克莱似乎没有非常清晰地认识到,一种精神实体的非存在同样是有疑义的。不偏不倚地应用他的推理,其结果就是把"一切"归结为现象共存和现象序列,现象内部和现象以外的东西,都是不可知的。印度人思想敏锐的一个显著标志就是:乔答摩比当代最杰出的唯心主义者所看到的更加深刻。尽管必须承认,如果贝克莱将精神本性的一些推论贯彻到底,就会得出几乎相同的结论[8]。

流行的婆罗门教教义认为:整个宇宙,包括天上的、尘世的和地狱的,连同众多的神灵和天上其他的存在,以及众多的感性动物,还有魔罗②和他的恶魔们,都不断地在生与死的法轮中轮转;在每个法轮中,每个人都有其转世的替身。乔答摩接受了这些教义,进而消灭了一切本体,并把宇宙归结为只是感觉、情绪、意志、思想的流动,没有任何根基。在小溪的表面,我们看到许多波纹和漩涡,持续一会儿,便随产生它们的原因的消失而消失,所以,看起来,个体存在似乎只是绕着一个中心旋转的诸种现象的暂时共生体,"就像拴在柱子上的一条狗"。在整个宇宙中没有任何永恒的东西,既没有精神现象的永恒本体,也没有物质现象的永恒本体。人格是一种形而上学的幻觉。实实在在地说,不光是我们,包括一切事物——各个领域无数的宇宙幻影,都只是构成梦境的材料而已。

那么羯磨会变成什么呢?它仍然未被触动。作为能量的特殊形式——我们称之为磁力,可以从磁铁传到钢片,又从钢片传到镍片,其间由于受所在物体状况的影响,磁力可能增强也可能削弱。同样,也可以设想,借助一种导体,羯磨也可以从一种现象共生体传到另一现象共生体。无论怎样,当不再有本体——不论是"阿德门"还是"婆罗门"——的残余留下时,简言之,当一个人只有去梦想他不愿意梦想的东西以结束一切梦想时,乔答摩无疑就更有把握消除轮回。

人生之梦的这种结局就是涅槃。涅槃究竟是什么?学者们的意见众说纷纭。但是,由于最初的权威告诉我们,那儿既没有欲望也没有行动,也没有已经进入涅槃的圣徒肉体转世的任何可能性,那么对佛教哲学的这种最高境界,最好称之为——"寂静"[9]。

这样一来,在修行境界问题上,乔答摩和他的前辈们就没有任何非常重大的实际分歧。但在达到境界的方式问题上是不同的。由于正确地洞察到人的本性,乔答摩断言,极端的禁欲主义实践是徒劳的,而且确实是有害的。仅仅通过肉体的苦行还不能根除食欲和情欲,而是必须从根本上下工夫,通过不断地修行抵御它们的心理习性,广施仁爱,以德报怨,谦卑忍让,克制邪念——一句话,只有通过完全放弃实为宇宙过程之本质的那

①　Gautama,梵文的音译,即佛教创始人释迦牟尼。——译者注
②　Mara,梵文为maˉra,是婆罗门教和佛教中的恶魔。——译者注

种自行其是，才能战胜它们。

毫无疑问，佛教获得惊人的成功，应归功于这些伦理特点体系[10]。佛教是这样一种理论体系：不相信西方人的上帝；否认人有灵魂；认为相信永生是大错、渴望不朽是罪过；祈祷无用，献祭无用；教人只靠自身的努力去获救；因其固有的纯洁，不知道何谓发誓效忠；厌恶不宽容；从不寻求世俗力量的帮助。但是，它却以惊人的速度传遍了旧大陆（the Old World）的相当一部分地方，而且尽管混杂了粗俗的外来迷信，它仍然是大部分人的主要信仰。

六

现在让我们转向西方，转向小亚细亚①、希腊和意大利，考察一下另一种哲学的产生和发展。这种哲学显然是独立的，但也同样充满进化思想[11]。

米利都②的智者被视为进化论者，而且，不论以弗所③的赫拉克利特——可能是乔答摩的同时代人——的一些格言多么隐晦，但就运用精练的格言和深刻的隐喻[12]来表达当代进化论的实质而言，无有能出其右者。的确，在座的听众已经不止一次地发现，这次讲演一开始，在简要说明进化论方面，我就借用了他的不少格言。

但是，当希腊智力活动的中心转向雅典时，主流学者把他们的注意力转向了伦理问题。由于放弃研究宏观宇宙转而研究微观宇宙，他们丢失了打开这位伟大的以弗所人的思想的钥匙。我想，我们要比苏格拉底或柏拉图更容易理解这些思想。尤其是苏格拉底，他提倡一种倒退的不可知论，认为自然现象处于人的智力范围以外，试图去解决这些问题，纯粹是徒劳的，唯一值得探究的对象是道德生活问题。他成为犬儒学派和新斯多葛派④追随的榜样。即使知识渊博和富于洞察力的亚里士多德，也没能认识到，当他认为世界在其目前的变化范围内具有永恒性时，他正在向后倒退。赫拉克利特的科学遗产，既没有被柏拉图也没有被亚里士多德所继承，只有德谟克利特继承了他的思想。但是，当时的社会还没有做好准备来接受这位阿布特拉哲学家的伟大思想。直到斯多葛派出现，才回到早期哲学家开辟的道路上去，他们自称为赫拉克利特派，系统地发展进化思想。在这样做时，他们不仅失去了其导师学说的某些特色，而且还额外增加了一些纯属外来的东西。在这些输入品中，最有影响的是已经风行的先验有神论。火的能量，按照自然法则运行，永不停息，万物从中产生，又回到它那里，经历无限相继的"大年⑤"之循环；它创造世界，又毁灭世界，就像一个顽皮的小孩，在海边堆起一座沙丘，又旋即将它推

---

① Asia Minor，亚洲西部的半岛。——译者注

② Miletus，古希腊居留地爱奥尼亚的一个城市。——译者注

③ Ephesus，古希腊小亚细亚西岸的重要贸易城市。——译者注

④ Stoic 在希腊文中是"柱廊"的意思。因斯多葛派创始人芝诺讲学的场所带有柱廊，故得名。斯多葛派有早期和晚期之分。早期斯多葛派在雅典，活跃于公元前4世纪至公元前2世纪；晚期斯多葛派，又称为罗马斯多葛派，活跃于公元1至2世纪。新斯多葛派是指晚期斯多葛派。——译者注

⑤ Great Year，赫拉克利特使用的概念。他认为，火是世界的本源，而且每隔一个大年（10800年），世界就进行一次循环。——译者注

平；它被塑造成一个有形的世界灵魂，被赋予理想的神所具有的一切品质：不仅具有无穷的力量和超凡的智慧，而且拥有绝对的善。

这种看法的意义是重大的。因为，如果宇宙是无所不在的、全能的、无限仁慈的原因所产生的结果，那么显然就无法接受在宇宙中存在着真实的恶，更不用说那种必然的固有的恶了[13]。然而，人类的普遍经验已经证明，那时同现在一样，不论我们去审视自己的内部还是我们身外的世界，恶都在四面八方直视着我们。如果说有什么事物是真实的，那就是痛苦、悲哀和邪恶。

假如 一个先验论的哲学家会被反常的经验事实所吓倒，那将是历史上的一桩新鲜事。斯多葛主义绝不可能仅在事实面前就会败下阵来。克吕西波①说："给我一条原理，我就会为它找到论证。"所以，即便不是他们发明也是他们完善了那种精致的、似乎有理的辩护方式——神正论，其目的是要说明：首先，没有恶这种东西；其次，即便是有，它也必然是与善相关的东西；再次，恶的发生，要么源于我们自身的过错，要么是因为我们的利益造成的。神正论在他们那个时代已经非常流行了——而且我相信，后继者大有人在，只是有些相形见绌罢了。据我所知，这些后继者都是蒲柏②在《人论》那有名的六行诗句里所阐明的主题的变种，在诗句里，蒲柏概括了博林布鲁克③对斯多葛派和其他这类思辨的追忆——

> 一切自然都是人为，但不被你知；
>
> 一切偶然都是趋势，但不被你见；
>
> 一切冲突都是和谐，但不被你悟；
>
> 一切局部性的恶，都是普遍的善；
>
> 而且傲慢之恶，在于错误的推理；
>
> 显见一条真理：凡存在即是合理。

然而，确切地说，如果说前三句所表达的东西还含有一点较为重要的真理的话，那么，对后三句就要竭力反对。"善的灵魂寓于恶的东西之中"，这句话是无可置疑的——凡是明哲之人都不会否认痛苦与不幸对人的锻炼价值。但是，这些思考都无助于我们解释，为何那么多无责任的生灵，不能从这种锻炼中受益，而应经受痛苦与不幸；它们也不能解释，为何在通向万能的上帝的无数可能性中——其中包含着无罪、幸福生活的可能性——被选中的可能性却是充斥着罪恶和不幸的现实。的确，把那些甚至是最温和、最缺乏理性的乐观主义者也从未回答的论点，当做理性上值得骄傲的立论，仅仅只是一些廉价的雄辩术而已。至于结尾的那句警句，最适合待的地方，就是作为题铭，刻在某个"伊壁鸠鲁猪圈"[14]的门口上面的墙上，因为如果将它合乎逻辑地应用到实践，就会把人引到这种地方：在那儿，一切抱负都被窒息，一切努力都是白搭。为何要去尝试建立已经

---

① Chrysippus，公元前280—前209年，斯多葛派的鼻祖之一，拥有斯多葛派"第二创立者"的称号。他发展了斯多葛派创始人芝诺的思想，使斯多葛主义成为影响希腊和罗马达几个世纪的哲学思想。——译者注

② Pope，1688—1744年，18世纪英国最著名的诗人，其代表作有《鬈发遇劫记》、《人论》等。——译者注

③ Bolingbroke，原名译为亨利·圣约翰，1678—1751年，18世纪英国政治家和哲学家；他的文章被编辑成《博林布鲁克政治著作选》出版。——译者注

是正确的东西呢？为何要竭力去改进一切可能的世界中最好的世界呢？让我们吃吧、喝吧，因为今天的一切都是正确的，所以明天的一切也都是正确的。

但是，斯多葛派闭眼不看恶的——它是宇宙过程必然的伴随物——现实的尝试，较之印度哲学家闭眼不看善的现实的尝试，更加难于成功。不幸的是，无视善比无视恶要容易得多。痛苦和不幸比快乐和幸福更强烈地撞击着我们的门，而且它们那深深的脚印还很难抹去。在实际生活的严酷现实面前，乐观主义的甜蜜谎言不见了。如果这就是所有可能世界中最好的世界，那么它只能证明，对完美的圣人来说，这只是一处非常不便的居所。

斯多葛派把人的一切责任归结为"按自然而生活"，似乎向人们暗示，宇宙过程是人的行为的典范。如此，伦理学就变成了应用性的自然史学。事实上，由于人们任意使用这句格言，它在后来造成了难于估量的危害。它为肤浅的哲学家和感伤主义者的道德说教提供了一种公理。但实际上，斯多葛派学者不仅是高尚的人，而且是心智健全的人。如果我们仔细地探究这句被蹂躏的格言的真正含义，就会发现，它没有为从中推论出来的有害结论提供任何辩护。

在斯多葛派话语中，"自然"是一个多义词，既包括宇宙之"本性"，也包括人类之"本性"。在后者的意义上，还有动物的"本性"，它虽然为人类与其他宇宙生灵所分享，但与一个更高级的"本性"是有区别的。即使在高级的本性中，也存在着各种等级。推理能力也许是一种用来说明各种情况的工具。激情和情绪与低级本性的联系非常紧密，以致被视为是病态而非正常的现象。人之为人的"本性"是一种最高级的、出于支配地位的能力，对其最贴切的称呼，用现今的哲学语言来说，就是纯粹理性。它是这样一种"本性"：树立至善的理想，要求人的意志绝对服从它的命令。正是这种本性，命令所有的人相互友爱，以德报怨，彼此视为一个伟大国家的同胞。的确，由于朝着一个完美的文明国家或社会迈进，有赖于它的成员对这些命令的服从，所以斯多葛派有时就将纯粹理性称为"政治的"本性。不幸的是，由于"政治的"这个形容词的意义经历了太多的变化，所以一旦将它应用于那个命令——为公共利益做出自我牺牲，现在听起来几乎有点荒唐可笑了[15]。

七

然而，在伦理学方面，进化论起什么作用呢？如果我没说错的话，斯多葛派伦理学，本质上是一种直觉的、像现今所有道德主义者那样强烈地崇尚绝对命令的体系——即使斯多葛派有过其他什么理论，不论是特殊创世论，还是现有秩序永恒存在的理论[16]，他们仍然可以保持他们学说的本来面目。对斯多葛派来说，宇宙对良心是不重要的，除非他想把宇宙作为美德的教师。我们哲学家中的固执的乐观主义，掩盖了事情的真实状况。他们无法认识到，宇宙本性不是培养美德的学校，而是与道德本性作对的堡垒。需要以事实的逻辑使他们信服，宇宙通过人类低级的本性发挥作用，并不是为了正义，而是为了与正义作对。而且，这种逻辑终究会迫使他们承认，他们理想中的"智者"，其存在是与事物的本性誓不两立的。这种逻辑还将迫使他们承认，即使只是贴近这种理想，也必须以放弃这个世界和禁欲为代价，不仅仅是禁绝肉欲，而是要灭绝人的一切情欲。最好的状态是"不动心"[17]，在这种状态下，欲望也许依然存在，但无力动摇意志，并被削减到只留下执行纯粹理性之命令的唯一功能。即便是这点残存的活力，也被视为一种临时的借贷，视为神圣的普遍精神不满自己受困于肉体时的一种发泄，直到死亡使它回到无所不在的本源"逻各斯"为止。

我觉得，很难发现"不动心"和"涅槃"有什么非常重要的差别。但也有例外。在假定存在一种相当于"婆罗门"和"阿德门"的永恒本体上，斯多葛派赞同佛教以前的哲学，不赞同乔答摩的教义。在斯多葛派的实践方面，它把奉行苦行的犬儒主义者的生活，看作是走向至善的一种劝诫，而不是达至更高生活的必要条件。

八

就这样，两极相遇。希腊思想和印度思想从二者共同的基础出发，不久又分道扬镳，在差异巨大的物质和道德条件下各自发展，最后实际上又殊途同归。

吠陀①和荷马史诗②在我们面前展现了一个丰富多彩、生机勃勃的世界，充满欢乐而富有战斗精神的人们，

　　　　永远带着欢乐　去欢迎

　　　　雷霆和阳光……

当人们的血液沸腾时，他们敢于面对众神。几个世纪过去了，在文明的影响下，这些人的后代"蒙上了一层思虑的惨白面容"③，成为公开的厌世者，至多也不过是伪装的乐观派。好战家族的勇气可能像以前一样经受了艰苦的考验，或许更加艰苦，但敌人却是自己。英雄成了僧侣，活跃的人变成了最安静的人，他们最大的抱负是成为神圣理性的唯命是从的工具。在台伯河④流域与在恒河流域一样，信奉该伦理体系的人承认，宇宙对他来说是太强大了，因此，他就通过禁欲来彻底割断他与宇宙之间的一切联系，以绝对的放弃来寻求拯救[18]。

九

现代思想在印度哲学和希腊哲学的起点的基础上，开始了新的起点。在人的心智与2600年以前无甚差别的情况下，假如它显示出沿着旧路趋向同样结果的征象，是用不着大惊小怪的。

---

① 印度最古的宗教文献和文学作品的总称，主要指宗教知识。最古的《吠陀本集》共四部，包括颂歌、歌曲、祭祀仪式和巫术咒语等内容，约在公元前6世纪前编辑成书。——译者注
② 指古希腊诗人荷马的《伊利亚特》和《奥德赛》两部史诗。——译者注
③ 出自莎士比亚的悲剧《哈姆雷特》。——译者注
④ 意大利的第三条大河。——译者注

对现代悲观主义,我们了如指掌,至少在思想方面是,因为我无法设想,在当今悲观主义信徒中,还有谁穿着苦行僧的破衣,托着他们的钵盂,或者披着犬儒主义者①的斗篷,搭上他们的讨钱袋,来显示自己的信仰。一个没有哲学头脑的警察,给一个倔强的流浪汉所设置的路障,或许已经证明,要贯彻哲学的一致性,的确是太难了。我们也知道当代的思辨乐观主义,在宣扬它那完美的物种、和平的世界、狮子变成绵羊的情景,但人们不像 40 年前那样听得进去了。的确,我想在健康的人和有钱人的桌子上比在学者的集会上,更能频繁地听到乐观主义的论调。据我体会,我们中的大多数人,既不是乐观主义者,也不是悲观主义者。我们认为,这个世界既不是太好,也不是太坏,就像我们能够想到的那样。而且,就像我们中的大多数人有时看到的,它就是这个样子。那些无法体验到生活乐趣的人,大概同那些从不知道忧愁夺走了生活的乐趣,而把丰饶的果实仅仅视为尘土的人一样,都只是少数。

再者,我认为我这样假定是不会错的:不论他们在哲学和宗教问题上的观点有多么的不同,但大多数人会同意,生活中善与恶的比例显然受人的行为的影响。我从未听说过,有人怀疑,恶会因此而增加或减少;我们还会看到,善也多多少少受到行为的影响。最后,据我所知,没有人会怀疑:只要我们拥有改善事物的力量,我们的首要责任就是运用它并训练我们的智慧和能力,让它们为我们人类至高无上的事业服务。

因此,大家迫切关心的问题是:自然知识的最新进展,尤其是进化论研究所取得的总体成果,在互助这一伟大的事业中,能给我们提供多大的帮助?

当"伦理的进化"通常用来更好地表达它们思考的对象时,倡导"进化的伦理"的人,列举一些或多或少有趣的事实,并引证一些或多或少合理的论据证明:道德情感的起源与其他自然现象一样,是进化过程的产物。就我自己研究的领域而言,我不怀疑,他们走在一条正确的道路上。但是,由于不道德的情感同样在进化,所以,自然对它的认可,与对道德情感的认可一样多。窃贼、杀人犯与慈善家一样都是遵循自然的。宇宙的进化可以告诉我们,人的善恶趋向是怎样产生出来的,但是,宇宙进化本身,无法提供比我们以前所具有的更好的理由来说明,我们称为善的东西比我们称为恶的东西更可取。我不怀疑,总有一天,我们能够认识审美能力的进化,但是,世界上的全部知识,既不会增加也不会减少对美与丑的直觉能力。

在我看来,还有一种错误存在于所谓的"进化的伦理"当中。它认为,由于从整体上看,通过生存斗争和随之而来的"最适者生存",动物和植物的构造已趋近完善,因而社会中的人,即作为伦理存在的人,必须求助于同样的过程来帮助他们趋于完善。我猜想,这种谬论是由于对"最适者生存"这句短语令人遗憾的误解产生的。"最适者"含有"最好"的意思,而"最好"又附有道德意味。然而,在宇宙的天性中,什么是"最适者"取决于环境。很久以来[19],我就大胆指出,如果我们的半球再冷下去,那么在植物界,活下来的最适者,就是那些越来越矮小、低等再低等的生物,一直到最后,幸存者就只有苔藓和硅藻,以及诸如能够把白雪染成红色的微生物;反之,如果我们的半球变得更热,那么泰晤士和

---

① Cynics,古希腊哲学学派之一。该学派的人生活俭朴,像狗一样地生活,被当时其他学派的人称为"犬"。最著名的代表人物是第欧根尼。——译者注

埃西斯①宜人的河谷,除了热带丛林中繁殖的生物外,其他生物便无法在此生存。它们作为最适者,由于最能适应变化后的环境,将生存下来。

毫无疑问,社会中的人也是受宇宙过程支配的——像其他动物一样,不断地进行繁殖,为了生存资源卷入严酷的竞争。生存斗争趋向于消除那些不能使自己适应生存环境的人。最强大的人,即最自行其是的人,倾向于蹂躏弱者。而且,社会的文明程度越低,宇宙过程对社会进化的影响就越大。社会进步意味着处处阻止宇宙过程,并代之以所说的伦理过程。其结果,不是那些碰巧对所处的整个环境最适应的人生存下来,而是那些从道德观点上看是最好的人生存下来[20]。

正如我已极力主张的,践行道德上最好的东西——我们称之为善或美德——涉及一个行为过程,即在各个方面,反对那些有助于在宇宙生存斗争中取得成功的东西。它要求自我约束,而不是冷酷地自行其是;它要求个体应当尊重而且帮助他的同伴,而不是踢开或者蹂躏其竞争者;它的目的,与其说在于使最适者生存,不如说在于使尽可能多的人适于生存。它反对决斗式的生存理论。它要求每个分享社会利益的人,都不应忘记那些辛勤建设社会的人的恩惠,应当警醒自己不要去做有损于接纳他的社会的行为。法律和道德规则旨在遏制宇宙过程,提醒个体履行他对社会的责任,让他去保护和影响他有所亏欠的社会,即便不是为了生存本身,至少也是为了过一种比野蛮人更好的生活。

由于忽略了这些明显需要考虑的因素,我们时代的那些狂热的个人主义者[21],试图将宇宙之自然本性类推适用于人类社会。我们又一次误用了斯多葛派"遵循自然"的训令,个人对于国家的责任被遗忘了,其自行其是的倾向假权利之名而扬威。人们在严肃地争辩,共同体成员是否有理由利用他们联合起来的力量,迫使它的每个成员为维护共同体而贡献他的一份力量,或者防止他不遗余力地去毁坏这个共同体。生存斗争在宇宙本性中发挥了令人惊羡的作用,似乎在伦理领域也一定有同样的好处。然而,如果我的那些主张是正确的,如果宇宙过程与道德目标没有任何联系,如果人类仿效宇宙过程是与道德的第一原理②相抵触的,那么这种令人惊诧的理论会变成什么呢?

我们彻底地想一想,就会明白,社会的道德进步既不是靠仿效宇宙过程,更不是去逃避它,而是与之进行斗争。让微观宇宙去对抗宏观宇宙,让人类去征服自然以达到其更高的目的,这似乎是一种鲁莽的建议,但是我斗胆认为,在人类已经历的古代和当代之间,在知识方面存在的巨大差异,就在于:我们希望这样的事业获得一定程度的成功,并且我们已经为此奠定了坚实的基础。

文明的历史详述了人类在宇宙中成功建立人为世界的步伐。正如帕斯卡尔所说,人是一株脆弱的芦苇,也是一株有思想的芦苇[22]:在他身上蕴藏着的丰富能量,就像遍及宇宙的能量那样,一直在灵敏地运转,足以影响和改变宇宙过程。凭着人的聪明才智,即使是一个侏儒,也能使巨人③臣服。在已建立起的每个家庭和每个社会里,人类自身中的宇宙过程,已经受到法律和道德的抑制和矫正;在周围的自然环境里,宇宙过程同样受到

---

① 英国泰晤士河的上游。——译者注
② first principle,根据赫胥黎在本书所表达的思想,这个第一原理当为"良心"。在本书的第六部分,赫胥黎再次提到了这个"第一原理"。——译者注
③ 原文为"Titan"(提坦),希腊神话中曾统治世界的古老神族,有十二位巨神。——译者注

牧人、农民和工匠的技艺的影响。随着文明的进步，冲突的范围也相应扩大，直到高度发达的体系化的当代科学和艺术，赋予人类一种比曾经赋予给魔法师还要大的支配权，去支配非人的自然过程。在这些变化中，让人印象最深的、可以说是令人惊讶的变化，是在最近两个世纪里发生的，但是，在正确理解生命过程以及影响它的表现方式方面，对我们而言，还只是曙光初现。除了一些笼统的看法外，我们还没有看清自己的方向——我们被鲁莽的错误类比和粗糙预测弄糊涂了。不过，天文学、物理学、化学，在它们达到成为影响人类事务的重要因素的阶段之前，也都曾经历同样的阶段。生理学、心理学、伦理学、政治学也必须经受这样严峻的考验。然而，在我看来，在不久的将来，它们会在实践领域掀起一场伟大的革命，没有理由对这一点产生怀疑。

进化论并不鼓励对盛世千年的预测。如果我们的地球已经经历了亿万年的上升之路，那么，在某个时候它就会达到顶点，并开始下降的历程。最大胆的想象也不敢认为，人的力量和智慧能够永远抑制"大年"的进程。

此外，我们与生俱来的宇宙本性，在很大程度上是我们生存的必要条件，是亿万年严酷锤炼的结果，因此，想靠几个世纪就让它的专横跋扈屈服于纯粹的伦理目的，无异于痴人说梦。只要世界存在着，伦理本性就得准备去认真对付顽固而又强大的敌人。但是，另一方面，如果智力和意志在正确的科学研究原则的指导下，拧成一股绳，或许可以改善生存环境，使之持续的时期比历史迄今所经历的还要长久。在这方面，我看不出有什么限制。当然，在改变人类自身的本性方面[23]，还有很多事情要做。既然人类智慧已经把狼的兄弟驯化为羊群的忠实保护者，那么在抑制文明人中的野蛮本能方面，也应该能够有所作为。

但是，如果我们容许自己对消除世界中根本的恶还抱有希望，而且比那些生活在20多个世纪以前、缺乏严密知识、忙于应对生存问题的人，所抱的希望还要大，那么我想，实现这种希望的一个根本条件就是，我们应当抛弃那种将摆脱痛苦和不幸视为生活的正当目的的观点。

我们早已走出了我们种族的史诗般的幼年时代，那时候，善与恶都受到了"嬉戏般的欢迎"，不论是印度人还是希腊人所做的那些摆脱恶的努力，都因为临阵脱逃而告终。我们要做的，就是抛弃那种幼稚的自负和同样幼稚的灰心丧气。我们已经长大成人，必须显示男子汉的气概：

> 意志坚强
>
> 去奋斗，去追求，去探索，绝不屈服。

珍惜旅途中降临的善，背负起我们自身内部和周围的恶，下定决心，坚决将它消灭。现在，让我们大家抱着同一个信念，为着同一个希望去奋斗：

> 也许漩涡会将我们卷进浪涛，
>
> 也许我们能抵达幸福的小岛；
>
> 但在到达终点之前尚有些事情，
>
> 一些高尚的事业需要我们去效劳。①[24]

---

① 这是英国 19 世纪的桂冠诗人丁尼生(1809—1892)写的诗。——译者注

注释①

[1]（第 22 页）

在我以生物为样本谈到循环进化的"显现"时，我是小心谨慎的，因为，如果深挖细究就会察觉，说植物和动物的生命过程就是一张向自身回归的循环图，是不准确的。实际上，除了最低级的有机体外，其他生物只是正在生长的胚胎的一部分（A），演变出生物组织和器官；而它的另一部分（B），仍处于原有状态，或者只有些微的变化。A 这一半发育成为成年躯体，而且迟早会死亡；而另一半 B，则繁殖后代，延续种族的生命。这样，如果我们按直系追溯一种有机体的最遥远的祖先，即 B，就会发现，B 作为一个整体，从来就没有死亡，只是它的某些部分已被丢掉，而且在每个个体的后代中死去。

人们都熟悉草莓这种植物的匍匐枝的生长方式。它的游离一端有一种纤细的圆筒状的生物组织在不断生长，直至达到相当的长度。在持续期间，它长出芽，继而长成草莓。当连接草莓的那部分匍匐枝死亡后，草莓便独立生长。但是，匍匐枝的其余部分，会继续存活下来并不断生长，而且，在条件适宜的情况下，它是不会死掉的。活质 B 就以这种方式回应了匍匐枝。如果我们能修复一个直系中所有个体均含有的"B 部分"一度拥有的持续性，这些部分就会形成匍匐枝，这些个体就会在匍匐枝上面串起来，而这些吸枝永远不会完全死掉。

只要 B 所具有的发育潜能保持不变，例如只要草莓吸枝的胚芽趋向于变成典型的草莓植物，一个物种就会保持不变。在一个物种进步性进化的情形下，B 的发育潜能会不断升级。但在退化的情况下，相反的事情就会发生。返祖现象似乎表明，退化——一个物种返回到它早期的某种形态——这种可能性是应当加以考虑的。但是，在一个族群的寄生性成员中非常常见的构造的简化，则不宜放在这个名目之下，貌似蠕虫的无肢锚头鱼蚤，与属于同一族群的多肢的有活性的动物的任一发育阶段，都没有相似之处。

[2]（第 22 页）

赫拉克利特曾经说过，人不能两次踏进同一条河流，但是，准确地说，河还是那条河，只是河里的水发生了变化。就像人一样，他的本性没有发生变化，但其躯体的所有物质却在不断地改变。

在这个问题上，还是塞涅卡说得好："我们的身体似流水般急剧变化，你所看到的一切都伴随着时间在流变，凡我们所见，没有什么是恒常的。就连我自己，当我说这些东西在变时，也已经变了。这就是赫拉克利特所说的'我们不能两次踏进同一条河流'。这是因为，虽然河还是那条河，但水却改变了。虽然这种情况在河流那里比在人体那里表现得更明显，但我们所经历的飞速进程也并不慢。"（《书信集》，第 57 号，i，第 20 页，鲁柯夫编）

[3]（第 24 页）

"我们的许多幸福使我们受害。因为回忆可以想起恐惧的痛苦，先见之明可以预料到恐惧的痛苦，而没有人只是在当前悲痛。"（塞涅卡，《书信集》，第 5 号，第 7 页）

这位罗马的培根说了许多睿智且有分量的格言，但其中极少有像"我们的许多幸福使我们受害"这句格言那样深刻地反映了生活的现实。如果可以说善的灵魂寓于恶的东西之中，那么同样可以说，恶

---

① 第二部分的著者原注。通常是脚注，作者可能考虑到有的注释太长，影响读者阅读正文，故所有注释以尾注出现。——编辑注

的灵魂也寓于善的东西之中,因为事物同人一样,也有"性质上的缺点"。人从经验中学习的最后一课之一,并不是极不重要的,即各种形式的成功都要被课以重税,而失意则是幸福惯用的伎俩之一。

[4](第 26 页)

"每个人躯体中都有一个灵魂,在躯体死亡时,灵魂就像小鸟飞出笼子那样飞去,并进入一个新的生命体……或者进入天堂的某个生命体,或者进入地狱的某个生命体,或者仍然进入这个尘世的某个生命体。唯一例外的情形是,人在今生中获得神的真知,但这是罕见的。根据佛教以前的理论,这样一个人的灵魂沿着多神(Gods)走向唯一的神(God),并与'他'(Him)相结合,从而获得不朽的生命,在这种生命里,个性不会被消灭。在后期理论中,他的灵魂直接被吸收到这个大灵魂(the Great Soul)之中,并在其中消失,不再有任何独立的存在。所有其他人的灵魂,在其躯体死亡后,都会成为一种新的存在,即成为众多不同存在形式中的一种或另一种。如果是在天堂或者地狱,灵魂本身就变成一个神或者魔鬼,但没有进入躯体。一切超人的存在,除大神(the Great God)外,都被看作不是永恒的,只被看作是一种暂时的傀偶而已。如果灵魂返回到尘世,它也许会、也许不会进入一个新的躯体。这个躯体要么是人,要么是动物或植物,甚或是一种物质的物体。对一切具有灵魂的东西来说,这些灵魂和人的灵魂没有什么根本区别——全都一个样,都只是那个唯一真正存在的大灵魂(the Great Spirit)的一闪而已。"(里斯·戴维斯《赫伯特讲座的演讲》,1881 年,第 83 页)

我所谈到的关于印度哲学的内容,特别受惠于里斯·戴维斯教授在其著名的《赫伯特讲座的演讲》(1881)和《佛教》(1890)两本著作中,对原始佛教和与之相联的早期印度思想所作的明晰阐述。在这些注释中我大量引用了他的论述,对此我能做的唯一辩解就是,我愿意毫无保留地表示我的感谢。我也发现,奥登博格博士的《释迦》(1890,第 2 版)也是很有帮助的。在上述引文中提到的轮回说的起源,是一个尚未解决的问题。但是,有一点是清楚的:它与埃及的轮回说是非常不同的。实际上,由于人们通常使这个世界的幽灵住到另一个世界,埃及的学说似乎预示着印度学说是一种更古老的信仰。

戴维斯教授非常重视轮回理论在伦理上的重要意义。"目前我们自己提出的最新想法之一,就是借助每个人从他祖先那里遗传下来的气质来寻求对他的气质甚至他的外部生活环境进行解释,而这种气质是在几乎是没有尽头的先人系谱中逐渐形成的,仅仅通过他出生于其中的某一代的环境加以改变,但这些环境同样也是几乎没有尽头的先前的原因系列产生的最近结果。乔答摩的观点可以用同样的话来表述。他也试图想以一种不同于当代理论的阐释者所采纳的方式来解释这一奇怪的问题,这也正是《约伯书》中的美妙戏剧的主题所要解释的——即这样一个事实:在尘世间实际遭受的好运或厄运与人们所说的好或坏的品质完全无关。如果一个其整个体系基本上就是一种伦理改革的导师感觉到,其职责所在就是对这种明显的不正义寻求一种解释,我们不必感到惊愕。尤其当他所承袭的信仰,即灵魂转世说,已经为每个愿意接受这种信仰的人提供了一个十分充足的解答时,就更是如此。"(《赫伯特讲座的演讲》,第 93 页)我应该大胆建议,在前述的段落中,用"大部分地"代替"完全地"。一艘船航行的好或坏,虽然大部分不是取决于船长的行为,但大部分是受船长的行为影响的。虽然他对飓风奈何不得,但劈波斩浪总是可以的。

[5](第 26 页)

每个新生儿的灵魂,其外在条件是由其前生的行为决定的。但它是由具有连续性的每个行为决定的,而不是恶对善进行清算的结果。一个诋毁过他人的好人,由于他的善良,可以作为神活上十万年,但是,如果他行善的力量耗竭,也许会转世为一个哑巴;一个曾经发过善心的盗贼,作为对其积德的奖赏,也许会转世为一个国王,然后,由于其今生作恶,就被打入地狱,忍受长期的痛苦,或者变成一个没有躯体的鬼魂,或者经过多次投胎,变成一个奴隶或流浪者。

"根据这种理论,任何行为都无法逃脱报应,尽管每个灵魂必须承受的只是它自身行为的后果。这种力量自行起效,从不停止,它的后果从不预示之于人。如果是恶报,就永远不能得到改变或防止,因为这是先前的原因造成的,这原因也是灵魂无法控制的。甚至也没有连续的意识以及对前世的回忆,使灵魂觉察到它的命运。向灵魂敞开的唯一好处,就是在今生增加它的善行点额,连同其他善行或许可以修成正果。即使这样,也只有在与现世基本条件相同的来世中才能发生:同现世一样,来生也受衰老、朽坏和死亡的支配;而且也像现世一样,给予犯错、愚昧甚至犯罪的机会,在它们的轮转中,不可避免地使它们受到疾病、残疾或悲哀等应得的报应。就是这样,灵魂在轮回的大海里,一生又一生、一浪又一浪地来回翻滚。没有人能够逃脱,除了在投胎为人期间悟得大我魂的真知的极少数人:他们便进入不朽,或者如后来的哲学家所说的那样,进入神圣的本体之中。"(里斯·戴维斯《赫伯特讲座的演讲》,第85、86页)

印度哲学家所想象的这种死去以后的情形与罗马教会所讲的炼狱有几分相似。不同的是,要想从中逃脱,不是依靠由僧侣或圣徒的代祷来改变神的判决,而是依靠个人自身的修为。而天主教则公开保证,善良的信徒或虔诚祈祷的信徒,最终会进入天国,享受极乐;而对于印度教徒来说,得到神的悦纳或进入涅槃的有利机会,就非常少了。

[6](第26页)

"那时流行的、并不能被证明是虚妄的轮回理论,似乎满足了一种深深被感觉到的需要,也似乎提供了一种解释不平等分配今生祸福的道德理由,而这种分配与现世的气质是极为矛盾的。"乔答摩"因此仍然谈及人的前世,但绝不是以那种通常被描绘的、他曾经使用的方式谈及的"。他所说的轮回是"气质的轮回"。他认为:"一切生灵,不论是人还是其他生灵,在它们死亡以后,除了活着的'羯磨'即身心活动的结果外,什么也没有留下。所有个体,不论是人还是神,都是最后的承接者和一个长长的先人系谱的最后结果——这个系谱是如此之长,以致无法计算它的开端,而它的终点是与这个世界的毁灭相一致的。"(里斯·戴维斯《赫伯特讲座的演讲》,第92页)

在进化理论中,一个胚胎按照一种特定类型发育的驱向,例如,使菜豆种子长成一种拥有其全部性状的植物的驱向,就是它的"羯磨"。它是所有条件的"最后的承接者和最后的结果",这些条件已经影响了一个祖先系列,这个系列可以回溯到亿万年以前生命首次在地球上出现的时期。菜豆植株物质的B部分(参见注释[1]),在一个从原始的活体延伸下来的先前持续的链条中,处于最后一环:它所产生的世代相继的物种性状是逐渐被改变的"羯磨"的表现。正如里斯·戴维斯教授精辟所言,雪花莲"之所以是一朵雪花莲,而不是一棵橡树,而且就是那个类型的雪花莲,就因为它是先前存在无限延伸的系谱的产物"。(里斯·戴维斯《赫伯特讲座的演讲》,第114页)

[7](第27页)

"人们发现,有趣的是,正是这个理论的弱点——假定'羯磨'的结果集中在一个新的存在里面——对早期的佛教徒来说,意味着理论本身是一个难题。他们部分地通过把它解释为,它是存在于垂死生物的一种特别的热望(是一种渴望——'贪',在佛教理论中发挥着另外的非常重要的作用),这种热望实际上促使承接前一个个体的'羯磨'的新个体的出生,避免了这一难题。但是,这是如何发生的,这种热望是怎

样导致这种结果的,人们承认,只有佛才有权知道。"(里斯·戴维斯《赫伯特讲座的演讲》,第95页)

在斯多葛派和佛教许多类似的看法中,为这个"贪",即对生的"热望"或者"渴望"寻找一个支点,那是稀奇古怪的。塞涅卡写道:"如果在道德价值之外,还有什么别的东西是善的话,那就是我们会去追逐生活的贪欲(或者叫做'就会贪生怕死'),贪求那些为生活提供享受的东西。这是不能容忍的,无止境的,不稳固的。"(《书信集》,第76号,第18页)

[8](第28页)

"佛教的显著特征是,它开辟了一条新途径,那就是,它看到了人类必须从一种完全不同的立场去解决的最深刻的问题。它将一种伟大的灵魂理论的全部内容——它迄今仍然全部占据和绝对统治着具有迷信和类似思想的精神——从它的视野中一扫而空。在世界历史上,它第一次宣布,每个人都能够在尘世、在今生为了自己并由自己获得拯救,与神或大大小小的神灵都没有任何关系。像《奥义书》一样,它将知识置于首要地位。但是,它不再是关于神的知识,而是像他们所假定的那样,是对人和事物的真实本性的洞见。而且,它还认为,除了知识是必要的,纯洁、谦恭、正直、安宁以及深邃、广大、无限的博爱也是必要的。"(里斯·戴维斯《赫伯特讲座的演讲》,第29页)

同时代的希腊哲学家采取了类似的方向。根据赫拉克利特的看法,宇宙既不是由众神也不是由人创造的。但是,宇宙过去曾经是、将来仍然是一团永恒不灭的火,它在一定分寸上燃烧,在一定分寸上熄灭。(穆拉赫:《赫拉克利特残篇》,第27页)他的后继者斯多葛派给"智者"的知识和意志所安排的地位,使他们的神(对逻辑思想家来说)成为一个备受赞美的主体,而不是一种要对付的力量。在印度思想中,"阿罗汉"成为婆罗门的长者,佛的地位更高;而斯多葛派的"智者"至少与宙斯齐名。

贝克莱再三断言,不可能形成灵魂或精神的任何观念——"如果有谁怀疑我在这里所说的真理,就让他想一想并且试一试,他能否形成关于力量或能动者的任何观念;是否具有'意志力'和'理解力'这两个名词所标识的、彼此显然不同的两种主要力量的观念;以及能否形成对实体或一般存在的第三种观念,及其支持上述那些能力或曰上述能力的主体——称之为'灵魂'或'精神'的东西——的相关概念。这就是一些人所主张的;但是,就我所知,意志、灵魂、精神这些词语并不代表不同的观点,或者老实说,根本不代表任何观念,只是代表一些完全不同于观念的东西——它是一种动因,不能同任何观念相提并论,也不能用任何观念来代表(尽管我们必须同时承认,我们具有一些灵魂、精神以及诸如意愿、爱、恨之类的心灵活动的概念,因为我们知道或理解这些词语的含义)。"(贝克莱:《人类知识原理》,第76节,参阅第89、135、145节)

我认为,不妨公开地讨论一下,是否可能具有"对我们不能形成任何'观念'的东西的一些'概念'"。

贝克莱给"感性的能动者、心灵、精神、灵魂或自我"附加了几个述语(Ⅰ、Ⅱ部分)。比如说"不可分的、无形体的、无广延性、不可毁灭的"。述词"不可分的",虽然在形式上是否定的,但有非常肯定的后果。因为,如果"能动者"是严格地不可分的,人的灵魂与神的精神就一定是同一个东西:这是好心的印度人或斯多葛派的学说,但不是正统的基督教哲学。另一方面,如果能动的感性"存在"的"实体"实际上被一个神和无数人的本体所分有,那么述词"不可分的"怎么能严格地适用于它呢?

拿引用的词语来说,正如它们所代表的,它们都意味着否认关于任何实体的知识的可能性。"物质"被消解为只是"精神"的一种特性,"精神"又消融于公认是难于想象的、不可知的思想和力量的本质之中——结果,在宇宙中除了现象的流动外,任何存在都仅仅只是一种假言推断。的确,怀疑论者可以提出异议,说如果"存在"就是"被感知",那么精神本身除了作为一种感知即被实体化的"自我"而存在,或作为对其他一些精神的感知而存在之外,便不能有任何存在。在前一种情况下,客观实在消失了;在后一种情况下,似乎需要一个彼此互相感知的无限系列的精神。

令人奇怪的是,贝克莱的措辞有时与斯多葛派的口吻极为相似,例如:(第148节)"肤浅的大众似乎有一个普遍的借口,说他们不能看见上帝……可是,哎哟,我们只须睁开眼,就可以看见万物的主宰,比看见我们的任何一个同类还要完整和清晰……我们时时处处都确实感知到神迹的显现:我们所见到、听到、感觉到或通过感官以任何方式感知的一切,都是上帝之伟力的表征和结果"……(第149节)"因此,显而易见,对任何稍微有一丁点头脑的人来说,没有什么比上帝或精神的存在更明显的了,它亲切地呈现于我们的心灵,在我们的心灵里产生不断影响我们的各种各样的观念或感觉,我们绝对地、完全地仰赖于它。简言之,我们生于斯、行于斯,而且存在于斯。"(第150节)(但是,你会问,自然在产生自然事物中没有一份贡献吗? 都必须将它们全部归功于上帝直接而单独的作用吗?……如果自然意味着一些与上帝截然不同的存在,也是与自然法则和感官感知的事物不同的存在,那么我必须承认,自然这个词对我来说只是一个空洞的声音,没有赋予它任何可以理解的含义。)这样理解的自然,只是那些异教徒所引进的无谓的幻想,他们对上帝的无所不在和无限完美没有正确的认识。

看看塞涅卡所说的(《论恩惠》第4卷,第7页):"你说,是自然把这些东西提供给我的。但你难道不知道吗? 当你这样说的时候,你不过是给上帝起了一个别名而已。因为,除了上帝和充塞宇宙及其各个部分的神圣理性外,自然还是什么别的东西吗? 只要你愿意,你可以用各种不同的名字来称呼我们的造物主。你可以恰当地称他为至高至善的朱庇特神,或雷神,或一切的支持者。后一名称的来由,并不是像历史学家所传述的那样,是因为罗马人在祈祷之后,稳住了阵脚,防止了溃逃,而是因为万物都因其恩惠而得以维持,是因为他是它们的维持者和稳定者。如果你将他称之为命运,你也没错,因为命运也不过是一个因果链条,他就是万物的第一因,万物皆以之为依据。"据此看来,这位好心的主教对"异教徒"有点严厉,他自己的话可能就是对他们的看法的一种解释。

贝克莱哲学还存在另一种倾向,我不会说他同意乔答摩的看法,但至少有助于理解佛教的基本教义。

"我发现,我能够随意地激发我心灵中的各种观念,并且可以在我认为适当的时候随意变换情景。只要愿意,我可以立即在我的想象中产生这种或那种观念:借助同一种力量,它被消灭并给另一种观念让路。这种观念的形成和消失是心灵活动的一种非常适宜的称呼。这些是确定的,并且是基于经验的……"(《人类知识原理》,第28节)

我想,我们中的很多人有理由认为,经验告诉他们许多相反的事情。并且感到痛苦的是:深知心灵被各种观念所纠缠,而这些观念又不能通过意志的努力来加以消除,而且它还顽固地拒绝给其他观念让路。但我想指出的是:如果乔答摩同样确信他能够"产生和消灭"各种观念,那么,由于他把自己分解为一群观念的幻影,借助意志取消自我的可能性自然就随之而来了。

[9](第28页)

按佛教的说法,今生和来生的联系仅仅只是由一盏灯的火苗点燃另一盏灯的火苗所具有的那种联系。对"阿罗汉"或高僧来说,"凡外在形式、混合物、生物、创造者,或任何形式的存在,看起来都不过是它的组成部分的暂时搭配,注定要被消解"。(里斯·戴维斯《赫伯特讲座的演讲》,第211页)

自我不过是被生的欲望维系的一群现象。当这种欲望停止时,"维系生命的那个特殊链条的'羯磨'也将停止,不再影响任何特定的个人,而且也不再有生了。因为生、老、死以及忧伤、哀叹和失望,对那个生命链条来说,就永远走到尽头了"。

生的欲望已经停息的阿罗汉的心灵状态是涅槃。奥登博格博士曾经非常严谨而又耐心地考虑过我所参考的著作对"涅槃"所做的解释(第285页和续页)。

我想把他和其他人对这个问题的讨论作一简要叙述,如下:

1. 从赋予术语"涅槃"的含义开始的逻辑推演,剥夺了它的一切真实性、可想象性或可感知性,这对神或人来说都是如此。因此,它实际上所达至的状态,与寂灭完全是一回事。

2. 但是,它不是通常意义上的寂灭,因为它可能在活着的阿罗汉或佛中发生。

3. 因此,对虔诚的佛教徒来说,阿罗汉所消除的是更多的痛苦、哀伤或罪恶的可能性,所得到的是完全的安宁。它的心专注于这种圆满的快乐,并把对一切可想象的生存的否定和对一切痛苦的否定视为肯定性的极乐的化身。由于乔答摩拒绝给涅槃下任何教条式的定义,这一切就变得更容易了。这和人们通常谈论的一个长期忍受绝症折磨的人得到"幸福的解脱"的情形有几分相似。按照他们自己的看法,这个人在"解脱"之后是否比以前更幸福,总是极其可疑的。但是,他们不会以这种眼光去看待这个问题。

通行的看法是,如果佛教实际地、而不是思辨地把"寂灭"作为目的,它就一定是一种悲哀和忧郁的信仰,这种看法似乎是不符合事实的。相反,涅槃境界使虔诚的信徒不仅充满了欢乐,而且心醉神迷,热望去亲近它。

[10](第29页)

迅速发展为佛的传记的奇闻轶事,以及民间流传的、人人都能理解的诞生故事,对乔答摩个人德行的描写所产生的影响,无疑起了非常重要的作用。再说,尽管乔答摩似乎没有去干预种姓制度,但他拒绝承认他的信徒之间存在差别,当然他也承认他们在解脱之路上存在完满性方面的差异。通过这种教海,至少是通过爱众生、对众生慈悲这种谆谆教海,他实际上荡平了社会的、政治的和种族的一切障碍。第三个重要情况是,为那些更严格意义上的信徒着想,他把佛教徒组织成为一个僧侣团体,同时容许俗人在修行上有很大的随意性,并允许他们抱有在一些临时的极乐场所栖身的希望。有一个随即到来的可持续数十万年的天堂在望,一般人会感到满足,而不去关心以后可能发生的事情。

[11](第29页)

在古代,即使是希腊人自己,也认为一切希腊智慧都源自东方,这曾经是一种风气。不久以前,又普遍否认希腊哲学与东方思想有任何联系。然而,真实的情况可能位于这两个极端之间。

爱奥尼亚人的智力活动不是孤立的。在公元前8世纪到公元前6世纪期间,在爱琴海和北印度斯坦之间的全部区域内,出现了某些强劲的精神酵母活动的几个零星迹象,爱奥尼亚人的智力活动只是其中之一。在这300年里,占卜术在巴勒斯坦的闪族人中达到了它的顶点;祆教①发展成为一个征服者种族——伊朗雅利安人——的信条;佛教兴起,并以惊人的速度在印度斯坦雅利安人中传播;同时,科学的自然主义在爱奥尼亚的雅利安人中间开始产生。要找到发生过四个同等重要事件的另外三个世纪,是一件难事。现存的主要的人类宗教是从前三个事件中产生的;虽然第四个事件只是一个小小的

---

① Zoroasterism,波斯的一种宗教,大约产生于公元前5世纪,因特别崇拜"火",故又称为"拜火教"。——译者注

泉源,但现在已涨成为实证科学的洪流。根据自然概率推断,先知耶利米和最早的爱奥尼亚哲学家可能见过面,而且交谈过。如果真是那样,他们大概会发生很多争执。想想他们讨论的话题可能包括如今仍在激烈争论的问题,是很有趣的。

因此,古代爱奥尼亚哲学似乎只是西亚雅利安人和闪族人道德和精神生活高涨的许多成果之一。这种普遍觉醒的状况毫无疑问是多方面的,但是当代学术研究使一个方面开始变得非常突出了。这就是发现在幼发拉底河和尼罗河流域,存在着极其古老而又高度进步的社会。

现在知道,在公元前6世纪以前一千多年,也许是两千多年,文明在埃及和巴比伦已达到非常高的程度。不仅绘画、雕刻、建筑和工艺已有显著的发展,而且至少在迦勒底①在文法学、数学、天文学和博物学方面,大量的知识得到汇总和系统化。在可以看到科学精神的这种踪迹的地方,自然主义的思想也极少离得很远,尽管就我所知,阿加得人②或埃及人没有留下什么哲学,恰当地说,是还没有找回。

从地理上看,在最古老的文明所在地中,迦勒底居于中心位置。在目前正在讨论的时代以前的一千年里,多半得益于腓尼基人这个大队商贩的居间活动,商业使迦勒底人和所有这些文明所在地发生了联系。在公元前第九、第八和第七世纪,亚述人——迦勒底文明的保管人,正如后来马其顿人和罗马人是希腊文化的保管人一样——为广泛传播迦勒底文学、艺术和科学的其他力量施加了不可抗拒的影响。

我承认,我发现难于想象希腊移民——他们同巴比伦人和埃及人的关系与他们同后来的日耳曼蛮族和帝国时期的罗马人有点相同——竟会没有受到他们已熟悉的新生活的太大影响。但是,在某些方面受到影响的程度,存在着大量直接的证据。我猜想,没有人怀疑,希腊人向东方人学习过读书、写字、算术的初级课程,闪族人的神学给他提供了神话知识。现在似乎也没有人怀疑,迦勒底和埃及的艺术使希腊艺术大大受惠。

但是,这种受惠的方式是很有启示的。恩惠是明显的,而它的限度同样是明确的。没有什么比希腊艺术和东方艺术之间的关系能更好地证明希腊人所具有的顽强的创造力。他们没有臣服于他们老师的卓越技巧而成为纯粹的模仿者,而是不失时机地改进他们所受到的教育,把老师的样式作为垫脚石,迈向完全属于他们自己的、无人匹敌、无法超越的成就。艺术的鉴定物是人的肖像。古代的迦勒底人和埃及人,像当代日本人一样,在表现鸟类和兽类方面的成就令人惊异,甚至在人物肖像方面也获得了很高的名望。但是,他们竭尽全力,也没能使自己的作品挤进表现女性之优雅、男性之俊美的最好的希腊作品的行列。

亚洲各殖民地的生活环境所引发的社会、政治和神学方面的观念冲突,对敏锐而又具批判性的希腊精神产生的影响,是值得考虑的。爱奥尼亚各城邦已经经历了社会和政治变迁的全过程,从族长制到不时暴虐的王权制,到凶残的、更加难以忍受的暴民政制——毫无疑问,在他们经历的靠武力裁决来解决大多数政治问题的各个阶段,双方都进行过唇枪舌剑、旁征博引的辩论。爱奥尼亚人蕴藏的非凡的思维能力,接触了美索不达米亚、埃及和腓尼基的神学和宇宙起源论,接触了俄耳甫斯教③的先觉者和各种神秘教的迷狂者和梦想家,可能还接触了佛教、祆教甚至犹太教。人们已经看到,在产生自然主

---

① 位于两河流域,迦勒底王国曾经创造过辉煌的古代文明,空中花园就是它的杰作;在公元前539年被波斯人消灭。——译者注

② 巴比伦的古代民族。——译者注

③ Orphism,是古希腊和古色雷斯时期的宗教,有一套宗教信仰和修行方式,源于对俄耳浦斯的崇拜。——译者注

义的各种力量中,敌对的超自然主义之间的相互矛盾往往发挥着重要的作用。

因此,各种外部影响可能对第六世纪爱奥尼亚希腊人哲学的兴起发挥过作用。但是,希腊精神的同化能力——一种使它所接触的任何东西都希腊化的力量——在这里发挥了如此有效的作用,以致(据我所知)现在大多数权威的哲学史家都认为,对这种外来影响的描绘,并不是不可置疑的。不过,我认为必须承认,在赫拉克利特—斯多葛派学说和较为古老的印度哲学理论之间存在的一致性是极为显著的。二者都认为,宇宙是按照永远相继的循环变化而运行的。大年相当于"劫",包含一个完整的周期:从宇宙起源于一种流体到宇宙葬身于火——犹如塞涅卡所言:"流体,世界的开始;火,世界的终结。"这两种体系都认为,宇宙存在一种固有的能量之源——"梵天"或"逻各斯",按照固定的法则运行。个体灵魂是这种普遍精神的溢出,并回归于它。只有通过个体的努力,通过苦行的磨炼,才有可能达致完善。这种完善,与其说是一种幸福状态,不如说是一种无痛苦的状态。假如硬要对这种状态加以描述,那它就只是对躁动不安的情绪的否定。"天国里的安宁"这一墓志铭,对印度教徒和斯多葛派都是有用的。但是,绝对的宁静与寂灭是不容易区别的。

祆教在地理上处于希腊文化和印度文化的中间地带,在承认"宇宙本恶"这一点上,与后者是一致的。但它与两者均不同的地方在于:它把两个相互对立的原理,从神人同形同性论的角度强烈地人格化了,把一切善归因于其中一个,把一切恶归因于其中的另一个。事实上,它假定存在两个世界:一个是好的,一个是坏的;后者是恶势力为了毁灭前者而创造出来的。现存的宇宙完全是二者的混合物,"最后的审判"是把恶神(Ahriman)的作用彻底消除。

[12](第29页)

再没有什么比古代语言与当代的表达方式之间的相似性布下的圈套,更容易缠住一个研究古代学问的学者的脚的了。我不打算去解释希腊哲学家中那个最晦涩的哲学家所说的话,我只想指出,他的词句,在称职的解释者认可的那种意义上,是特别地适合现代观念的。

对于一般的进化论来说,是不存在任何困难的。关于河流的格言,在海岸边玩耍的小孩形象,斗争是王、是父的思想,看来是明确的。"上升的路和下降的路是同一的"这句格言,格外恰当地表现了单株植物和单个动物的机体进化的一个循环过程。但是,赫拉克利特的斗争是否包含生存斗争的任何明确的概念,可能是一个问题。再说,它正在引诱人们把赫拉克利特的"火"所起的作用与当代人所说的"热"所起的作用相比,或者说与"热"作为运动的原因的一个表现相比。而且,只需一点机智,就可以在这句格言中发现能量守恒理论的预兆:万物变成火,火又变成万物,犹如金子变成商品、商品又变成金子一样。

[13](第30页)

蒲柏《论人》中有两行诗(《书信集》,第1集,第267—268页):

　　　世界万物不过是一个硕大整体的部分,
　　　自然界是它的躯体,上帝是它的灵魂。

这不过是对塞涅卡如下的话所做的简要解释:"在这个世界里,神之所在,就是人的精神(或灵魂)之所在;对神而言是物质,对人而言是身体。"(《书信集》,第65号,第24页)而这又是老斯多葛派学说的翻版:"灵魂充塞宇宙各个部分,正如精神充塞我们全身。"

至于普通人所说的"恶"的普遍性的证词,再没有比斯多葛派自己的作品更好的了。或许可以把他们的作品看做是极端悲观主义者的警句库。赫拉克利特(大约在公元前 500 年)对普通人性所作的评价与几个世纪后他的追随者所作的评价一样尖刻,在亚历山大后继时期或早期罗马帝国时期的境况下,似乎实在没有必要去探究产生这种黑色人生观的原因。对一个有道德理想的人来说,整个世界,包括他自身,总是充满了罪恶。

[14](第 30 页)

我使用众所周知的名言,但拒绝为诽谤伊壁鸠鲁负责。他的学说与犬儒学派的学说和在猪圈中活命的说法更难相容。如果牢记"肉欲"是"恶"之源泉的观念和"安逸的思想是罪恶的开端"这句伟大格言是伊壁鸠鲁的财产,那么就可以说,对伊壁鸠鲁主义不抱什么幻想,就是一个可接受的真理。

[15](第 31 页)

斯多葛派认为,人是一个理性的、政治的、利他的或博爱的动物。在他们看来,人的高等天性倾向于向三个方向发展,就像一种植物倾向于长大成为它的典型形态一样。因为,既然植物没有被引导去思索任何快乐和痛苦,那么对它们而言,凡阻碍它们成为它自己的东西,就是坏的;反之,就是好的。同样,在斯多葛派看来,美德就是有助于实现理性的、政治的、利他的或博爱的理想的行为,其本身就是善的,和它的情感附随物没有关系。

人是一种"为社会福祉而生的社会动物",社会的安全仰赖于人们对这一事实的实际承认。塞涅卡说:"除非受到社会成员的保卫和爱护,否则社会是不安全的。"(《论激情》,第 2 卷,第 31 页)

[16](第 31 页)

斯多葛派自然学说的重要性在于,它明确承认自然秩序具有的因果法则的普遍性及其必然结果。至于这种秩序的确切形式,完全是次要的。

现在,许多才智之士都似乎认为,泛神论、唯物主义以及任何怀疑灵魂不朽的观点,与宗教和道德都是不相容的。我承认,要我接受这些教条有些困难。因为,斯多葛派是出了名的唯物主义者和最典型的泛神论者;而且,没有哪个真正的斯多葛人相信个体灵魂的永恒延续,有些人甚至否认人死以后还有灵魂存在。但同样可以肯定的是,在所有异教的哲学中,斯多葛主义展示出伦理学的最高发展阶段,并受最深厚的宗教精神所激励,不仅对罗马人中的优秀分子而且对当今的优秀分子的道德和宗教情感的培育,都产生了最深远的影响。

塞涅卡被认为是个基督徒,并被早期教会的教父们尊为圣徒。在我们这个时代,正统的作家仍然强烈地认为,塞涅卡与使徒保罗的通信是绝对真实的。但是,很明显,我们保存下来的那些信件,只是一些毫无价值的伪造品;即使像鲍尔和莱特福特那样相距很远的作家也认为,整个故事都是缺乏根据的。

已故的达勒姆教区主教的专题论文(《论腓立比书》)①特别值得研究。因为,除了这个问题之外,他

---

① 原文为 *Epistle to the Philippians*,即《腓力比书》。该书为使徒保罗所写,并非是达勒姆(位于英格兰东北部)的主教所写的论文。根据赫胥黎原注的上下文分析,这个主教应为约瑟夫·巴伯·莱特福特(Joseph Barber Lightfoot,1828—1889 年)。莱特福特在 1879—1889 年担任达勒姆教区的主教,在 1868 年发表了《圣保罗的腓力比书》(*Saint Paul's Epistle to the Philippians*),由伦敦麦克米伦公司出版。因此,在这里将"Epistle to the Philippians"译为《论腓力比书》。——译者注

还提出证据证明,塞涅卡和使徒保罗诸信件的作者在思想上有许多相似之处。只要我们回忆一下《使徒行传》①的作者把引用的阿拉托斯②或克莱安西斯③的语录放到使徒嘴里,想一想塔尔苏斯④是哲学尤其是斯多葛学派的重要所在地(克吕西波是附近城市索里的本地人),就不难理解这些相似之处的来源。在这个问题上,请参阅:亚历山大·格兰特爵士的《亚里士多德的伦理学》校订本中的论文(其中,很有意思的是,他谈到巴特勒主教的伦理学具有斯多葛派的特点),韦戈尔特博士富有启发性的短篇《斯多葛哲学》中的最后几页,和奥贝坦的《塞涅卡和圣保罗》。

令人感到吃惊的是,一个像莱特福特博士那种类型的作者,把斯多葛主义说成是一种"绝望的"哲学。的确,在一定程度上,它是这样一些人的哲学:他们丢掉了所有的幻想和他们那种孩子气的失望,决意去耐心忍受宇宙过程所带来的任何景况,只要这些景况有利于提高美德,因为对他们来说,唯有美德才赋予生存一个有价值的目标。当斯多葛派宣称,完美的"智者",除了寿命与宙斯不同外,其他方面与宙斯一般无二时,看不出它有什么绝望的东西。据我判断,当它用作讲述斯多葛人的傲慢的教科书时,并没有一点傲慢。因为斯多葛派在所有事情上都接受理性的指导,而理性又是宙斯的溢出,因此,只要认可斯多葛派"除了美德就没有善"这一基本原理,只要认可完美的智者是完全有德的,那么,斯多葛派的结论似乎是无法逃避的。

[17](第 32 页)

英语的"无情"(Apathy)含有一套与希腊原文的内涵非常不同的规定,因此我斗胆将后者作为一个专用术语来使用。

[18](第 32 页)

许多斯多葛派哲学家劝告他们的弟子积极参与公共事务。在罗马社会,好几个世纪里,最好的公务人员都强烈地向斯多葛派人倾斜。然而,在我看来,斯多葛派的理论旨趣似乎只能由诸如第欧根尼和爱比克泰德才能达到。

[19](第 33 页)

《关于物种起源的评论》,1864,《论文集》,第 2 卷,第 91 页。

[20](第 34 页)

当然,严格地说,社会生活以及推动社会走向完善的伦理过程是整个进化过程的重要组成部分,正如无数植物的簇生习惯和动物的群居习惯——这对它们来说有巨大的好处——也是整个宇宙进化过程的重要组成部分一样。蜂群是一个有机组织、一个社会,在这个社会里,每个成员所扮演的角色是由功能上的需要决定的。可以说,蜂后、工蜂和雄蜂是一种等级地位,彼此间通过明显的生理壁垒进行划

---

① The Acts,圣经新约的第五卷。——译者注
② Aratus,公元前 315 或 310 年)—前 240 年),古希腊最具名望的诗人之一,以长诗《物象》传世。该诗对研究古代的天文学、气象学具有极大的价值。——译者注
③ Cleanthes,公元前 330—前 230 年,希腊斯多葛派哲学家,是雅典斯多葛派的第二号人物,芝诺的继承人,他把芝诺的思想传给了斯多葛派的第三号人物克吕西波。——译者注
④ 土耳其南部城市。——译者注

分。在鸟类和哺乳动物中也组成许多社会,构成社会的纽带,在许多情形下,似乎纯粹是心理上的。也就是说,它依赖于个体对彼此结伴的喜好。个体过于自行其是的倾向是通过争斗来控制的。即使在这些初级形式的社会中,爱与恐惧就已开始发生作用,强迫(成员)或多或少地放弃任性。这样,整个宇宙过程开始受到初始的伦理过程的抑制。严格地说,伦理过程是宇宙过程的一部分,正如蒸汽机的"调节器"是发动机的结构的一部分一样。

[21](第34页)

参阅《政府:无政府状态或组织化》,《论文集》,第1卷,第413—418页。对于这种形式的政治哲学,我认为"合理的野蛮"这个称号确实是适合它的。

[22](第34页)

"人不过是一根芦苇——自然界最脆弱的东西,但他是有思想的芦苇。整个宇宙不需要把自己武装起来去摧毁他。一点蒸汽、一滴水,就足以摧毁他。虽然宇宙把他摧毁,但他仍然比摧毁他的宇宙更高贵。因为他知道他会死,尽管宇宙有胜过他的地方,但宇宙对此却毫无所知。"(《帕斯卡尔感想录》)

[23](第35页)

在这里使用"自然"一词,也许会受到批评。然而,人的自然倾向的表露由于教养的作用而得到非常深刻的改变,以致它很少强烈地表露出来。想一想近亲间对性本能的压抑,就会明白这一点。

[24](第35页)

大部分诗都是年轻人写给年轻人的,只有艺术大师才能体会到或认识到,值得去分享沉湎于回忆的老年人的感情。最近去世的两位大诗人丁尼生和布朗宁,已经都以自己独特的方式这样做了。一位在《尤利西斯》这首诗中这样做了,我已引用过;另一位在未写完的绝妙的诗稿《王孙罗兰来到漆黑的塔楼》中也这样做了。

第 三 部 分

科学与道德

（1886 年）

· Science and Morals ·

> （灰姑娘）发现，这个貌似混乱的世界渗透着秩序；进化这部宏大戏剧，既充满遗憾和惊惧，又充满善良和美丽，一幕一幕在她眼前铺开。她在内心深处记下这一教训：道德的基础在于坚决不说谎，不假装相信没有证据的东西，也不转述那些对不可知的事物提出的莫名其妙的命题。

　　长期以来,我对心灵感应一直抱有疑虑,虽然这种疑虑并非全无根据,但我现在开始觉得,它一定有些道理。因为,最新一期的《双周评论》提供的证据,让我不能漠视。它说:在至今尚未发现的人类天赋中,也许存在着一种比"生活于中国最高峰"的佛教圣徒的神秘能力还要奇妙的一种力量。秘传的佛教圣徒有一种神秘能力,他能够辨识伦敦邮区某条普通街道上居民的内心世界。这种先知的洞察力的确了不起,但更了不起的是,有人不仅能洞察到思考者意识到的想法,而且还能觉察连思考者自己都没有意识到的想法——他能觉察思考者如何无意识地得出其原本反对的结论,无意识地支持其原本憎恨的学说。能够洞穿旁人内心世界的这种混乱——这种能力若是起效,则有可能深入某人对于人格和责任感的看法之中——是危险的,疯子才表现出这种行径。但真理就是真理,而且当仅有的选择就是支持刊登在 1886 年《双周评论》第六期上的那篇《唯物主义与道德》的文章的作者的时候,我几乎要勉强相信这种对乌有之物的神奇的洞察力。就我所知,尽管作者的能力和诚实,正如他信誓旦旦所保证的那样,但如果我了解自己的想法,那么,文中之言就是诸多一流错误的堆砌。

　　我非常钦佩利利先生的坦率,对他正直的用心也是心悦诚服,因而我不愿与他发生争执。此外,他大胆鄙视时下那些卑劣的冒牌著作,对此我也是深表赞同,所以在他的理论没有对我的信条做任何不当的阐述之前,我心甘情愿保持缄默,只要我觉得这种克制对于我们双方心中的理想有利的话。但是,我没法这样想。我的信条也许不讨人喜欢,但它是我自己的信条,就像试金石①看待他的心上人一样。我对心仪的对象身上固有的美德评价很高,所以不可能平心静气地看着她被说成是一个丑陋不堪、一无是处的荡妇。我相信,如果我曾追随过某一理想,那么即便它行将末路,我也会坚持到底,但是,为了一个行将末路而且你曾竭尽全力去埋葬的理想而受苦,这种极端的折磨我还没有体验过。利利先生强加在我名下的那种哲学理论,我曾再三否认与我有关。在我看来,那种理论是站不住脚的,是必将走向绝境的。我反对他把我视为这种理论的捍卫者,并不是没有道理的。

　　利利先生模仿中世纪的辩论家,推出三大命题,因为在他看来,这三大命题代表了赫伯特·斯宾塞先生、已故的克利福德②教授以及我本人所宣扬的最主要的异端思想。他说,我们三人一致同意"(1) 感官不能证实的事物视为无法证实,要放在一边;(2) 自然科学范围以外的事物视为无法证实,要放在一边;(3) 不能进行实验和化学处理的事物视为无法证实,要放在一边"。

　　我的已故的年轻朋友克利福德,虽然天性柔和但却是一个最锐利的辩论者。虽然他不能亲自参加我们这场小小的论辩,但他的著作可以为他说话,而且凡是读过他的著作

◀ 这张素描表现了赫胥黎正与澳大利亚土著居民交谈。

---

　　① 莎士比亚剧作《皆大欢喜》中的人物。他爱上了乡村姑娘奥德蕾。他有句台词说:"她是个寒伧的姑娘,殿下,样子又难看;可是,殿下,她是我自个儿的:我有一个坏脾气,殿下,人家不要的我偏要。"——译者注
　　② William Kingdon Clifford, 1845—1879 年,英国数学家,在非欧几里得几何与射影几何方面有许多建树。——译者注

的人，都可以在其中找到他对利利先生的主张的驳斥。赫伯特·斯宾塞先生目前已表明，他既不缺乏为自己辩护的能力，也不缺乏为自己辩护的意愿。如果我替他拿起棍棒，不仅多此一举而且显得鲁莽无礼。但是，对我本人来说，如果假定我对我自己的意识有足够了解的话（而且我绝对不会自命不凡地去了解我的"无意识"所发生的事情），那么请允许我说，在我看来，第一个命题是不正确的，第二个命题同样不正确，假如可以为不正确评级，那么第三个命题则不正确得骇人听闻，即使它还没有在逻辑地狱的附近跟跄挣扎，也已经在荒谬透顶的边缘逗留盘旋。因此，对这三大命题，我的回答十分恰当：Nego——我说"不"。接下来我会陈述否定的理由，然而礼节不允许我采用如我所愿的那种断然语气。

让我从第一个命题开始，即我认为"感官不能证实的事物视为无法证实，要放在一边"。像这类关于人类的命题，怎么可能是严肃地提出来的呢？然而，我不是被委派来为整个人类辩护，我只为我自己辩护。请允许我说，此刻我坚信，利利先生完全被一种明显而严重的误解所误导。尽管（在没有任何心灵感应能力的情况下）我不能通过触摸也不能通过尝、嗅、听、看等所有的感官能力，来对我的坚信进行"证实"，但我绝不想把它放在一边。

再者，也许我可以冒昧地赞美一下，利利先生表达观点的文字既清晰又生动，但是，这种赞美之情，不是源于我的五种感官能力在他文章的字里行间所发现的东西，因为如果是这样，猩猩靠着和人类一样敏锐的感官也可能发现。不！这种赞美之情源于审美能力对文艺形式的鉴赏，源于知性能力对逻辑结构的评价，而它们都不是感官能力，而且常常在感官精力充沛时，令人沮丧地消失。在感官能力方面，我可能还不如我那浅薄的亲戚[①]，但我肯定，当谈到文艺风格和三段论时，它就得甘拜下风了。

如果这个世界上还存在什么让我坚信不疑的事情，那就是因果律的普遍适用性，但这种普遍性是不能靠经验的多少来证明的，更甭说靠感官来证明了。当意志活动改变了我思想的倾向时，或者当一个念头招来另一个相关的念头时，我一点也不怀疑，在上述任何一种情况中，引起第一个现象的过程，和第二个现象存在着因果关系。然而，企图通过感官来证实这种信念，纯粹是精神错乱。我相信，利利先生不会怀疑我的心智健全，因此目前看来，他唯一的选择就是承认他的第一个命题是错误的。

利利先生指控我的第二个命题是"在自然科学范围以外的事物视为无法证实，要放在一边"。我再说一遍：不！我想，没有谁会认为我希望限制自然科学的范围，但是，我确实觉得必须承认，大量非常熟悉而又极为重要的现象，的确处于自然科学的合理界限之外。我不能相信，诸如意识之类的现象，以及其他由自然过程而来但又非自然的现象，为何会划归到自然科学的范围。拿一个可能是最简单的例子来说，如对红色的感觉。自然科学告诉我们，当具有某种特征的光以太振动刺激视网膜时，分子的变化就从眼球传送到大脑物质的特定部分，结果就出现通常所看到的红色。让我们假定，物理学分析方法进展极快，能使人们看到分子链上的最后一环，观察分子运动犹如观察打台球用的球，称一称重量，量一量大小，从而掌握物理学上能了解的一切信息。然而，即便在这种情形下，我们也仍然无法将意识所产生的现象即对红色的感觉，包含在自然科学的范围之内。意识现象就像现在一样，仍然是与我们称之为物质和运动的现象不同的东西。假如存在我竭力加以完善并一再坚持的明显真理，那就是我上面主张的观点——而且，不论它是

---

① 指猩猩。——译者注

不是真理,我都坚持认为,它没有为利利先生的主张留下任何辩护的余地。

但是,即使在这种情况下,我也要问:怎么能够想象,一个心智完全健全的人竟然会抱有这样的观念?我不认为我具有什么特别的天赋,因为我一生都在享用自然和艺术所提供的对美的敏锐感受。也许是现在,也可能是将来某一天,自然科学能够使我们的后代详尽地解释,对美的极度着迷所带来的生理反应和生理状态。但是,即使那一天真的到来,对美的着迷也仍然像现在一样,处于自然世界的外部,超出自然世界之外——甚至在精神世界,也有一些东西添加到纯粹的感觉中去。我不愿意在我卑微的堂兄——猩猩——面前,太过自鸣得意,不过在审美领域,犹如在知性领域一样,恐怕没有他的容身之地。我不怀疑,他能在一片我什么也看不清的浓密树叶中找到果实,但我尚能自信的是,他永远不会像我带着灰暗的宗教忧郁,敬畏供奉大地之神的教堂那样,敬畏他所栖身的热带雨林。然而,我也不怀疑,当我那可怜的长臂短腿的朋友,坐在那儿,若有所思地咀嚼榴莲果时,在它那张忧郁的斯多葛派面孔后面,有些东西绝对是"在自然科学范围之外"的。自然科学也许知道它在采摘、咀嚼、消化果实方面的一切事情,而且知道它的上颚在受到刺激后,快感是如何传输到他的大脑灰质的某些微小细胞的。但是,就有那么一会儿,他那忧郁的眼神闪现出一丝甜蜜感和满足感,酷似人类的游吟诗人那"如痴如醉"的样子——这也是绝对处于物理学范围之外的。

就算把我放在一边,难道利利先生真的相信,世上会有这样的人:一个有音乐感的人,他明明从音乐中得到了快乐,就因为这种快乐处于自然科学范围之外,至少是处于纯粹的听觉范围之外,就不相信这种快乐的真实性?但是,也许是这样,他把音乐、绘画、建筑等艺术全都放在自然科学的名头之下——如果真是如此,我只能遗憾地说,他这样抬高我的那些至爱的身价,我实在不能苟同。

利利先生第三个命题是这样的,我把"不能进行实验和化学处理的事物,视为无法证实"放在一边。我要再一次说:不!这种奇异的主张并不新奇,我常常从那种地方听到——在此,体面(或不体面的)愚钝常常无所顾忌地占据支配地位,它就是教堂。但是,我惊异地发现,一个具有利利先生那样的智慧和真诚的作者,竟也愿意领养这个废物。因此,如果我要严肃地对待此事,就发现自己真是左右为难。要么把词典中没有的一些含义加到"试验"和"化学"的头上,要么这个命题就是(我绞尽脑汁想说得委婉而又贴切,应该怎么说呢?)——完全——非历史性的。

难道利利先生认为,我会把一切数学、语言学和历史学的真理都视为"无法证实"而放在一边吗?假如我不这样做,那么他会大发慈悲地告诉我们,如何在设备最好的"实验室"里,对二项定理进行"化学"处理?或者告诉我们,哪里有天平和熔炉,可以检验关于巴斯克语①属性的各种学说?再或告诉我们,什么样的试剂可以从已有的罗马历史中提炼出真理,然后将错误如同灰烬那样抛弃吗?

我的确无法回答这些问题;除非利利先生能够回答,否则我想,从今以后,在把这些荒谬的观念强加给他的同道之前,他会三思而后行——因为,正如一位博学的律师所言,他们毕竟是有脊梁的动物。

整个事情让我困惑良多。我相信,一定存在着某种解释,能够保住利利先生在判断力和公平处事方面的声誉。有没有可能是这样——我只是试探性地这么说——很多粗

---

① 巴斯克语是一种非印欧语系的语言,使用于巴斯克地区,即西班牙东北部的巴斯克和纳瓦拉两个自治区以及法国西南部。巴斯克语又称欧斯卡拉语,语系归属未定。——译者注

心大意的人会把事情弄混,是不是利利先生一不留神也给弄混了？显然,说自然科学的逻辑方法具有普遍的适用性是一回事,而断定所有思考的对象都在自然科学的范围之内则完全是另一回事。我经常断言,我确信只存在一种能够获得知识之真理的方法,无论研究的内容是属于自然领域还是意识领域。支持将我最常用的自然科学作为一种教育手段的唯一理由是:在我看来,与其他学习相比,自然科学能更好地锻炼年轻人在评判归纳证据方面的心智。我反复强调,自然科学有可能通过理性的运用,对于知识以及阐述真理不可分割的模式,提供了最适合也是最易于理解的说明,但我要补充的是,我从不认为,其他学科的知识不能提供同样的训练。而且确凿无疑的是,面对别人强加给我的"在自然科学范围之外,没有任何东西真正存在"这一荒谬论点,我从未有过丝毫的让步。毫无疑问,一个想说别人坏话的人,根本不会在意话的真假,因此常常歪曲我的明确含义。但利利先生不是那种可以让人不屑一顾的家伙,他居然混迹于这群人中间,我只能是既伤心又疑惑。

利利先生在评论专栏上抛出的三个命题就说到这里。我认为,我已经说明,第一个命题是不正确的,第二个命题也是不正确的,第三个命题还是不正确的。这三个不正确加在一起,就构成一种巨大的歪曲,尽管我不怀疑它是无心之作。假如利利先生和我都是雄辩家,在主编的眼皮下,为了娱乐公众,在《双周评论》这个竞技场上进行角逐,那么我最好的策略就是马上离开这个战场。因为,问题在于,我是否持有某些看法,是一个事实问题。有鉴于此,至少在无意识的心灵感应的证据得到更普遍的认同以前,我的证据可能被视为是结论性的。

然而,利利先生对那些多多少少有争议的问题所作的其他一些论断,其对错却不是那么容易澄清的,但我认为,在这些问题上,他犯的错误似乎不亚于我们刚刚讨论过的那些命题。由于这些问题太重要了,我不得不斗胆说上几句,即使我会为此被迫离开我所熟悉的知识领域。

就在利利先生发射上述三枚鱼雷且已经可悲地在自己船上爆炸之前,他说:不论"我用多么华丽的修辞来给我的学说镀金",它仍然是"唯物主义"。在此,我要顺便说一句,这种华丽的装饰品并没有对我构成什么妨碍,而且依我看,给纯金镀金,总不及用花言巧语给真理的美丽面孔涂上厚厚的脂粉那样令人讨厌。如果我认为我有资格获得"唯物主义者"这顶头衔——在这儿是把它作为一个哲学术语而不是骂人的词来讨论——那么,我就不应该设法用镀金之类的手法将它包装起来。在过去的 30 年里,我找不出什么理由要去在意什么不好的名头,现在我老了,更不会变得敏感起来。但在这儿,我只是要重复一下我曾不止一次费尽苦心地用最朴实的日常用语讲过的东西。我认为,我所理解的唯物主义学说是一种哲学上的错误思想,我拒绝接受;同样,我也不接受利利先生提出的唯心主义学说。我拒绝接受这两种学说的理由是相同的,即不论唯物主义者和唯心主义者有什么不同,但他们都对一些问题——我可以肯定我对这些问题是一无所知的,而且我也相信他们对这些问题实际上也是很无知的——做出了绝对的断言。进而言之,即使他们所断言的东西在我的知识能力范围之内,但在我看来也常常是错误的。此外还有一个原因,让我不愿意加入他们两派中的任何一派。他们每一派都特别喜欢把对方并不持有的结论强归于对方,并加以非难,尽管这些结论都是两者的基本原理经逻辑推导后的必然结果。一个做事谨慎的人,尽量避开这些哲学上的黑白之争,不与任何一派发生纠葛,理应是不会受到非难的吧?

我是这样理解唯物主义的主要原则的:宇宙中只存在物质和力,一切自然现象都可以解释为这两种本源的产物。唯物主义的伟大捍卫者,利利先生眼中的自然科学权威布希纳①博士,将上述信念写在他的著作《力和物质》的扉页上。这本著作把力和物质标榜为"存在"的阿尔法和奥米伽②。据我理解,这是唯物主义这种信念的基本内容,而且凡是不坚持这种信念的人,那些更为热忱的信仰者(正如我理应知道的)就将他们打入专为白痴或伪君子预备的地狱。但是,我打心底里不相信这一切。虽然可能被视为老调重弹,但我仍将简要地陈述我坚持不信唯物主义的理由。首先,正如我前面所暗示的,在我看来极为明显的是,宇宙中存在着第三种东西,那就是意识。无论意识现象的表现形式与被视为物质和力的现象有多么密切的关系,我固执的心灵和倔强的头脑,都无法将意识视为物质、力或任何可以想象出来的物质或力的变体。第二,笛卡儿和贝克莱曾论证过,我们获得的知识不可能超出我们的意识之外。大约在半个世纪前我第一次接触这些论证时,就觉得他们是无法驳倒的,现在看来依然如此。所有我知道的唯物主义者都想啃一啃这一铁证,其结果无非是把牙齿给咬崩了。不过,如果这一论证是正确的,那么我们一方面可以肯定精神世界的存在,另一方面还可以肯定,力和物质的存在将沦为一种假设,至多是可能性很高的假设。

再者,当我还是一个小孩的时候,本该嬉戏玩耍,却反常地乐于思考。我总是在想,如果事物失去了它们的性质,会变成什么呢?我的心智因为思考这道难题而得到了极大的锻炼。由于性质并不是客观存在,而没有性质的事物就什么也不是,于是坚固的世界似乎被一片片地削掉了,这让我大为惊骇。当我长大一些,学会使用"物质和力"这两个术语,那个孩子气的问题换个名称后再度出现了。一方面,不承认力只承认物质的论调,似乎把世界变成了一组几何学幽灵,毫无生气;另一方面,博斯科维奇③的假设倒是挺诱人的,即物质被分解为力的中心。但如细究一下,当力被视为一种客观实在时,力又到哪里去了呢?关于力的问题,即便是最彻底的唯物主义哲学家也会同意最坚定的唯心主义者的看法,力不过是引起运动的原因的代名词。如果同意博斯科维奇的假设,把物质分解为力的中心,那么物质就会完全消失,取而代之的是非物质的实体。这样一来,人们倒不如坦率地接受唯心主义,也就完事了。

尽管很丢脸,但我必须坦承,我没有形成一丝唯物主义者所谈论的那些"力"的概念,倒是他们多年来似乎就拥有装在瓶子里的那些"力"的样品。他们告诉我,物质是由原子构成的,而原子散布在虚无一物的真空里——而且在这个虚空中,原子发出吸引力和排斥力,并且相互影响。如果谁能够清晰地构想出那些不但存在于虚无之中而且还具有强

---

① Ludwig Büchner,1824—1899 年,德国哲学家、生理学家,19 世纪科学唯物主义的倡导者。在《力和物质》(1852)一书中,他认为物质是世界的本源,一切自然力和精神力量都来源于物质。这本书在当时引起了激烈的争论。—译者注

② Alpha and Omega,其小写为 α 和 ω,分别是希腊字母表的第一个字母和最后一个字母;α 和 ω 引申指事情的"始终","来龙去脉"或"全部"。——译者注

③ Roger Joseph Boscovich,1711—1787 年,德国物理学家、天文学家、数学家、哲学家、外交家和诗人。他是近代原子论的代表人物;博斯科维奇月溪也是以他的名字命名的。——译者注

劲引力和斥力的事物,我会羡慕他拥有一种不仅高于我而且高于莱布尼兹或牛顿的理解力①。在我看来,经院哲学家所说的"在虚空中嗡嗡直叫、吞噬第二种思想的凯米拉②",同这类"力"比起来,还算是一种熟悉的家养动物。此外,根据上面提到的假设,可以推出:力不是物质。这样一来,在一定相互作用下产生的世界上的任何事物,都不属于唯物主义者所说的物质。不要误认为我在怀疑使用"原子"和"力"这两个术语是否恰当。它们是自然科学的初步假设,作为公式,它们在解释自然方面十分精确且简便易行,因而其价值是不可估量的,但是,如果把原子视为一种客观存在的真正实体,是一种占据空间且又不可分割的粒子,的确让人难以想象。至于那种无处藏身的原子,其运动是靠寄身于虚无中的"力",也实在让我无法想象,我想其他人也会有同感。

在没有人为我消除所有这些怀疑和困难之前,我认为我有权对唯物主义敬而远之。至于唯心主义,当我想用现实中实实在在的硬币来兑换唯心主义的本票时,难度就更大了。因为那个假定的物质实体,精神,被认为属于意识现象,就如物质属于物理性质的现象一样,当这些现象被抽离的时候,连几何学的幽灵也不存在了。而且,即使我们假定,存在着这样一种没有任何特性的实体——也就是说,一种空洞的存在——那么,对心灵而言,有谁知道这种实体与同样不具备任何特性的构成物质基础的另一实体有何不同呢?总之,唯心主义与倒置的唯物主义好不到哪儿去。如果我试图将那个"精神",即根据这种假说,人将它藏在脑子里的那种东西,看作是即使在思维中也与空间没有任何关系、不可分的,与此同时,又假定它就在空间之中而且具有六种不同的本领,那么我坦言,我实在是不知道我在说什么。

我以前就说过,如果我不得已要在唯物主义和唯心主义之间做出选择,我应该会选择后者,但我的的确确与软弱无力的唯心主义神话没有任何关系。不过,我觉得现在没有人逼迫我进行选择。有先哲说,人类是宇宙的尺度。对此,我总是抱有强烈的怀疑,认为这种看法是不对的,而且这种信念并没有因为年龄和阅历的增长而有所削弱。论及上述这些猜想,让我回忆起了年轻时做船员的经历。在接受训练时,只要特别小心且保持在一定的范围内,你就可以十分安全地把罗盘转动一圈。如果你心猿意马,忘记了这些限制,假如不是太糟的话,等着你的是气急败坏的几声责骂。我守在甲板边,不时将救生圈丢给因走到船的边缘而落水、在海中挣扎的同伴,而我的善行所得到的回报是,只要他们之间相互停止咒骂,他们就一起骂我。

我年纪尚小的时候,就发现一种为多数人所不容的罪过:一个人竟敢不给自己贴标签。这种人在世人眼里,就像警察带着没有戴嘴套的狗,缺乏有效的控制。我发现没有适合自己的标签,而我又渴望给自己排队,以获得人们的尊重,于是我自己就发明了一

---

① 参阅克拉克 1717 年发表的著名的《论文集》。莱布尼兹说:"不相邻的两个物体不借助任何中介而相互吸引,这也是超自然的。"克拉克代表牛顿给这段话作了一个注解:"一物体不借助任何中介吸引另一物体,的确,这不是奇迹,是自相矛盾,因为这是在假定事物在它根本不在的地方活动。"

② "chimæra, bombinans in vacuo quia comedit secundas intentiones",为拉丁文,源自文艺复兴时期人文主义作家拉伯雷(1494—1553)的《巨人传》第二部分的第七章。secundas intentiones,第二种思想,在神学上是指思想的思想。参阅成钰亭的译作《巨人传》(上海译文出版社,1981 年)第 259 页。Chimera,古希腊神话中的妖怪,拥有羊身、狮头和蛇尾,会喷火;希腊语的意思是"山羊",英语中还有"妄想,奇想"的意思。赫胥黎在这里是一语双关。——译者注

个。由于我最确信的一点是，我对周围公认熟悉的各种"主义"和"分子"知之甚少，故而我把自己称为不可知论者。确实，再没有比这更稳妥、更恰当的名称了。然而，我不明白，为何我还是时常被赶出避难所，有时被称为唯物主义者，有时是无神论者、实证主义者，呜呼哀哉，有时还被称为是胆小怕事或保守反动的反启蒙主义者。

我相信，现在我终于澄清了自己的问题；我相信，从此以后，我便可以落个清静了。不过，我还得再做一番解释——因为利利先生的看法说明，我还是有必要再解释一下的。可以看出，关于"实验室"和"化学"的含义，我的这位出色的批评家有一些独创性的观点，而且不管在我还是在他自己看来，他对"唯物主义者"的定义尤为不同寻常。尽管我已尽力避免对他的误解，但他还是把我放在唯物主义者的名下（这种推断建立在我已表明没有任何基础的基础之上）。他的理由如下：第一，我曾经说过，意识是大脑的功能；第二，我坚持决定论。至于第一点，我不知道有谁会怀疑，在"功能"这个词的恰当的生理学意义上，意识至少在某些形式上是大脑的功能。在生理学上，我们把功能称为由器官活动所引起的结果或一系列结果。因此，它是引起动作的肌肉的功能——当神经受到刺激并传导到肌肉时，肌肉就产生动作。如果将人的手臂的某一神经束暴露在外面，刺激其中某些神经纤维时，那只手臂就开始动起来。如果刺激其他的神经纤维，结果就产生"疼痛"这种意识状态。现在，如果我追踪神经纤维后面提到的那些，会发现它们最终与大脑的部分物质相连，就像前面那种神经纤维与肌肉物质连在一起一样。如果在第一种情形中产生的动作，可以称为肌肉物质的功能的话，那么为什么就不能把在第二种情形下产生的意识状态称为大脑物质的功能呢？从前，确实存在一种假定，认为一种特定的"动物精神"栖身在肌肉之中，是真正的能动者。既然我们已经不再提这种虚构的纯粹多余的肌肉器官名称，为什么还要保留一个相对应的虚构的神经器官名称呢？

如果我对这个问题的回答是，没有一个生理学家，不管他多么偏爱心灵，会去设想简单的感觉需要一种产生它们的"精神"，那么我必须指出：这就是说，我们一致同意，意识是物质的一种功能，而且不能把这一特殊原则作为唯物主义的标志。任何进一步的讨论取决于下列问题，即不仅要弄清楚意识是否是大脑的一种功能，而且要弄清楚所有意识形式是否都是如此。再者，即便唯心主义假设有什么根据，但我还是认为，说物质变化是引起精神现象的原因（而且作为一个结果，在器官中发生的这些变化，就产生了这种对应于器官功能的现象），还是十分正确的。人人都会毫不犹疑地说，事件 A 是事件 Z 产生的原因，即使在这一因果链条中，存在许多已知和未知的中间事项，就像在 A 和 Z 之间还存在许多字母一样。一个人将子弹上膛，把手枪对准另一个人的头颅并扣动扳机，那么这个人一定是引起后者死亡的原因。尽管严格地说，那个人除了手指在扳机上动了一下，没有"引起"其他任何事情发生。同样，我们说，通过刺激人体某个很远的部分，引起大脑物质的某个特定部分发生分子变化，就产生感觉这一结果，也是恰当的。就这一过程而言，不论在生理作用和实际的心理产物之间，还可加入什么尚不知名的术语，把分子变化称作感觉产生的原因，都是恰如其分的。因此，除非唯物主义拥有正确使用语言的专利权，否则我看不出，我所使用的语词有什么唯物主义的特征。

在利利先生为授予我唯物主义者称号而提供的理由中，就剩下一条了，那就是他引用我说过的一段话。在这段话里，我说，科学的进步意味着我们称之为物质和力的范围的扩展，与此相伴的是，人类思维中所有被称作精神和自发行为的领域逐渐缩小。如果说我现在的立场有什么变化的话，那就是我比 20 年前发表上述看法时，立场更为坚定，因为后来所发生的事情证明这种看法是正确的。但是，我并未发现，这种看法与唯物主义有什么关联。依我看来，这种看法与最彻底的唯心主义倒是一致的，而且做出这种判断的依据，实在是一目了然的。

科学的发展，不仅仅是自然科学的发展，而是所有科学的发展，都意味着用以前未曾有过的概念，来揭示现象之中的秩序和自然的因果联系。凡是对 200 年来科学思想在人类知识的每个领域取得的进步有所了解的人，都不会否认，科学王国的版图获得了巨大的增长；没有人会怀疑，未来两百年人们将目睹科学王国在更大范围内进行扩张。特别是在神经系统生理学领域，从目前分析生理和心理现象之间的联系所取得的成就来看，有理由相信未来会取得更为巨大的进步——迟早会准确地揭示出，一切所谓的心灵的自发活动，彼此之间相互联系，而且与生理现象相关联，将形成一个严格意义上的自然因果系列。换句话说：我们现在仅仅知道因果链条的较近部分，即所谓的物质现象经过因果变化产生所谓的精神现象；接下来，我们会知道因果链条的较远部分。

以我的无知之见，我已经习惯于认为，我上面说的不过是对事实的陈述。如果好心的贝克莱大主教还活着，他会认为，这些事实轻而易举就能应用到他的体系中去。由于利利先生宣称这些显而易见的事实对他的对手们有利，因而有可能落入他们的圈套——在我看来，他的这种做法，在他诸多莫名其妙、不可理喻的手法中，可谓一个典范。的确，利利先生不会认为，不相信自发行为——这个术语，如果非要赋予其内涵的话，那就是指非外因引起的行为——是难以驯服的"唯物主义"的标志吧？如果是这样，那他就得准备对付众多的笛卡儿信徒（如果不是笛卡儿本人的话）、哲学家中的斯宾诺莎和莱布尼兹以及神学家中的奥古斯丁、托马斯·阿奎那、加尔文及其同道等唯物主义者了。显然，这为其分类方法提供了充分的反证。

真实的情况是，当利利先生狂热地在任何他讨厌的东西上涂上"唯物主义"几个大字时，他忘记了一个极为重要且是每一个关注人类思想史的人都明了的事实，即困扰康德的三个理论难题——上帝的存在、自由意志和不朽。在所谓的自然科学诞生之前，这三个问题中的任何一个都已经存在了很长时间，而且即使将现代自然科学予以消灭，这些问题仍将继续存在。自然科学所做的一切，在某种程度上已经使一些以前难以理解的难题看得见、摸得着了。这些难题不仅在唯物主义的假说中存在，而且同样在唯心主义的假设中存在。

研究自然的人，如果从因果律的普遍公理着手，那他就不会拒绝承认有一种永恒的存在；如果承认能量守恒，就不会否认有可能存在一种永恒的能量；如果承认以意识形态出现的非物质现象的存在，就无论如何必须承认可能存在这种现象的永恒连续；如果他的研究结出了探究自然的最好果实，他就会彻底明白斯宾诺莎所说的："神，我理解为绝对无限的存在，亦即具有无限'多'属性的实体。"①这样设想出来的上帝，只有超级白痴才会否认它的存在，确实他也只敢在心里否认。自然科学不是无神论，也不是唯物主义。

---

① 原文为拉丁文。出自斯宾诺莎《伦理学》第一部分"论神"定义 6。——译者注

至于不朽的存在,自然科学在陈述这个问题时似乎是这样说的:"把意识状态的连续与无数相连的不同物质分子的排列和运动偶然地联系起来,已有 70 年了。有什么方法让我们知道,这种意识状态的连续,能否与不具有物质和力的特性的某些实体发生类似的联系而继续下去?"正如康德所说,在类似的情况下,如果有人能够回答这个问题,那么他正是我想拜访的那个人。如果他说,意识除非与某些有机分子发生因果联系,否则就不能存在,那么我就得问他是如何知道的;如果他说能存在,我还会问同样的问题。就像诙谐的彼拉多①一样,我恐怕会想,(我的时日已不多了)等待回答是不值得的。

最后,说一说自由意志这个古老的谜。在我看来,"自由"这个词只有在下述意义上才是可以理解的——所谓自由,就是在一定限度内不对一个人想做什么予以限制——对此,自然科学确实提不出比人类常识更多的理由来加以质疑。自然科学一方面不断强化我们对因果关系的普遍性的信念,另一方面又将偶然性视为荒谬而予以排除,由此得出决定论的结论。其实在自然科学产生或被思考之前,哲学和神学中那些始终遵循逻辑的思想家早就有此结论,自然科学不过是顺其道而行之。不论是谁,只要他把因果律的普遍性视为一种哲学信条,他就会否认无因现象的存在。被不恰当地称为自由意志的学说的实质,是认为人的意志总是偶然地由自身(self)而引起的,也就是说,根本不是被引起的,但要引出自身,个体必须先于自身而产生——退而言之,这实在让人难以想象。

谁把无所不知的神的存在视为一种神学信条,他就得肯定事物的秩序是只能从不朽走向不朽,因为对事件的先知先觉意味着这一事件一定会发生,而一个事件发生的确定性则意味着:它是注定或命定要发生的。②

谁声称存在着无所不知的神,这个神创造万物、养育万物,那么如果不自相矛盾的话,他就不能声称存在着神以外的原因。而且如果他声称万物的原因会"允许"万物中的一个事物成为一个独立因,那就纯粹是一种狡猾的托词。

谁声称神是一种集无所不知、无所不能于一身的存在,他就得默认命运的存在。因为如果他有意创造一个东西并把它放在一定的境遇之中,而他又完全知道这种境遇会对这个东西产生什么影响,那么实际上他就已经预定了何种命运会降临到那个东西的头上。

---

①　Pilate,曾任罗马帝国犹太行省的巡抚。根据圣经《新约·马太福音》所述,耶稣基督在他的任内被判钉十字架。——译者注

②　我可以引用两位肯定不会被利利先生藐视的权威的看法,来支持上述经合理推论得出的明显结论。他们是奥古斯丁和托马斯·阿奎那。前者声称,"命定"不过是神意(Providence)张冠李戴的说法。(奥古斯丁的原话为:"Prorsus divina providentia regna constituuntur humana. Quæsi propterea quisquam fato tribuit, quia ipsam Dei voluntatem vel potestatem fati nomine appellat, sententiam teneat, linguam corrigat." 引自《上帝之城》(De Civitate Dei),V. c. i)

另一位著名的天主教权威神学家,即苏亚雷斯所说的"神圣的托马斯",在我看来,他非凡的领悟力和敏锐的理解力几乎无人匹敌。当他说,行为者行为的基础不过是已经完成的事情的前身,可谓言简意赅。(托马斯·阿奎那的原话为:"Ratio autem alicujus fiendi in mente actoris existens est quædam præ-existentia rei fiendæ in eo." 引自《大全》问题二十三,第十一条)

如果还嫌不够,我再问一句:唯物主义者对决定论的理论曾经所作的说明,难道比托马斯·阿奎那在《大全》问题十四,第十三条里所说的那段话更透彻吗?(托马斯·阿奎那的原话为:"Omnia quæsunt in tempore, sunt Deo abæterno præsentia, non solum ea ex ratione quæhabet rationes rerum apud se presentes, ut quidam dicunt, sed quia ejus intuitus fertur abæterno supra omnia, prout sunt in sua præsentialitate. Unde manifestum est quod contingentia infallibiliter a Deo cognoscuntur, in quantum subduntur divino conspectui secundum suam præsentialitatem; et tamen sunt futura contingentia, suis causis proximis comparata.")

(正如我曾经说过的,托马斯·阿奎那显然是一个决定论者。我不明白,从他的著作中所引述的内容怎么与前面的内容存在着或多或少的不一致。)

　　这样一来，我们终于接近整个讨论真正重要的部分。如果相信上帝对道德是必要的，那么自然科学没有对此造成障碍；如果相信不朽对道德是必要的，那么自然科学反对这种学说的可能性不会超过最平凡的日常经验，而且自然科学还有效地封住了某些人的嘴——他们自称，仅凭从自然数据得出的反对理由就可以驳倒它；最后，如果相信意志的自因性对道德是必要的，那么研究自然科学的人只会跟逻辑哲学家或神学家一样，反对这一谬论。我再说一遍，自然科学并没有发明决定论，即使没有自然科学，决定论也会像现在一样立于一个坚固的基础之上。请那些怀疑这一点的人读一读乔纳森·爱德华兹①的作品，他的论证全部源于哲学和神学。

　　利利先生像所罗门的鹰那样，到处宣告"悲哀将降临到这个邪恶的城市"，抨击自然科学是当代社会中邪恶的天才——即唯物主义、宿命论和其他该受谴责的各种主义——的根源。我斗胆请他去指责当受指责的人，或者至少把自然科学那些罪孽深重的姊妹们——哲学和神学——一同推上被告席，因为她们更为年长，长期统治各种学院和大学，应该比可怜的灰姑娘懂得更多。无人怀疑，当代社会已疾病缠身，而且与那些古老的文明社会没有什么不同。人类社会如同正在发酵的一团物体，就像德国人称为"奥佰赫夫"（Oberhefe）和"安特赫夫"（Unterhefe）的啤酒一样；与此同理，历史上曾经存在的每个社会，上部都会冒泡沫，底部都会沉渣滓。但我怀疑，是否任何"信仰时代"都极少泡沫或渣滓，或者相应的，啤酒桶里完全有益于健康的东西格外多。我想，会让利利先生或其他人迷惑不解的是，可以列举令人信服的证据证明，世界史上的任何时期，都比我们当今英国社会更具有责任感、正义感和互助意识。呀！不过，利利先生说，这些全都是我们基督教传承的产物，如果基督教义不存，美德必将随之绝迹，到时唯有从祖先猿和虎那里遗传的兽性横行。但是，也有很多人认为，显而易见，基督教也从异教和犹太教那里继承了很多东西——如果斯多葛派和犹太人收回他们的遗产，那么基督教可变卖的道德财产就很少了。如果发现道德被数次扒掉特别不合身的几套外衣之后尚能存活，那它为什么就不能穿上自然科学所提供的亮丽轻巧的衣服阔步前进呢？

　　但这只是随便说说而已。如果社会的病因在于弱化了对神学家所说的上帝存在的信仰，对未来状态的信仰，对无因直觉的信仰，那就得像医生们所说的那样，禁止神学和哲学，因为神学家和哲学家对他们一无所知的事情争吵不休，正是罪恶的怀疑主义得以产生的根本原因和赖于生存的不竭动力，而怀疑主义则是乱闯不可知的领域应得的报应。

　　灰姑娘谦卑地意识到她对这些高深问题的无知。她点起火炉，打扫房子，准备饭菜，而这一切的回报是，别人说她是只关心低级物质利益的下贱东西。然而，在她的阁楼里，她能看到童话般的世界，而楼下吵架的两个泼妇则根本无从想象。她发现，这个貌似混乱的世界渗透着秩序——进化这部宏大戏剧，既充满遗憾和惊惧，又充满善良和美丽，一幕一幕在她眼前铺开。她在内心深处记下这一教训：道德的基础在于坚决不说谎，不假装相信没有证据的东西，也不转述那些对不可知的事物提出的莫名其妙的命题。

　　她知道，保证道德安全既不在于采纳这种或那种哲学思想，也不在于采纳这种或那种神学教义，而是在于切实、强烈地相信自然固有的秩序，这种秩序把瓦解社会的行为视为罪恶行径，就像坚定地把身体上的疾病归因于身体受到侵害一样。正是出于这种坚定而真实的信仰，成为女祭司是她的天职所在。

---

① Jonathan Edwards，1703—1758 年，美国神学家和哲学家，著有《自由意志论》、《宗教情操论》等著作。——译者注

第四部分[①]

资本——劳动之母

从哲学视角探讨经济问题

（1890 年）

· *Capital——The Mother of Labour* ·

> 在这个奇怪的世界里，充斥着各种政治谬论，其中最愚蠢的，就是认定劳动与资本相互排斥……恰恰相反，资本和劳动必然是紧密联系的，资本从来不是劳动单独创造的，资本不依赖于人类劳动而存在，资本是劳动的必要前提，资本提供了劳动的原材料。唯一必不可少的资本——生命资本，无法由人类劳动创造。

---

① 第四部分译者：周立。

新生儿在呱呱落地之时,第一个动作就是深深地吸上一口气。此后,就再也不会有比这次"更深"的呼吸了,因为气管和肺一旦吸入空气而扩张后,就永远不可能是空的了。随着呼吸道的一张一合,之后进进出出的空气,只能是肺容量的一部分。就像为了使风箱充满空气而向外拉动风箱把手那样,吸取空气的行为,或称呼吸的机械原理也是如此。同样,在运动、工作或劳动之时,也要伴随能量的消耗。因此,人注定劳苦一生,不只是一个比喻的说法:呼吸这项工作,从吸入第一口气,到呼出最后一口气才能停止。哪怕你出身贵胄,但呼吸这个活不比在马槽边见到第一缕阳光的人来得轻松。

那么,新生儿是怎样开始这样一个任何人无法逃避、注定要伴随终生的呼吸动作的呢?你可以从不同角度描述一个婴儿,然而就上述特定问题而言,婴儿是依靠母亲提供的物质建立起来的一个复杂的机械装置。在建立过程中,婴儿获得了一组发动机,那就是肌肉。每一块肌肉都有物质储备,在一定条件下能产生能量,比如,当与之相连的神经末梢状态发生改变的时候。装在枪膛里的火药就是一种物质储备,当手指扣动扳机时,位于弹夹与扳机之间的机械装置——开关的状态就发生了改变,结果火药产生了能量。当上述状态真的发生变化时,火药的潜在能量瞬间转化为现实能量,推动子弹飞出。这样,火药或可称为"做功要素"(work stuff)。之所以这么称呼它,不仅因为这种要素在物理学意义上很容易引发"功(work)"的产生,而且从经济学意义上说,制造它要投入大量的工夫(work)。在这一过程中,劳动是一个必要因素。最先要采集、运输、提炼天然硫黄和硝石,然后砍伐树木并烧成木炭,再将硫黄、硝石、木炭这些成分按一定比例混合,最后将这些混合物制成适当的颗粒,这一系列过程都离不开劳动。火药曾经是火药制造商的存货或说资本的一部分,它不仅包含着收存于其中的一些自然物体,上述工序中投入的劳动也可说是已经内化于火药中了。

我们大体上可以把储存在新生儿肌肉中的做功要素与装在枪膛中的火药进行类比。婴儿降生之时,对他来说,周围环境是完全陌生的。陌生的环境通过神经系统发挥作用,使得呼吸肌中蕴藏着的工作要素中的潜在能量,瞬间转化为现实能量,再通过呼吸器官的运作,就产生了呼吸行为。正如枪膛里的子弹受到火药瞬间爆发力的驱动而飞出枪膛一样,或许可以说,是某些肌肉的"做功要素"在瞬间爆发时,抬高了肋骨压低了膈。这些做功要素是胎儿从母亲身上摄取而积累下来的物质储备,或者说资本的一部分,而母亲日常饮食积累的食物要素资本,补充了胎儿的消耗。

在上述情形下,我觉得,大家不会怀疑,伴随人类一生的体力劳动,最初必然有赖于事先的物质储备。这些物质储备,不仅要为人所用,而且也要安排得易于肌体构造所用。我进一步设想,若把这种物质储备叫做"资本",并无什么不妥,因为很容易验证,在婴儿肌肉中积累的工作要素的基本成分,是来自于食物的转化。每个人都会承认食物是一种资本,婴儿只不过是从母亲的器官里获得,再储备于肌肉中,以备使用。后来的一举一动,都以同样的方式,消耗其相同的做功要素储备——生命资本(vital capital)。呼吸过程的一个主要目的,就是清除身体运动时产生的一些废气。紧接着,即使除呼吸之外,身

▶《赫胥黎文集》中的一幅插图。

体系统不再做其他工作,婴儿带到人世的生命资本迟早也会耗尽,呼吸运动由此也会结束,就像煤炭烧尽后,蒸汽发动机的活塞会停止运动一样。

然而,母乳这种物质储备,主要由提供给母亲的食物要素的储备构成。这些储备处于一种良好的物理和化学状态,在婴儿需要时,能轻易地转化为做功要素。这就是说,通过直接从母亲那里借贷生命资本,也就是间接地从母亲能够获得的自然物品储备那里借贷,婴儿可以补充自身所失去的能量。然而,这种借贷,涉及更深一步的做功,这就是吮吸这种劳动,一个几乎和呼吸一样的机械过程。这样,婴儿通过劳动偿还借贷的资本,但通过估算劳动所消耗的做功要素的价值,可知母乳中做功要素的价值远大于劳动的价值,婴儿在这一过程中获得了丰厚的利润。超额的食物供给增加了婴儿的做功要素资本,从孩子的身体变化可以看出,这给孩子提供了扩大"构造和装置"所需的物质,此外资本的增加还提供了将这些物质集中起来运送到需要的地方的能量。因此,在整个幼年时期,甚至长大成人之后,只要不自食其力,他必须靠消耗他人提供的生命资本而生存。用一个可能不很确切但却十分流行的术语形容,不管他干什么(如果只从运动的角度说,他干得确实不少),都"不出产"。

现在让我们假定,孩子是在居无定所的原始状态下长大成人。他的食物来源,就像澳大利亚土著人那样,靠捡摘野果和捕捉动物获得。为孩子提供生命资本的原料,就是那些水果、种子、根茎和各种各样的野物。只有这些东西含有能转化为人体做功要素的物质储备,含有除空气和水以外的其他补给资本消耗和维持身体运转所需的物质。但是,这个原始人却没有为生产这些物质付出一丝一毫。相反,无论这个小孩对蔬果和野物投入了多少劳动,都是对这些东西的破坏。有时他付出了很少的劳动而收获很大,如碰到了搁浅的鲸鱼,有时付出了很多的劳动却一无所得,如碰到了延续很久的旱灾——不论哪种情况,他的劳动都仅是一个偶然事件。原始人就像这个小孩一样,从自然界借得了所需要的资本,但故意不给一点回报。很明显,用"生产"一词来形容他们的劳动,就不是很适当了,不管他们是刨树根、摘果子,还是捡鸟蛋,捉蛇虫等,都不是在"生产"或者帮助"生产"这些东西。更高级一点的部落,比如爱斯基摩人,也是如此,他们仍然是单纯的猎取者。虽然他们可能付出了更多的劳动与技巧,但都只是去破坏。

当我们把视线转向南美草原牧人、亚洲游牧部落这样过着单纯放牧生活的人们时,会发现一个很重要的变化。让我们假设羊群的所有者依靠它们产出的奶、奶酪、肉类生活。很明显,羊群与人的经济关系,就像母亲与孩子的关系一样,因为羊群向人提供了食物要素,足以弥补人每日每时做功要素资本的消耗。我们再设想一下,如果羊群所有者有一个很大的牧场,既不受野外食肉动物的侵扰,又没有其他牧羊人的竞争,那么他放牧劳动所消耗的体力几乎不会超过保持身体健康所需的活动的限度。即使我们将最初驯化羊群的麻烦考虑进去,他也不会消耗多少体力。如果不是在极为有限的意义上,若牧羊人说羊群是他劳动的产物,那分明是在自我吹捧。事实上,他的劳动是无足轻重的,是一种生产过程的附属。在既定环境下,给公羊和母羊几年时间,他们就能繁衍一大群羊,牧羊人在羊群上投入的劳动,可能还比不上他们从树丛中采摘黑莓的体力消耗。羊群的增量,大部分根本不是通过劳动得来的。如果"所有人无权享有非劳动所得的收益"是绝对的政治道德信条的话,那么牧羊人可能至少对其九成的新增羊群没有收益权。

如果牧羊人无权享有"生产者"这个名号的话，那么谁又能呢？难道公羊和母羊才是真正的"生产者"吗？如果借用化学的旧术语，只将公羊和母羊们视为生产的"最近原则"（proximate principles），可能更为合适。如果进一步深究的话，羊儿们也不过是采集者和分配者，而非生产者。因为它们只不过是做了采集、简单改造和使食物更容易吸收的工作，生命资本本身已经存在于它们进食的绿色草本植物中了，只不过绿色植物中的这些生命资本是以不适合于人类直接吸收的方式存在罢了。

如此一来，从经济视角看，羊儿们更像是食品加工商，而非生产商。以饼干为例，其有用部分已经蕴含于面粉之中了，只是面粉不适合人类直接进食，而饼干适合而已。同样，羊肉的有用部分是它含有一些重要的化学成分，羊儿们只不过把它们从草中提炼出来而已。我们不能直接靠吃草生活，但我们可以靠吃羊肉生活。

现在看来，在陆地上的这些自然物体中，草本植物和所有其他的绿色植物确实是无与伦比，因为它们通过光合作用，吸收空气中的二氧化碳、水和一定的氮、矿物盐，可以合成供动物们吸收为做功要素的物质。实际上，草才是生命资本主要的生产者，实际上，甚至是唯一的生产者。而生命资本又是我们实施劳动行为的必要前提。每一株绿色植物都是一个实验室，只要有阳光照耀，矿物质、空气、水、盐分被加工成动物赖以生存的食物要素。由于到目前为止，合成化学的发展还没有达到这么高超的水平，绿色植物就成为唯一的"生产工人"，它们的"劳动"直接促成了生命资本的生产，而生命资本又是人类劳动的必要前提。[①] 这里绝不存在一个永动机的悖论，因为植物进行工作的能量来源是太阳——目前我们能够认识到的最初始的"资本家"。阳光、空气、水，还有地球表面最有用的土地竟能同时存在，对此再怎么惊叹都不过分，但如果没有植物，就不会有任何东西能将它们合成，生产出动物必须赖以生存的所谓"蛋白质"。不仅植物如此重要，而且特定的动物还需要特定性质的植物。比如，如果陆地上只有柏树、苔藓这样的植物，草原和田野上就不可能有动物存在。实际上，很难想象有什么大型动物存在，因为它们需要有足够的食物贮备，而从这些植物中提取到的食物要素，几乎不足以提供足够的支持。

我们是尘埃和空气的化合物，我们从哪里来，也必将回哪里去。植物直接或间接通过某些动物作为媒介，向我们出借资本，使我们得以在尘世间潇洒走一回。通俗地说，我们可以把土地叫做"生产者"，正如我们谈论太阳每日的运动一样。但是，正如我曾说过的，命题及其推论，宁愿墨守成规，也不要引起歧义。说土地（特指耕地）是生产者或经济生产要素，这一陈述是不准确的。水生物种并非"种植"在任何土地上，现在据我们所知，它们只是依赖水中溶解的矿物质。如果换算的话，只要能产出足量的食物要素，把植物种在一英亩水里和种植在一英亩旱地里没什么不同。在北冰洋地区爱斯基摩人的社会经济体系中，土地与"生产"毫不相干。爱斯基摩人只依赖于海豹和其他水生动物而生存。如果他们有放牧念头的话，也许可以像希腊海神普罗特斯一样，放牧海神波塞冬手下的众多生物。然而，海豹和北极熊，也是依靠其他海洋生物而生存。继续探究下去，我们就会追查到漂浮在海洋上的细小绿色植物，它们才是真正的"生产者"，支持着庞大的

---

① 还有待于观察像真菌类的一些没有叶绿素、在黑暗中生长的植物，是否只依赖矿物质生长。

海洋生物群。①

于是，当我们提出经济生产的基本要素是土地、资本和劳动这一命题，并将其视为"绝对"真理，当做推断其他所有重要命题的公理时，我们不要忘记，这一结论只有在一定条件下成立。毫无疑问，"生命资本"是最基本的，只有它先存在，人类才谈得上去做功，否则连人类维持生存所必需的人体内部运转都无法进行。但是，至于劳动（指的是人类劳动），我希望读者的脑海里对此不会留有任何疑问，即就生产而言，人类劳动的重要性小到几乎为零。此外，我们无法估算出劳动消耗与作为一切财富基础的生命资本之间的一个确定的比例关系。比如，在我们假设的田园牧歌般的生活里，加进野兽侵扰和其他牧羊人竞争的因素，羊群所有者投入的劳动可能会无限增加，而且其作为生产条件的重要性也大为增强，但产量却只能保持不变。让我们作个比较，在最先定义的理想环境中，牧羊人的劳动是不重要的。而在后一种情况下，牧羊人的劳动是不可或缺的——要么必须从深井里为羊群汲取饮用水，要么必须保护羊群免受狼群和人类的侵袭劫掠。至于土地，我们已经说过，不外乎是为人们提供栖身之所和立足之地。尽管土地也许十分重要，但其重要性仍是第二位的。经济生产最需要的仍是绿色植物，因为它才是从自然界无机物中提取生命资本的唯一生产者。人们可以离开（普通意义上的）劳动，离开土地而生存，但如若离开了植物，则难逃灭顶之灾。

上述情形在纯畜牧生产条件下成立，那么在纯农业②生产条件下也同样成立，耕作者的生存直接依赖于其种植的植物所提供的生命资本。在此，生命资本的存在又一次成为人们每年工作的先决条件。假设有一个人，他只靠自己种植的作物而生活。从耕地为播种作准备，到播种以及最后到收割这个过程，都必须保证获得食物要素供给。这些食物要素必须从上一茬庄稼的剩余储备中获取。结论仍然如前所述，劳动的先决条件是必须有生命资本预先存在。此外，与畜牧业的情形一样，种植庄稼投入的劳动，只是一个附属条件，投入多少变化幅度很大。如果土地肥沃、气候适宜，而且其他条件也很优越的话，劳动投入可能很少；而在不良耕作条件下，为获取同样的收成或说食物要素，投入的劳动可能非常大。

因此，我认为以下命题无可争辩：不管有没有在相应的政体组织下，任何人或任何数量的人的存在，都依赖于直接或间接地由植物生产出的、人类随时能够获取的食物要素（即生命资本）。接下来的问题是，在任何给定的土地上，一年中能够生存的人的数量，取决于该地区一年内植物的食物要素产量。如果 a 是食物要素产量，b 是每人最小的食物量，$a/b=n$，n 就是该地区所能承载的最大人口量。产量（a）受地区面积的影响，也受该地区日照量、温度变化范围与分布、风力大小、水的充沛状况、土壤成分与物理特性等因素的影响，同时来自于动物与植物的竞争和破坏也会造成影响。人的劳动既不会也不能创造生命资本。劳动所能做的，只是修改生产条件，而这可能有助于生产，也可能不利于生

---

① 在《詹姆斯·罗斯爵士南极航行中的植物》一书几个著名的章节中，约瑟夫·胡克爵士论证了海洋动物依赖于微小到用显微镜才能看到的浮游植物而生存。这是我们使用水耕法的一个绝好例子。在不超出合理的科学推测的范围内，人们可以幻想种植培养硅藻，从原始形态培育出的新品种，就像从原始的芸苔培育成的花椰菜那样。此外，詹姆斯·罗斯爵士的这次南极航行发生在50年前。

② 很遗憾，我们没有一个词专门来描述种植业生产。但是，为便于说明，我将农业限定在这一意义上。

产。像日照、昼夜温差、风力这些最重要的条件，实际上不在人们的可控范围之内。[1] 从另一方面看，水的供应、土壤的物理与化学品质，竞争者与破坏者的影响，一般（但绝不总是）能在很大程度上因人们的劳动和技巧而改变。因此，不妨把这类劳动的作用称为"生产"。但要清楚，这个意义上的"生产"与植物生产食品要素的"生产"，有很大不同。

目前，我们讨论过的这些假说，其根据都是来源于日常生活经验，而不是一些先验假说。我们假定牧羊人和农夫孤身一人，只是为了便于研究，对现实经验做了取舍简化。让我们再从日常经验出发，设想无论是牧羊人还是农夫，出于某种现实理由，需要一个或更多的帮手。这些帮手付出一年劳动，作为交换，牧羊人或农夫提供他们相应数量的羊、牛奶、奶酪，或是谷物。我没有发现这里有什么先验的"劳动权利"存在，赋予人们在不被需要时仍有坚持被雇佣的权利。但是，我想只有在如下这种情况下，人们才愿意接受这份"薪水"，即这份薪水至少能够补偿他们一年劳作所耗费的生命资本。任何一个理性的人，都不会在知情的情况下心甘情愿地接受必然要挨饿的工作条件。这就是最低工资的刚性，就是工资要足以弥补雇员不可避免的生命资本耗费。毫无疑问，这些工资无论是等于，还是高于最低工资水平，都是从满足羊群或土地所有者的需要后剩余的可支配资本中支付。这就引出了我们已经谈过的另外一个问题：羊群和土地所有者拥有的资源能够养活的人数，无论是雇佣的还是从其他方式获得的，都是有限的。既然在特定作物达到最大产量后，在最合适的条件下，这些条件已不能通过人为改变，再投入多少劳动力，也不会增加一盎司的食物。此时，如果需要养活的人数无限制地上升，总有一天会出现有人挨饿的情况。这就是所谓的马尔萨斯原理的本质内涵。在我看来，这一原理如一般命题那样浅显，只要数量持续上升，总有一天，会超过某一个固定数值。

前述的讨论明白无疑地说明了人类每一个国家，或每一个有组织的社会（不管是单纯的游牧社会、农业社会，还是混合的农牧社会）存在的基本条件。一个社会的存在，必须预先拥有一定量的生命资本储备，同时必须有补充社会成员因劳动而消耗的生命资本的手段。假设一个国家占据了地球表面上一块完全孤立的土地，其人数不可能超过每年这块土地上的绿色植物的最大食物要素产出量除以每人每年维持生命所需食物量的商。但是，这个国家还可能有第三种模式，可能它既不是纯牧业国家，也不是纯农业国家，而是纯制造业国家。假设有三个小岛，如加那利群岛中的格兰加纳利、坦纳利佛和兰隆鲁特三个岛屿，完全与世隔绝。假设格兰加纳利岛的居民种植谷物，坦纳利佛岛的居民牧养牛群，兰隆鲁特岛（假设这个岛土地贫瘠，寸草不生）的居民则完全由木匠、毛纺匠和鞋匠组成。日常经验告诉我们，如果兰隆鲁特岛的居民不预先带着食物要素储备上岛的话，他们根本无法生存。一旦这些食物要素储备消耗完毕，如果其他两岛不及时提供补给，兰隆鲁特岛的居民将无以为继。此外，兰隆鲁特岛的木匠除非能从其他岛上获得木材，否则也无法干活；羊毛纺织工和鞋匠除非能从其他岛上获得羊毛和羊皮，否则也无法干活。实际上，木材和皮毛是手工业的基本原料，没有这些东西，他们各自所在行业的手

---

[1] 我并没有忘记电力照明、温室和种种遮蔽强风的方式，但与大批量食物要素的生产相比，这些方式所起的作用几乎可以忽略不计。即使考虑到合成化学可以影响到蛋白质的构造，但在我们这一代，实验室难以对农田构成竞争。

工活就没法进行。所以,格兰加纳利和坦纳利佛在生命资本和其他资本上的供给,毫无疑问地成为兰隆鲁特手工业活动的必要前提。而且,当这些木材、羊毛、皮革运抵兰隆鲁特时,这些产品已含有砍伐、剪毛、去皮、运输等大量劳动。但是,这并不能改变这样一个事实:格兰加纳利和坦纳利佛岛上的绿色植物才是唯一的"生产者",是两岛居民得以生存的基础。绿色植物生产出了运往兰隆鲁特用于手工业加工的原料,如果不是两岛居民正好想要兰隆鲁特岛居民的产品,并愿意付出一些生命资本交换的话,格兰加纳利和坦纳利佛岛的居民为这些原料所付出的劳动,以及买卖另一方兰隆鲁特岛居民所付出的劳动,并不能向任何一位兰隆鲁特居民提供哪怕是一顿饭。

在这种情况下,如果格兰加纳利和坦纳利佛两岛消失,或他们不再需要木器、衣服或鞋子的话,兰隆鲁特的居民就会挨饿。如果他们愿意购买,则兰隆鲁特的居民通过"养育"购买者,也间接促进了对购买者农产品的"养育"。

既然如此,那么如果问,兰隆鲁特岛上制造过程中的劳动到底是不是"生产性"劳动?答案只有一个:如果任何人愿意以生命资本,或以任何可以换来生命资本的东西,来交换兰隆鲁特的货物,那制造过程中的劳动就是生产性的,否则就不是生产性的。

对手工业者而言,与放牧者、农耕者相比,劳动对资本的依赖关系更为紧密。后者一旦开始生产,就可持续进行下去,不用费心考虑其他人的存在。而对手工业者来说,不仅劳动过程的开始依赖于预先存在的资本,而且劳动过程的结束也同样存在这种依赖性。无论他投入了多少的劳动与技艺,如果没有一个顾客愿意而且有能力以食品交换他的劳动与技艺的产品,那么从维持生计的角度来说,他就等同于什么事也没有做。

此外,还有一点要弄清楚。假设兰隆鲁特的一个木匠专做五斗柜,假设他做一个五斗柜需要的木材量为 a,在完工之前需要吃的谷物肉类的花费为 b,这些花销都要靠卖出五斗柜才能结清。因此,木匠开工所需的资本量为 $a+b$。若没有这些资本,他根本无法开工。日复一日,他多少得消耗一些木材 a,而且为了做出五斗柜构件的特殊形状,木材 a 的普适性多少要被破坏一些。同时,日复一日,为了弥补每日工作中生命资本的消耗,他至少必须用掉同样数量的 b。假若木匠及其手下的工人要花十天时间将木头锯好,刨成木板,再按照一定的形状和尺寸做出五斗柜的各个部分。假设他将这些成堆的木板给了那位预付过 $a+b$ 价钱的人,以偿还木料钱再加十天的生命资本供应,那位预付者肯定会说:"不行,我要的不是这一堆木板,我要的是五斗柜! 到如今,依我看,你还什么东西都没有做呢,你和开始一样,还照样欠着我债呢!"如果木匠坚持说,他"实际上"已做出了三分之二个五斗柜,既然只要再花五天时间就能把这些木板组装好,那么这堆木板应该能抵三分之二的债务了。恐怕在这个债权人眼中,这个工匠比厚颜无耻的骗子好不了多少。很明显,无论是格兰加纳利或坦纳利佛的买主预付了木材与木匠所需的食物,还是木匠自己有这两样东西的储备,再以五斗柜换回新的供应补偿此前的消耗,情况都不会有什么不同。在后一种情况下,更加毫无疑问,如果有人要买五斗柜,而木匠却把木板给他,肯定只会换来一顿当面耻笑。而如果木匠把柜子留作自用,则他付出的那么多生命资本也就随之沉没,无法收回。再者,一次性付清五斗柜的钱,与每天支付工钱,木匠做十五天柜子,付十五天工钱,两者之间没什么区别。如果在每天工作结束,木匠对自己说:"通过我一天的劳动,'实际上'我创造了做五斗柜十五分之一的酬劳,因此,我的工钱就是我每日劳动的产出。"只要这可怜的人没有自欺欺人地以为他说的都是千真万确的事实,那么这种打比方的说法倒没有什么大碍。"实际上"这类说辞,更容易混淆视听,甚至超过用仁慈掩盖道德过失。如前所说,再明显不过,木匠每天的工作都耗费了他的生命资本,木材之所以能够成型,多多少少是以他生命资本的耗费为代价的。至于交换箱子所需的这笔 $a+b$ 的款项是以"借款"(loan)的形式预付,还是以日薪或周薪支付,抑或最后按成品的"价格"支付,都要至少能够补偿生命资本的耗费。这是这笔交易的根本要素,也可以说是唯一根本要素。显然,木板和箱子都是吃不得的;如果不是正好有人想要这个五斗柜,愿意以与加工过程中消耗的同等数量的生命资本,或者可以换来生命资本的东西作交换,那么木匠每日的劳作根本就没有创造出其工资的基本部分,只是在浪费劳力。[①]

也许确实有点让人觉得奇怪,为什么时至今日还有必要讨论这样一些基本事实。但是,只要是看过《进步与贫穷》[②]这部广为流传的著作的人,而且对第一册给予了适当关注的话,那么他肯定不会觉得这种讨论是没有必要的。《进步与贫穷》这部著作无异于一个政治谬论的博物馆,里面的有些珍宝我已经作过展示。该著作第一册的第 15 页写道:

> "我将尽力去证明的一个命题是:工资并非出自于资本,而实际上出自于付出劳动所创造的产品。"

第 18 页又提到:

> "在用劳动交换商品的任何情况下,生产都先于享用……这就是说,工资是劳动所得,或者说是劳动制造出来的,而不是来自资本的预付。"

作者尽力反驳的命题,是迄今为止广为接受的法则:

> 劳动的维持与支付是依靠已有资本的,是先于实现最终目标的产品的制造的(第 16 页)。

《进步与贫穷》一书却反对这一有关资本与工资关系的法则,我在前几页对此法则已作详细阐述。对于那些能够理解我在阐述法则时尽量采用的简单论证的人而言,法则的真实性显而易见。这两种说法总有一种是完全错误的。尽管还得再次重复这篇论文已经讨论的一些观点和《自然与政治权利》的一些论点〔见《论文集》(Collected Essays)第 1卷,第 359—382 页〕,但我要指出,错误在《进步与贫穷》一方。就政治科学而言,此书在我看来,贫乏[③]比进步更为明显。

让我们从头说起。作者提出了一个关于财富的命题:"任何未经人类劳动而从大自然获得的东西都不是财富。"(第 28 页)财富包括"经过人类劳动改造以满足人类所用的自然物质或产品,其价值取决于生产同类产品投入的一般劳动量"(第 27 页)。关于什么是财富,列举如下:

---

① 关于此点,可见下文进一步的讨论。

② 作者亨利·乔治(1839—1897),美国人,1879 年出版的《进步与贫穷》中关于土地的论断,被认为是影响最为广泛的土地增殖管理理论。——译者注

③ Poverty 为双关语,书名译贫穷,此处译为贫乏。——译者注

建筑物、牛、工具、机器、农产品、矿产品、手工业制品、船只、马车、家具等等（第27页）。

我接受作者把自然金属、煤炭、制砖的黏土叫做"矿产品"，我相信把它们称为"财富"恰如其分。但是当煤炭矿脉裸露于地表，人们通过捡拾就可以获得大量煤炭时，或者天然铜成块出现，制砖的黏土就在浅表地层时，我看这些东西几乎是不需要人类劳动就可现成提供的，甚至可以说是突然摆在人类面前的。如果按照上述定义，那么这些东西就不是"财富"。然而按照他列举出来的财富的例子，它们又是"财富"，这是定义出现矛盾的一个比较恰当的典型例证。或者《进步与贫穷》是说，裸露于地表的煤矿矿脉并不是财富，只有当人们取下一块带走，对其付出了一定量的劳动时，这块煤才成为财富，而剩下来的那些，则"不是财富"？认为物品的价值与一定量的劳动（平均量或其他）存在必然联系的观点是十分荒谬的，对这一观点的驳斥已经足够，无需多言。在黄金海岸的黑人眼中，制作暖床器所花费的平均劳动没有任何价值；就算是最精细的制冰器，爱斯基摩人也不会为此付出一点鲸脂。

对《进步与贫穷》中涉及财富性质的定义，就说到这里。我们现在开始讨论它那关于资本是财富或部分财富的说法。书中沿用了亚当·斯密对资本的定义，即"人们期望从中获取收益的那部分存货，可以叫做资本"（第32页）。在另一处又说资本是财富的一部分，"投入（资本）帮助生产"（第28页）。然而，资本又被说成

财富蕴含于交换的过程，对交换的理解，不仅包括易手的过程，还包括利用自然的再生能力或转化能力增加财富时发生的嬗变（transmutations）（第32页）。

但是，如果过多考虑这些定义的含义和范围会让读者感到疲惫的话，作者以下的声明可以把读者解脱出来：

我提出的资本的定义一点都不重要（第33页）。

作者告诉我们，实际上，他"不是在写一本教科书"，这就是说，作者认为如果只是想掀起一场政治革命，而不是做单纯的学术讨论，那么观点就不需要那么清晰可辨、准确无误了。然而，他忙的不是编教科书这么重要的事：的确不是！他"只是试图发现控制一个巨大的社会问题的定律"。这种表达方式或许显示出最严重的思维混乱。在我有生之年，我听说过能够控制其他"定律"的"定律"，但这却是我第一次有机会听说"控制一个问题"的"定律"。那些"平庸的作家以政治经济学为名写的书不计其数，不仅给媒体增加负担，还混淆视听"（第28页），然而即便是这些人的论文，也无法向批评家提供一个比《进步与贫穷》更恰当的样本，配得上《愚人记》中的主人公在灵光乍现时说的"纯属一派胡言"的评价。

毫无疑问，作者说这些定义不重要，确实显示出他的雅量。但不幸的是，作者的整个论证过程却是建立在一个未经说明的假定之上的，即这些定义非常重要，所以我绝不能轻描淡写地一笔带过。第三个定义让我感到绝望。为什么当东西"在交换的过程中"才是资本，而在其他情况下不是资本呢？我对此难以理解。他们说"农民的粮食中，用于出售，作种子，或（作为工资）供雇工使用的部分叫做资本，而自家食用的部分则不是"（第31

页）。我没有找到任何理由或权威论述，能够支持这样的法则：当且仅当粮食准备出售，用于播种，或用于支付工资时，才能叫做资本。相反，不管我们从习惯或是推理出发，在收割季节，堆成垛或储存在粮仓里的谷物，在投入上述用途之前可能要存放好几个月甚至好几年，但把这些谷物称为资本不仅符合常规也理所当然。毫无疑问，资本是"交换过程中的财富"这句笨拙的表述实际想说的是，资本是"可用于（与劳动等）交换的财富"。实际上，这就等同于第二个定义，资本是"用于帮助生产的那部分财富"。显然，如果人们愿意以劳动交换你所拥有的东西，你就可以通过换来的劳动帮助生产。这样，又符合了第一个定义（借用亚当·斯密的定义），资本是"人们期望从中获取收益的那部分存货"。不管从词源学还是从其意义上讲，收益即"回报"。一个人付出劳动去收割或养牛，是因为他希望以增加谷物或牛的数量的形式获得"回报"（或曰"收益"）；就养牛来说，还可以通过牛的劳作或粪肥的形式"帮助生产"促进产量提高，从而获取回报。在收获时节，他所拥有的谷物和牛群立即转变为资本；直到下一个收获季节之前，他这 12 个月的收益，就是超过初始投入的那部分谷物和牛群。这部分收益他想怎么用就可以怎么用，即使用完了，他的财富数量也和年初时一样。不论这人是扩大种植面积播种多收的谷物，还是扩大牧场面积放养新增的牛群，不论他是将新增的收益用于交换其他商品，比如（付地租）交换土地使用权，或（付工资）交换劳动，抑或用于养家糊口，这些都不会改变其作为收益的性质，也不会改变收益只是可支配资本这一事实。

（即便不从词源学的角度说）牛是资本的一个典型例子，这是不容否认的（《进步与贫穷》，第 25 页）。如果我们寻求使牛成为"资本"的特质，不论是《进步与贫穷》的作者还是其他任何人，都不可能比亚当·斯密解释得更好。牛之所以成为"资本"，因为它们是"能够带来收益的存货"。这就是说，牛可以供给其拥有者想要的东西。在这一特定意义上，"收入"不仅是为人所需，还极为重要，因为它能维持人类的生命。牛可以产生多种收益，如牛奶、牛肉等食物要素，牛皮、粪肥、畜力，还有将以上这些或活牛本身当做商品交换而带来的收益。在任何一项或所有的这些特性上，牛都可以称做资本。反过来说，任何具有上述一项或全部特性的东西，都是资本。

因此，《进步与贫穷》第 25 页的内容应该被视为犯了个可喜的错误，一不小心变得有了清晰的理解力。文中说：

> 肥沃的土地、富积的矿脉、可以发电的瀑布，给所有者提供了与拥有资本一样的好处，但是若把其视为资本，则就无法区分土地与资本了。

确实如此。然而不可辩驳的事实是，它们就是资本。而且，在土地和资本之间，本来就没有根本的差别。难道要否认肥沃的土地、富积的矿脉、可以发电的瀑布可以成为人们的存货并因此具备产生收益的能力吗？难道不会有人愿意出让部分产出或支付货币来换取耕种这片肥沃的土地的权利吗？不会有人愿意交纳一些使用费换来在富积的矿脉上采矿或在瀑布上兴建电站的权利吗？既然如此，那么凭什么说这些东西不如《进步与贫穷》第 27 页所言的建筑物和工具更像"资本"？如果这些东西能提供"与拥有资本一样的好处"，而资本的"好处"不是其他，就在于能够产生收益，那么否认上述东西为资本的说法，就是变相的自相矛盾。

作者关于资本的讨论令人困惑,但若与以下这个鲜明的观点相比,都堪称是清楚明白的了。作者提出"工资并非出自于资本,乃是出自于劳动创造",这一观点贯穿了《进步和贫穷》一书第三章。文中说:

> 例如,如果我付出劳动去捡鸟蛋和采野草莓,鸟蛋和草莓就成为我的工资。毫无疑问,没有人会坚持主张,在这种情况下工资出自于资本,因为在这种情况下根本就没有资本(第34页)。

不过,只要理解本文前面内容的人,不会也不可能有丝毫的犹豫来全盘接受作者反驳的那个主张,虽然他们可能对使用"工资"一词是否恰当有点怀疑。[①] 对他们而言,不难理解这样一个事实:鸟蛋和野果是食物要素储备或说生命资本;人在付出劳动采集它们时,耗费了自身的生命资本;如果这些鸟蛋和野果成为工作的"工资",只是因为它们可以补偿人们在采集劳动中所耗费的生命资本。所以,整个过程确实包含了大量的"资本"。

我们的这位作者还提出:

> 一个一丝不挂的人,被扔到一座没有人到过的小岛上,这个人可以采集鸟蛋和草莓(第34页)。

毫无疑问,情况确实属实。但对一直到现在都能理解我的观点的人来说,他们很清楚一个人的生命资本并不存在于衣服中。于是,他们很可能像我一样,发现这样的陈述与作者的论点没什么关系。

作者又提出:

> 或者假设我拿了一张皮革,做了一双鞋子,鞋子就是我的工资,即对我劳动的酬劳。显然,鞋子并非出自于资本,不管是我的资本,还是任何其他人的资本。鞋子是我的劳动创造的,并且变成了我劳动的工资。在制作这双作为我的工资的鞋子时,资本一时一刻都没有任何减少,哪怕是一丝一毫。如果我们一定要引入资本的概念,那么我的初始资本也只是包括一张皮革、线等(第34页)。

在这半段文字里,作者竟然说出一连串的谬论,真是令人窒息。看来我们的这位经济改革者没有想过,他的皮革和线这些"初始资本"是来源于何处。我大胆假设一下,皮革最初是牛皮,由于小牛和公牛不可能活生生地剥皮,那么皮革的产生意味着活牛资本的减少,而且不只一点点。实际上,任何东西都是如此。从长期看,鞋子取自于最优良的资本,也就是说,牛。无疑,鞣革的过程肯定会有鞣剂的资本损耗,更别提其他的损耗了。如鞋匠的锥子、刀子包含着铁这种资本的损耗。还有,鞋匠能够工作,不仅依靠制鞋期间的生命资本的消耗,还要依赖于他自出生起到能够赚钱维持生计时的生命资本的消耗。

《进步与贫穷》继续写道:

> 随着我劳动的持续进行,价值在稳步增加,直到靠我的劳动完成了这双鞋子为止,那时我拥有的是我的资本加上原材料与鞋子成品的价值差。在获得这部分额外

---

① 怀疑不仅来自下面的讨论,还源于乔治先生自己的定义。如果捡鸟蛋或野果的工资是劳动生产出来的,那么雌鸟和灌木丛做的又是什么呢?

价值——我的工资时,哪时哪刻用到了资本呢?(第 34 页)

我们不禁要反问,怎么会有人提出这样的问题?资本时时刻刻都在被使用!不论是刚开始做鞋子时,还是在制作过程中;不论是把鞋子留作自用,或是卖了换来另一个人的部分资本。实际上,假设鞋匠自己不想要这双鞋,要使鞋匠的劳动不至于成为非生产性劳动,就必须满足两个条件:第一,另一个人拥有生命资本;第二,这个人多少愿意出让一些生命资本换取这双鞋子。否则,鞋匠的劳动无异于把皮革剁成小块而已。

一些理论鼓吹者认为手工制造过程不需要资本的参与,只靠劳动就能创造出工资。而我们对他们自己挑选的例子进行的考查,证明其理论实在是谬误之极。虽然作者引用了亚当·斯密的格言来支持其观点(第 34 页)——

> 劳动的产出既包括自然报酬,也包括劳动工资。在占有土地和积累资本之前的初始状态下,劳动的全部产出只属于劳动者,不存在地主或主人与其分享(《国富论》,第八章)。

但是,这一段话反映了亚当·斯密受到法国重农主义的影响,是那种恶劣的影响,即完全抛开经验追求先验思辨。他在使用"初始状态"一词时自信满满的态度与《不平等论》如出一辙。在"占有土地"和"积累资本"之前,人的状态肯定只是彻彻底底的原始狩猎者。按照假定,既然没有人占有土地,那么当然就没有地主;没有可转让的资本积累,也就肯定没有主人,即雇主。雇主和雇佣(即工资)是紧密相连的一对名词,就像母亲和孩子一样。说到"孩子"就意味着必定有"母亲"存在,因此说到"雇佣"或"工资",那必然意味着有"雇主"或"工资发放者"。因此,"在初始状态下",人们只能靠采集野果和猎杀动物为生,野果和猎物只能在象征意义上称为"工资",不信你可以试试将内涵更小的"雇佣"一词替换"工资"。若非如此,那只能假定原始人雇佣自己为自己准备饭菜。这样,我们就会得出一个颇为荒谬的结论。"在自然状态下",他是自己的雇主、"主人"和劳力,在这一特定时代,这些不同身份可以均分劳动产出!如果这还不够的话,还可以看到,在狩猎的状态下,人类甚至都没有参与生命资本的生产。自然界产什么,他就消费什么。

《进步与贫穷》的作者认为,政治经济学家受谬论的误导,已经"陷入了自己编织的蜘蛛网中"。他在书中写道:

> 在使用"资本"一词时,分两种含义。在最初的命题中,资本对生产性劳动必不可少,"资本"一词被理解为包括所有的衣、食、住等等。然而,在最终的演绎版本中,"资本"一词在一般意义和法律意义上,被理解为用于获得更多财富的财富,而不是为了立刻满足欲望的财富;是掌握在雇主手中的财富,与掌握在工人手中的财富截然不同(第 40 页)。

我绝不是想为那些被作者指责为犯下大错的政治经济学家们辩护。只是从这段话里,我十分惊讶地发现,居然有人能将自我纠缠的艺术发挥到如此炉火纯青的地步。谁能想象,财富放在雇主手里,就是资本,而放在工人手里,就不再是资本了呢?假设一个工人工作了 6 天,在星期六晚上得到了 30 先令的报酬。这 30 先令出自于雇主的资本,只因为是用来交换工人的劳动的,就被称做"工资"。当工人回家时,放在这工人口袋中的

30 先令,是他的一部分资本,就像半小时前是雇主的资本一样,意义没有什么不同。这个工人也是资本家,像罗斯柴尔德那样的资本家。假设他是个单身汉,在一间屋子里租了个房间,做饭等所有家务是由房屋主人料理,那么他把 30 先令拿出来支付租金,而其中也包括了为他做家务的人的工资。因此,他也就成了一个雇主。如果他从 30 先令里面省出 1 先令,那么在下一个星期天到来的时候,他的资本就增加了 1 先令。然后他把每周攒下的 1 先令存放在银行里,那么他与那些傲慢的银行家们只不过存在程度上的差别。

在第 42 页,我们被确切地告知,"获得工资的工人"不会,"甚至不会暂时地"减少"雇主的资本"。而在第 44 页,他又承认在某些情况下资本家"以工资的方式付出资本"。我们不能想象,这已经"付出"的资本在支付的同时竟然不能"暂时地"使资本有任何的减少。但是,《进步与贫穷》用一个小小的文字戏法,就改变了这一切。他是这么写的:

> 当工资在达到或完成劳动目标之前就先行支付时(比如在农业上,耕种几个月后才能收获,还有建造房屋、船舶、铁路、运河等),很明显,资本所有者支付工资后,不能马上得到回报,必须像术语所说的那样,在一段时间内要将其列为"待摊费用"或"应收款项",有时甚至要很多年。因此,如果你没有记住第一原则,就很容易仓促地得出结论,认为工资是由资本提前预付的(第 44 页)。

那些注意到我这篇文章前面部分论证的人,可能很难理解,如果将合理的"第一原则谨记在心"的话,怎么会得出另外的结论呢?不管结论是仓促得出还是以其他逻辑推导而出。不过,我们的作者"记住"的第一原则却是模棱两可,供他继续耍花招而已。他的第一原则就是:"价值的创造不依赖于产品的完成。"(第 44 页)

毋庸置疑,在某些限定条件下,这一命题是正确的,不过说"在从资方那里拿到工资之前,劳动的过程一直是增加资本的过程"(第 44 页)却是不正确的,虽然的确劳动会——或经常会——产生这种效果。

举一个他给的造船例子。(对造船者而言)将木头锯成一定的形状无疑令木头增加了以前所不具有的价值。当把成型的木头组装成船的框架时,(对造船者而言)价值又增加了。当给船的外部装上船板时,(对造船者而言)价值再次增加了。假若除了填堵缝隙这些小项目之外,其他船壳的工程都已经完成了,(对造船者而言)价值就更大了。这时的船,除了木柴商之外,对其他人有什么价值可言?如果一个人想买只船,将货物从一个码头运往另一个码头,那他会给这只尚未完工的、恐怕下水不到半小时就会漏水沉没的船,出个什么价呢?假若造船者在船填堵缝隙之前没有资本了,也找不到其他造船者接手完成它,在造船者以资本换来的劳动所创造的价值中,有多少能抵得上预付的资本呢?肯定连已付工资的十分之一都没有人愿意支付,而这甚至还比不上购买原材料的初始成本。因此,"价值的创造不依赖于产品的完成"这一命题仅在某种情况下成立,但不必也并非总是成立。如果这暗示或意味着手工制品的价值不依赖于产品的完成,那么再也找不到比这更严重的错误了。

难道未填堵缝隙的船和完工的船之间,屋顶的瓦没有铺好的房子和完工的房子之间,缺少摆轮的钟表和完工的钟表之间,不存在巨大的价值差异吗?

船只、房子、钟表在完工之前几乎没有价值,这就是说,没有人会为了现时之用而买这些东西,哪怕只需付出四分之一便士。除了原材料,这些东西的唯一价值在于有人愿意完成它们,或有人愿意将其中的一部分用于建造其他东西。比如,有人愿意买一座未完工的房子,是想用房子的砖。有人愿意买一只未完工的钟表,是想用其零部件制作其他机械。

因此,为了生产某件产品,在每个步骤中都对原材料投入了劳动,都增加了产品的价值,但也只是制作这件产品的人自己的估算。在生产过程的任一阶段,累计增加的价值量,相对于成品的价值的比例是极不稳定的,而且通常很小。对其他人来说,未完工的产品可能一文不值,甚至价值为负。比如,房屋木材商可能认为,将木头做成船舶的肋材后,损坏了木材的价值,因此其价值还比不上它是个木头的时候。

按照《进步与贫穷》一文所说,在伟大的圣哥达(St. Gothard)隧道开辟时,实际上并没有预付资本。假设瑞士这边的隧道和意大利那边的隧道差半公里就能贯通,而这半公里正好是一块无法钻透的岩石,那么有谁愿意为这未完工的隧道付上一个子儿呢?如果没有人愿意,何来"价值的创造不依赖于产品的完成"呢?

我想,我下面的说法并不过分。在这个奇怪的世界里,充斥着各种政治谬论,其中最愚蠢的,就是认定劳动与资本相互排斥,资本都是由劳动创造出来的,因而按照自然归属权,资本是劳动者的财产,而资本占有者是掠夺工人的强盗,他没有参与生产,却将所得掠为己有。

恰恰相反,资本和劳动必然是紧密联系的,资本从来不是劳动单独创造的,资本不依赖于人类劳动而存在,资本是劳动的必要前提,资本提供了劳动的原材料。唯一的必不可少的资本——生命资本,无法由人类劳动创造。人们所能做的,只是通过实际的生产者促成生命资本的形成。在产品中投入的劳动量,与产品的价值并没有内在联系。生产过程只有依靠资本才能实现,所以劳动对全部生产成果具有所有权,只是一种先验的不公正行为。

49 岁时的赫胥黎

第五部分^①

人类社会中的生存斗争

（1888 年）

· The Struggle for Existence in Human Society ·

> 原始的野蛮人，拜伊什塔尔为师，凡是自己喜欢的，全都据为己有；凡是与其作对的，只要能力所及，一律杀死。相反，伦理人的理想是，把他的行为自由限制在不妨碍他人自由的范围之内，追求公共福利如同追求自己的福利，把公共福利真正视为自身福利的基本组成部分。和平既是他的目的，也是达到目的的手段。他把生活建立在或多或少彻底的自我克制之上，即反对不受限制的生存斗争。他尽力从非道德的进化原则自由驰骋的动物王国中挣脱出来，努力去建立一个受道德进化的原则约束的人的王国，因为社会不仅有一个道德目标，而且完美的社会生活就是道德的化身。

---

① 这一部分原为《进化论与伦理学及其他论文》的第五部分"社会疾病与糟糕疗方"（*Social Disease and Worse Remedies*）中的"导言"，考虑到该部分内容与赫胥黎在罗马尼斯讲座上的演讲内容存在着紧密联系，故作为独立的一部分译出。参见本书"导读二"的有关说明。——译者注

所谓自然，是绵延不绝、丰富多彩的一连串事件。它既向好奇的观察者展现了宏伟壮丽的景象，又向他们提供了层出不穷、引人入胜的无穷奥秘。如果我们把注意力限定于知识分子关心的那一面，自然似乎就是一个美丽而又和谐的整体，是完美无缺的逻辑程序的化身，过去的某些前提一定会得出未来的必然结论。但是，如果我们不把它看得那么崇高，而是从更人性化的角度去看待它；如果允许我们的道德感情去影响我们的判断，允许我们像相互批评一样去批评我们伟大的自然母亲——那么我们的结论，至少对感性自然而言，就不那么讨人喜欢了。

实事求是地说，在那些仔细研究过高级动物所展示出来的生命现象的人看来，这一乐观主义的信条——这个世界是所有可能的世界中最好的世界——不啻是对可能性的恶意中伤。实际上，它不过是在证明先验理论家厚颜无耻的众多证据上再增加一条证据而已——这些按照自己的模样创造上帝的先验理论家发现，假设上帝一定是受与他们一样的动机驱使的，这不存在任何困难。他们确信，假如还有其他的路可走，上帝也不会使无尽的苦难成为他的造物的必需品，可敬的哲学家也会像上帝那样做的。

但是，即便是自然神论在那个历史悠久的命题——感性自然总体上是受善意原则支配的——所表达的审慎的乐观主义，也没有能够经受起自然事实的公正考验。毫无疑问，这一点是千真万确的，感性自然提供的大量例子表明，存在许多精心设计用于趋乐避苦的灵巧装置，而且说这些灵巧装置都是善意的证据，也是恰当的。但是，如果是这样，那么自然中同样还有无数的安排，其必然结果是制造痛苦，说它们是恶意的证据，为何就不恰当了呢？

如果说在鹿的身体组织结构里，可以看到大量在人类手工制品中可被称为技艺的东西，这些技艺使鹿能够成功地逃脱猛兽的袭击，那么至少在狼的机体装置中也含有同样的技艺，使狼能够跟踪鹿，并迟早把鹿逮住。在科学冰冷的灯光下，鹿和狼是同样美妙的。此外，如果说二者都是无意识的机械装置，那么赞赏其中一方对另一方的行为就站不住脚了。可是当狼伤害鹿时，却会唤起我们的道德同情心。我们把像鹿的人说成是天真善良的，把像狼的人说成是邪恶歹毒的；我们称赞保护鹿并助其逃生的人勇敢而富同情心，而批评帮助狼虐杀鹿的人卑鄙残酷。可以肯定，如果我们把这些判断移植到完全处于人的世界之外的自然，我们一定能够做到不偏不倚。这样一来，善良的右手帮助鹿，邪恶的左手纵容狼，善良与邪恶相互抵消。自然过程似乎既不是道德的，也不是不道德的，而是非道德的。[①]

感性世界的每个部分存在的类似事实，迫使我们接受这一结论。然而，由于它不仅与普遍存在的偏见相左，而且唤起了人们对痛苦的本能反感，于是有人匠心独运，发明种种逃避之法。

◀1848 年，肯尼迪探险队正在穿越丛林，由近到远第二人是赫胥黎。

---

①　严复《天演论》下卷"论五·天刑"的第二段话，明显出自赫胥黎的这段英文原文。据此，可以肯定，严复在著译《天演论》时，手中的英文文本是这本论文集的全本。——译者注

神学的观点告诉我们,这是一段考验期,大自然表面上的不公平和不道德,不久以后就会得到补偿。但是,我们并不清楚,在大量感性生物存在的情况下,如何去实现这种补偿。在人类出现之前,食草动物就已经在地球上生活了数百万年,而且一直遭受食肉动物的折磨和吞食。我觉得,没有谁会当真相信,一代又一代的食草动物的灵魂会幸福永生,并因此而得到补偿,而食肉动物的灵魂则住在狗窝一样的地方,既没有一点水,也没有一丁点带肉的骨头。此外,从道德的观点看,事物的最后阶段总不如最初阶段。如果确有证据表明世界是设计出来的,那么无论食肉动物多么残忍嗜血,它们的行为也不过是服从其特定的构造而已。再者,食肉动物和食草动物同样承受着衰老、疾病和过度繁殖所带来的不幸,因此二者都完全有权利要求得到补偿。

另一方面,进化论告诉我们,生存斗争虽然残酷,但最终结果还是好的,并且祖先遭受的痛苦也因后代的不断完善得到了补偿——这样一想,我们就得到了安慰。如果按中国人的说法,今世能还前世的债,那么上述论证还是有点道理的,否则我们就不清楚,在数百万年后,始祖马的后代在德比马赛①中获胜,始祖马遭受的不幸会从中得到什么补偿。此外,把进化想象为一种稳定的不断完善的趋势,是错误的。毫无疑问,进化的确是生命体不断改变以适应新环境的过程,但改变的方向是向上还是向下,取决于环境的性质。倒退的变异与前进的变异,同样是有可能的。如果确如自然哲学家所说,我们的星球处于熔化状态,而且像太阳一样正在逐步冷却,那么总有一天,进化意味着适应普遍的冬季。除了在南北两极冰雪里生长的硅藻,以及能把雪染红的雪衣藻这类简单的低等生物体外,其他各种生命形态都会灭绝。如果地球是从太热而只能供养最低等生物的状态,朝向太冷而不允许其他生命体存在的状态演化,那么地球表面的生命过程,与迫击炮射出的炮弹的轨迹就没有什么两样。因而,下行的部分与上升的部分同属于进化的总过程。

从道德家的角度来看,动物世界所处的阶段,与古罗马角斗场的情形大致相当。精心喂养的生物被派去角斗,最强壮、最敏捷、最狡猾的活下来改天继续角斗。观众不必表示不满,因为不用给钱。观众必须承认,角斗士展示出来的技巧和训练水平是令人惊叹的。但是,如果他不能明白,角斗士必须忍受的或多或少的痛苦,对失败者和胜利者来说都是一种奖赏,那么他最好闭上眼睛。既然世界的每个角落都在进行这种盛大的竞赛,而且每分钟要进行成千上万次;既然我们的耳朵足够尖,就不必下到地狱之门去听——

> 叹息声、哭泣声、凄厉的叫苦声,
>
> 或高或低,还有混杂在叫声中的拍手声。②

这样一来,如果这个世界似乎由善意所统治,那么肯定与约翰·霍华德③的善意是不一样的。

---

① Derby,"德比"是英国小城德比郡(Derby)。1870 年,德比 12 世伯爵爱德华·斯塔利创立了一种马赛:两匹来自德比郡且年龄相同(3 岁)、体重相同的赛马进行比赛,赛程为 1.5 英里,称为"德比大战"。渐渐地,"德比"被引申到其他体育比赛,尤其是足球比赛。——译者注

② 意大利文"sospiri pianti, ed alti guai. Voci alte e fioche, e suon di man con elle",出自但丁《神曲·地狱篇》。——译者注

③ John Howard,1726—1790 年,英国人,著有《英格兰和威尔斯监狱的状况以及部分外国监狱的报告》,被称为"监狱改革之父"。——译者注

然而，古巴比伦人却明智地将他们的伟大女神伊什塔尔奉为大自然的化身。伊什塔尔兼具阿芙罗狄忒①和阿瑞斯②的品质——对她可怕的一面，既不要忽视，也不要佯装掩饰，这只是她的一面而已。如果说莱布尼兹的乐观主义是愚蠢但令人愉快的美梦，那么叔本华的悲观主义就是梦魇，而且因其骇人听闻更加显得愚蠢。的确，令人不快的错误是错误中最大的错误。

这个世界也许不是所有可能世界中最好的，但说它是最坏的也是在胡说八道。一个精疲力竭的酒色之徒，可能觉得太阳底下没好事；一个未经世事的自负少年，可能因得不到天上的月亮，就悲观呻吟，发泄不满。但是，在任何一个通情达理的人看来，不容置疑的是，尽管人生苦多乐少，但人类能够过着、也愿意过着、而且事实上也的确过着相当满意的生活——这也是绝大多数人所努力寻求的生活。假如每 24 小时中有 1 小时，神经痛或极度的精神忧郁光顾我们所有的人——许多精力相当充沛的人在吃过苦头之后就知道，这种假设并不是多余的——生命的重负将陡然增加，而生命的一般过程却无大碍。但凡有点人性的人，都会发现，与上述痛苦比起来，再坏的境况也是值得过下去的。

还有另外一个显而易见的事实是，提出"感性自然的过程受恶的支配"这一假设，是完全站不住脚的。太多的快乐，即便是那些最纯粹、最美好的快乐，也是奢侈品；作为生命动因的那一点点善，显然是多余的，可以说，它们已变成了生命中讨价还价的东西。对体验过快乐的人来说，没有什么快乐比自然美、艺术尤其是音乐所带来的快乐更加令人神魂颠倒。但是，它们是进化的产物，而不是进化的因素，而且在相当程度上，它们可能只为一小部分人所知。

整个问题的结论似乎是，假如在这个世界上善神不能想怎样就怎样，那么恶神也不能。悲观主义与乐观主义一样，是与感性存在的种种事实不相符的。如果我们期望按人的想法去描绘自然过程，假定它原本就想成为现在的样子，那么我们必须说，它的统治原则是理智的而不是道德的，它是一个伴随着快乐和痛苦的、物质化的逻辑过程，其作用方式在多数情形中，与道德赏罚毫无关系。落在正直的人和不正直的人身上的雨是一样的，西罗亚楼③倒塌时压死的人，并不比其邻居更有罪——东方人在表达同样信念时，似乎也是这种腔调。

从严格意义上说，"自然"意指现象世界的总和，包括过去、现在和未来。因此，社会与艺术一样，是自然的一部分。但是，由于将自然中的人工制品视为特殊的东西是实用的，因而把社会看作像艺术那样是与自然不同的东西也是有益处的。既然社会与自然的不同之处在于它有一定的道德目的，那么进行这种区分不仅更可取，甚至不可或缺。于是，产生了这种情况：社会成员或公民这些伦理人的做法，与野蛮的原始人或纯粹作为动物王国成员的那些非伦理人的做法背道而驰。后者为生存而斗争，像所有动物一样至死方休，前者倾其所能去完成限制生存斗争的目标。④

---

① Aphrodite，古希腊神话中的爱神。——译者注
② Ares，古希腊神话中的战神。——译者注
③ Tower of Siloam，根据圣经的说法，西罗亚楼是一座位于耶路撒冷南部的古老的塔，在耶稣时期倒塌，压死了 18 个人。——译者注
④ 读者会发现，这段话是罗马尼斯演讲中的观点的简要叙述。

　　人类所表现出来的生命过程,与狼和鹿所表现出来的生命过程相比,看不出有什么更高的道德目标。不论人类留下的史前遗迹多么不完整,但其提供的证据可以明确得出这样的结论:在已知的最古老文明还没有产生之前的成千上万年里,人只是极为低等的野兽。他们同敌人和竞争者作斗争,捕食比他们更弱小、更笨拙的动物。历经上千代,他们出生,不加节制地繁殖,然后死去——与猛犸、野牛、狮子、鬣狗一道,以同样的方式求生。从道德的立场看,他们与那些尚未直立而多毛的同胞一样,既不应该受到赞扬也不应该受到责备。

　　原始人也和野兽一样,最弱小、最愚蠢的人被淘汰,而那些最强壮、最精明的人,由于最适应他们所处的环境(但在其他意义上不一定是最好的),得以生存下来。生活就是无休止的不受限制的斗争。在有限且短暂的家庭关系之外,个体对全体的霍布斯式的战争,是生存的常态。人类与其他物种一样,在进化大河中,用力击水、奋力挣扎,尽全力将头部伸出水面,既不去想从哪儿来,也不去想往哪儿去。

　　从另一个角度说,文明史,也就是说社会史,记录了人类为摆脱这种状态所做的各种尝试。当人们第一次用和睦相处的状态取代相互作战的状态,且不论推动他们迈出这一步的动机是什么,社会由此而产生了。但在建立和平的过程中,人们显然对生存斗争进行了限制。在社会成员之间,不论怎样,是不准决一死战的。在接下来的所有社会形态中,几近于完美的社会是,社会生活中人与人之间的战争受到最严厉的限制。

　　原始的野蛮人,拜伊什塔尔为师,凡是自己喜欢的,全都据为己有,凡是与其作对的,只要能力所及,一律杀死。相反,伦理人的理想是,把他的行为自由限制在不妨碍他人自由的范围之内,追求公共福利如同追求自己的福利,把公共福利真正视为自身福利的基本组成部分。和平既是他的目的,也是达到目的的手段。他把生活建立在或多或少彻底的自我克制之上,即反对不受限制的生存斗争。他尽力从非道德的进化原则自由驰骋的动物王国中挣脱出来,努力去建立一个受道德进化的原则约束的人的王国,因为社会不仅有一个道德目标,而且完美的社会生活就是道德的化身。

　　然而,伦理人追求道德目标的努力,绝对没有消除(或者几乎没有改变)驱使自然人踏上非道德之路的根深蒂固的机体冲动。引起生存斗争的必要条件,是那种人与其他生物共有的倾向,即无节制地进行繁殖,尽管它不是主要原因。值得一提的是,"增长与繁殖"是一条比传统的"十诫"还要古老得多的戒律。这也许是绝大多数人出自本能、发自内心服从的仅有一条戒律。但是,在文明社会,这种服从的必然结果是,生存斗争——个体对全体的战争——以最激烈的方式卷土重来,而减少或废除这种战争原本是社会组织的首要目的。

　　让我们想象一下,在传说的亚特兰蒂斯①历史上的某个时期,食品充足,正好能够满足全部人口的需要,生产日用品的工匠数量,恰好是农夫生产的剩余食品能够养活的人口数量。由于在上述传说的基础上添加一些特异的想象,也不见得有什么不妥,所以我们可以想象,所有的男人、女人和小孩都是极为善良的,把整体利益视为个人的最高目

---

　　① Atlantis,传说中拥有高度文明的古老大陆,又称作大西洲。对亚特兰蒂斯的最早描述,见于古希腊哲学家柏拉图的两篇对话——《蒂迈欧篇》和《克利梯阿斯篇》。亚特兰蒂斯是否真正存在过,至今仍然没有定论。——译者注

标。在那块幸福的土地上,自然人最终臣服于伦理人。那儿没有竞争,人人勤劳,为大家效力;无人爱慕虚荣,也无人贪得无厌,也不存在相互敌视;生存斗争被彻底消除,太平盛世终于到来。但是,显而易见,这种状态只有在人口数量固定的情况下,才能永久地维持下去。假如增加 10 张嘴,按照最初的假定,以前的食物仅够养活那些人,这样一来,必然会有人挨饿。亚特兰蒂斯社会也许是一个人间天堂,整个民族也许都是些不需忏悔的正义之人,但最终肯定有人挨饿。不顾后果的伊什塔尔,非道德的造物主,会撕裂这个伦理结构。我曾经和一个非常出色的内科医师①谈到过自愈力,他说:"胡说! 自然十之八九不想救活人类,她想把人类送进它的棺材里。"造物主伊什塔尔对社会的结局,同样没有什么同情心:"胡说! 她什么都不想要,只想为她心爱的最强者要一个公平的场所,让他自由驰骋。"

亚特兰蒂斯社会也许是一个"乌有之乡",但是,这个传说描述的对抗性倾向,存在于曾经建立的任何一个社会之中,而且显然在未来的社会组织中依然会赢得上风。历史学家把矛头指向统治者的贪婪和野心、被统治者的恣意暴乱,指向财富和奢华的消极影响,指向占据人类大部分时间的毁灭性战争,认为这些是国家衰落、古老文明没落的原因,显然这是用道德观念来看待历史。毫无疑问,各种不道德的动机曾大量出现,但只是构成这些事件的次要原因。其实在表面的混乱之下,隐藏着根深蒂固的冲动——不加节制的繁殖。在腓尼基和古希腊派出的大批海外殖民中,在拉丁人的祭祀②中,在冲破欧洲古老文明边境的高卢人和条顿人的人流中,在近几个时期大批蒙古游牧部落的来回迁徙中,都凸显出人口问题的严重性。古罗马一直存在的耕地问题和波利尼西亚岛上的武士社会③,同样彰显了其中存在的人口问题。

在古代社会,杀婴是一种惯例和合法行为,在现今人类生活的大部分地区仍然如此。饥荒、瘟疫和战争过去是、现在仍然是生存斗争的常见因素,它们以粗野、残忍的方式来减轻人口问题所带来的巨大压力。

但是,在更高级的文明中,私德和公德的进步已在稳步清除这些障碍。我们宣布,对杀婴者,要按谋杀罪予以惩处;颁布法令(尽管不是非常完善),不许有人饿死;把各种可预防的原因造成的死亡推定为谋杀,并竭尽所能消除瘟疫;谴责战争,视尚武精神为邪恶,不厌其烦地宣扬和平的福祉和勤勉的纯真德行。在文明扩张时期,连政治家和商人都能做到这种程度。净化了的心灵,期望着理想的"上帝之城"——当每个人都达到无我的境界,一心追求道德完善的时候,和平真正成为世界的主宰,各民族之间,甚至人与人之间,都能和平相处,生存斗争彻底绝迹。

人的本性,在一定的环境中,是否能够达到这种理想状态,乃至是否能够确实朝着这种状态迈进,这个问题根本不必讨论。但是我承认,人类还远远没有达到这个阶段,我的职责是把握现在。我想指出的一点是,只要自然人不加限制地增长和繁殖,只要和平和勤勉还没有得到认可而且成为必需,那么生存斗争就会总是像在战争体制下那样惨烈地

---

① 已故的 W. 古尔先生。

② 原文为拉丁语"ver sacrum",意为:春之祭。盛行于早期意大利国家,特别是萨宾尼(Sabines)地区。——译者注

③ 武士从贵族中挑选,要求禁欲。原文"Arreoi"一词来自于达尔文的书信,标准拼写为"Areoi"。——译者注

进行。假如伊什塔尔统治人类，她也会同时要求人祭。

让我们看看国内的情况。70 年来，由于我国相比地球上的其他任何国家，干扰少一些，有利的条件多一些，因而和平和勤勉在我们这里得以弘扬。克利萨斯①的财富，在我们积聚的财富面前根本不算什么，而我们的繁荣也令世界上其他国家十分羡慕。但是复仇女神并没有忘记克利萨斯，难道她把我们给忘了？

我想不会。现在，我们岛上住着 3 600 万人，每年大约增加 30 万人。② 也就是说，大约每 100 秒增加一个新生儿，要求同我们一起分享维持生存的共有物品。目前，本国的土地产出养活一半的人口都不够，另一半人口的供给必须从粮食生产国那里购买。也就是说，我们必须向他们提供他们所需要的东西，以换取我们所需要的东西。我们能够生产为他们所需要的，又比他们自己生产的更好的东西，主要就是制造品——工业产品。

拿破仑一世的无礼指责，是有切实根据的。我国是一个店铺之国，而且在饥饿的威胁下，我们必须成为一个店铺之国。然而，其他国家也有开店铺的需要，有些店铺还出售与我们一样的商品。我们的顾客自然希望自己的产品能换到最多和最好的东西。如果我们的商品不如我们竞争者的商品，又假如顾客像我们所说的那样神智健全，那么顾客就没有理由不更青睐竞争者的商品。假如后一种情形持久大量地发生，那么不久就会有五六百万国民没有饭吃。我们清楚棉花灾荒是什么情形，因此，我们大致能想象，缺少顾客会是什么样子。

按伦理标准来判断，没有什么比我们目睹自己所处的境况更让人不满意的了。尽管不彻底，但确实在一定程度上，我们已实现和平共处这一社会组织的主要目标。为论证起见，可以假定，我们想要的只是无害且值得称颂的东西，即享受诚实劳动的成果。瞧，事实上，我们不由自主地在和可能跟我们一样和平友好的邻居进行生存斗争，相互残杀。我们追求和平，但不为和平去奔波。我们的道德本性不过是要寻求与整体利益相协调，而我们的非道德本性公开宣称按照古老精妙的苏格兰家训行事："在我挨饿之前，你应该先饿死。"③那好，让我们走出幻想。只要不受限制的繁殖继续下去，没有一种社会组织——不论它是曾经被设计，还是可能被设计的，即便严格分配财富——能将趋于毁灭的社会解救出来，因为内部繁殖所引起的生存斗争，会以最剧烈的方式进行，达到社会所能承受的极限。另外，人与人之间、国与国之间这种永无休止的竞争，将对人的道德感造成巨大的冲击。位于社会负极的一方，其痛苦越积越深；与之相反，位于社会正极的一方，其财富越积越大，这是多么令人厌恶的现象。只要伊什塔尔还在为所欲为，那么这种状态一定会保持下去，而且会持续恶化。这就是真正的斯芬克斯之谜，凡是没有解开谜底的国家，迟早会被自己生出的怪物所吞噬。

依我之见，现在对我们来说，迫在眉睫的问题似乎是如何赢得时间。正如日耳曼人的格言所说："时间会给你忠告。"我们子孙中的聪明人，可能知道怎样从我们眼下的绝境

---

① Croesus，公元前六世纪小亚细亚古国吕底亚国国王，以富有著称。——译者注

② 这些数字是近似数。在 1881 年，我国人口总计 35 241 482 人，超过了 1871 年的 3 396 103 人。在这十年期间（1871—1881）平均每年增加 339 610 人。一个历年共有 525 600 分钟。

③ "Thou shalt starve ere I want"，源自苏格兰的克兰斯顿家族（Clan Cranstoun）的家训"Thou shalt want ere I want"。——译者注

中走出来。

我们的邻居和对手跟我们一样，都是伊什塔尔的奴隶，因此对他们心怀仇恨是很愚蠢的；但是，假如必须有人饿死，现代社会也没有特尔斐神殿的神谕，可以让各国求得指示，知道谁是牺牲者。我们都可以去碰碰运气，假若我们逃脱了厄运，总会有个理由让我们相信，原本就该我们逃脱，"一切皆由前定"。①

为此，还是好好考察一下靠劳动获救的必要条件才是上策。必要条件有两个：一是家喻户晓的，几乎没有必要刻意去坚持；另一个表面上没有那么明显，因为在理论和实践上，它经常在我们的视线之外。那个显而易见的条件是：我们的产品应该比别人的产品更好。消费者挑选我们的商品，而不是竞争对手的商品，理由只有一个：我们的商品在价格上更便宜。这意味着我们在生产商品时，必须利用更多的知识和技术，必须更加勤勉，而且生产成本并没有相应的增加。由于劳动力的价格在产品成本中占很大比重，因而工资的比例必须限定在一定的范围内。的确，廉价产品和廉价劳动力绝不是同义语；但产品要保持廉价，工资增长就不能超过一定的比例，这也是事实。因此，廉价，以及廉价的重要组成部分——适度的劳动力价格，是我们在世界市场上竞争取得成功的根本条件。

如果人们认真地思考这个问题就会发现，显然第二个条件与第一个条件一样，是不可或缺的。这个条件就是社会稳定。当生活保持原样，社会成员的需要得到满足的程度，与人们合情合理的期待一致，社会就是稳定的。一般说来，人类极少关心统治方式或思考各种理想模式——除了大众认为他们成长起来的环境可能给他们造成现世的痛苦或来世的惩罚，或两者兼而有之，否则没有什么真正能够激起他们去打破常规，铤而走险地进行反抗。但是，一旦他们有此想法，社会就将危机四伏，犹如一包炸药，只需一点火星就会爆炸，那时社会又重新陷入野蛮的混乱状态。

不言而喻，当劳动力的价格降到临界点以下，工人必然陷入法国人用强调语气所说的"la misère（处于悲惨之中的）"状况，我实在想不出与之完全对应的英语单词。在这种境况下，食品、保暖品和衣服等这些仅仅能够维持身体正常运转的东西都不能得到；在这种境况下，男人、女人和小孩被迫挤在窝棚里，斯文扫地，甚至连维持健康生存的起码条件也不可能得到；在这种境况下，能够获得的快乐也只有酗酒和滥交而已；在这种境况下，饥饿、疾病、发育迟缓、道德堕落纷纷出现，痛苦以复利的速度累积；在这种境况下，即使老老实实地不停劳作，其前景也不过是过着无法战胜饥饿的穷苦生活，最后以一座草坟了此一生。

只要社会上有天生懒惰、生性恶毒的人，有因病或因意外事故而丧失劳动力的人，有父母双亡在世上无依无靠的人，那么，在每个大的人类集合体中，不可避免地总会有一定比例的社会成员生活在"绝望的泥沼②"。只要这个比例是在可容忍的限度内，人类就能够妥善处理；即使比例有所上升，但只要是上述原因引起的，那么人类可以也必须耐心忍受。但是，如果社会组织不但不去减缓这种趋势，反而予以保持和强化，如果某一社会秩

---

①　原文为拉丁文"Securus judicat orbis"，此句引自圣奥古斯丁的著作。——译者注

②　Slough of Despond，也译为"灰心潭"，出自英国著名作家约翰·班扬（John Bunyan，1628—1688）的《天路历程》。——译者注

序明显地在惩善扬恶,那么人们就会自然而然地开始琢磨,是尝试一种新试验的时候了。动物人一旦发现伦理人使其陷入绝望的泥沼,就会重新恢复古老的统治,宣布无政府状态。实质上,这种建议将使社会秩序重返混乱状态,再次开始残酷的生存斗争。

凡是了解所有大型工业中心人口状况的人,不论是本国的还是其他国家的,都知道,这里人口众多而且还在不断增长,极度悲惨的状况占绝对统治地位。我并不自诩具备慈善家的品质,我也极为厌恶各种煽情的说辞——我是一个博物学家,只是努力去研究那些多少在我知识范围之内的事实,以及被丰富的证据进一步显示的事实。在工业发达的整个欧洲,没有一个大型制造业城市不是聚集着大量生活在上述悲惨境况下的人群,还有更多的人在社会泥沼的边缘挣扎,一旦对他们产品的需求下降,他们就极易陷入绝望的泥沼之中。而且,身处泥沼中的人数以及正向泥沼下滑的人数,虽然数目已经十分庞大,但随着人口的每一次增加,还会持续不断地上升。在我看来,以上这些不过是清楚明白的事实。

无需论证就很清楚,一个正在如此迅速稳步地积聚腐烂的社会,是没有希望在工业竞争中获胜的。

智力、知识和技能毫无疑问是成功的条件,但是,除非它们立于诚实、活力和善意等人类必备的体能和德性之上,除非它们受到人们渴望得到的奖赏的激励,否则会有什么用呢?如果一个人的基本需求都得不到满足,身心发育不良,意志消沉,信心尽失,难道还有理由指望他具备上述品质吗?

因此,工业人口的生产能力要获得充分而又持久的发展,必须有一个与之匹配的社会组织,并以这个社会组织为基础——这种社会组织向工业人口提供必要的身心福利,扬善抑恶。自然科学和宗教热忱很少能够携手合作,但在这个问题上,他们倒是志同道合。再缺乏同情心的博物学家,也不得不钦佩已故的沙夫茨伯里伯爵①这样的社会改革家的洞察力和献身精神。在最近出版的遗著《生平与书信》中,沙夫茨伯里伯爵为我们描绘了一幅五十年前工人阶级状况的生动图画,也描绘了一幅我国工业由于无视这些明显的事实而正在自掘坟墓的生动图画。

在过去的半个世纪里,好像没有鼓舞人心的进步迹象,旨在改进贫民阶层身心福利的投入,过去和现在也都没有稳步的增长。卫生方面的改革家,像大多数我有幸认识的改革家一样,似乎需要给他们注射一针大剂量的诸如道德古柯那样的狂热剂,好让他们尽职尽责地工作。此外,他们无疑犯过许多错误。在我看来,毫无疑问,应该着力改善我国工业人口的生活环境,改进人口稠密街区的排水装置,提供浴室、洗衣房和健身场馆,培养节俭习惯,提供公共图书馆等教育和娱乐设施。这些措施不仅在慈善家的眼里是值得称道的,而且是工业稳步发展的必要条件。在我看来,只能凭借这些手段,我们才有望控制工业社会不断滑向极为悲惨的状态的趋势,直到智力和道德的进步引领人们去消除引发这种趋势的根源。如果说实现上述安排肯定会增加生产成本,由此使生产者在竞争中处于不利地位,那么我斗胆说,首先我对这一说法持怀疑态度。但是,如果真是那样,

---

① Lord Shaftesbury,1671—1713 年,英格兰政治家、哲学家和作家,其思想对 18 世纪和 19 世纪欧洲的道德、美学和宗教产生过极其重要的影响。——译者注

其结果就是，工业社会不得不面临一种两难选择，选择其中任何一种，都预示着有毁灭的危险。

一方面，如果一个国家能付给国民充足的劳动报酬，可能国民身心健康，社会安定，但是也可能由于其产品价高而在工业竞争中失利。另一方面，如果一个国家不能付给国民充足的劳动报酬，那么国民身心一定变得不健康，社会也不安定——尽管在工业竞争中，由于其产品廉价，这个国家可能获得暂时的成功，但在历经可怕的痛苦和退步之后，它最终必然会落得一个完全毁灭的下场。

好吧，如果这两种情况是我们唯一可能的选择，那么就让我们为自己和孩子们选择前者。而且，假如不得不饿死的话，也要死得有个人样。但是，我不相信，一个由身心健康、充满活力、受过教育而且能够自我管理的人所组成的稳定社会，还会遭受灭顶之灾。此外，他们不可能受到许多具有同样品质的竞争者的困扰——再说，我们确实应该相信他们会找到战胜对手的办法。

假如人们身心健康和社会秩序稳定这两个工业持久发展的必要条件都具备，那么剩下要考虑的就是获取知识和技术的方法，因为没有它们，即使具备上述条件，在竞赛场上也不能获胜。请想一想我们该怎么做。一个庞大的初等教育体系在我国已经实施 60 年了，除极少数人外，大多数都接受了初等教育。我认为不用怀疑，从整体上看，这一体系运转良好，其间接作用和直接作用都十分巨大。但是，正如我们所预料的，它也显示出了我们整个教育体系的缺陷：似乎它们只是为了满足以往社会状况的需要。有一种普遍而且在我看来是极为公允的抱怨，即与书本打交道太多，而实践得太少。我是最不愿意缩减早期教育，把小学变成商铺的附属品的。我之所以响应大家的意见，批评我国初等教育书本气和学究气太重，与其说是为了工业利益，不如说是为了拓宽文化的范围。

就算没有诸如工业这类事情，一个不培养观察能力，既不训练眼睛也不训练手，完全忽视最常见的自然真理的教育体系，可能仍会被合理地视为存在着不可思议的缺点。在我国的现行教育中，的确缺乏指导和训练，而对于绝大多数人来说，这恰恰是最重要的——如此说来，这种缺点差不多就是一种犯罪，尤其是在弥补这种缺陷并不存在什么实际困难的情况下，就更是如此。不普遍传授绘画，实在没有道理可言，因为，绘画对眼睛、手都是一种极好的训练。艺术家是天生的，不是培养的，但是，可以教每个人去画立面图、平面图和截面图。出于训练的目的，罐子、盘子与贝尔维德尔的阿波罗[①]一样合适，甚至还更合适。所需的工具也不昂贵，而且画上述物品，还有一个最大的优点，就是它几乎能像算术那样得到简便而又严格的检验。这些画要么对了，要么错了——如果画错了，可以让学生看看它们错在哪儿。从工业的观点来看，绘画有着更深层次的价值，因为在一切行业中，须臾离不开绘画能力。其次，除了缺乏合格的教师，实在找不出什么好的理由来解释，为何不把传授科学的基本知识列入普通教育的范围。再说，这种教育也不需要买什么昂贵精细的设备。蜡烛、粉笔、小孩玩的水枪这些最普通的东西，到了精通业务的教师手里，也许就成为引领孩子们走进科学王国的起点，一直达到他们能力的极限。

---

① Apollo Belvedere，大理石复制品，高 224 厘米，现收藏于罗马梵蒂冈博物馆。原作是古希腊艺术家莱奥卡雷斯创作的，创作年代约为公元前 350—前 320 年，因为最早收藏于罗马的贝尔维德尔宫而得名。——译者注

在这一旅程中,孩子们的观察和推理能力得到了有效的训练。如果结果表明,实物教学课无足轻重、没有什么作用,那也不是实物教学课的过错,而是教师的过错,错在他没有发现,要教给学生一点点,教师须有一大片——还错在他对此全然不知。没有发现这一点,也不是教师的过错,而是广泛盛行的那种可恶的教师培训体系的过错。①

正如我曾经说过的,我不认为,建议在普通教育的现有课程中增加这些内容,仅仅是为了工业利益。在伊顿中学传授基本的科学与绘画知识是必要的(我很高兴地说,在那里二者已成为日常科目),对那些最普通的小学来说,也同样是必要的。这两门课程的重要性在技工教育中得到强化,不仅是因为从中学到的知识和技术——虽然没有多少——对学生以后的生活仍然有实际用途,更多的是因为,它们成为通常所说的“技工教育”这种特殊训练的入门课程。

我想,刚才说的最后一个目标可归为三个主要方面的需求:(1)传授特别适用于工业事业的相关科学及艺术的基本原理,可称为初级科学教育;(2)传授与技术教育相关的应用科学和艺术的内容;(3)培养传授上述两方面内容的教师;(4)人才发现机制。

上述每一方面,我们都已经做了大量工作,但仍有很多事情有待完成。如果基础教育按所建议的方式加以改进,我想学校董事会将有大量的工作要做,而且他们也有能力做好这些事情。但是,学校董事会成员是选举产生的,受此影响,就无法保证他们适于处理科学或技术教育问题,再说,也没有必要强迫他们去做他们不爱做的事情,因为会有其他组织机构去做,这些组织不仅更适于做这项工作,而且已经实实在在地做了。

在普及初级科学教育方面,科学与艺术局②是这些组织中的主要力量。为了在广大民众中传授基本的科学知识,在最近的 25 年间,它比本国或其他国家的任何组织所做的都要多。在自然科学的教育方面,它是一所名副其实的人民大学。在我国那些历史悠久的大学开设培训班,免费向穷人开放,只要穷人光顾它们就行。在最近的 25 年里,科学与艺术局所开设的班级已遍布全国各地,向所有的人开放,并向穷人传授科学与艺术知识。“大学推广运动”说明,那些历史更为悠久的学术团体发现,跟着做是适宜的。

在严格意义上,技术教育变得必不可少有以下两个原因。古老的学徒制已经坍塌,部分是由于工业生活的环境已经发生变化,部分是由于职业不再是“手艺”活,不再是靠师傅传给徒弟的行业绝活了。发明不断改变着我国工业的面貌,结果“绝活”“老经验”等越来越不重要,而掌握可以成功应对新环境的知识原理变得越来越有价值。在整个社会中,带四五个徒弟的“师傅”逐渐消失,取而代之的是手下有 40 个、400 个甚至 4000 个工人的“雇主”;以前可以在店铺学到的那些零零碎碎的技术知识,工厂没有提供也不可能提供。于是,以前由师傅提供的指导,完全被技术学校的系统教学所取代。

---

① 训练学会使用简单的工具,不论从哪种角度去看,无疑都是必要的。从“文化”的观点看,“十指都同拇指一样长”(意为笨手笨脚——译者注)的人是个发育不全的人。但我认为,在把这种手工课引入小学时,要考虑到存在的实际困难。

② Science and Art Department,是英国商务部在 1853 年设立的一个下属机构,主要是负责促进英国的艺术、科学和技术方面的教育;1899 年,英国成立教育部,该局被并入教育部。——译者注

　　在全国各地已经建立起了许多这类的机构,规模有大有小,完备程度有高有低,从城市行业协会建立的庞大体系,到规模最小的地方技术学校,更不用说艺术学会(后来被城市行业协会接管)等举办的技术培训班了。此外,推动这些机构不断增加、扩大规模的各种运动,不仅范围在迅速扩大,而且越来越有力度。但是,在技术教育的最佳方式上,还存在很多不同的意见,因而普遍希望加以解决。有两条路似乎是行得通的:一是设立专门的技术学校,为全日制学生日后的就业开设系统详细的教学课程;二是开办技术业余培训班,尤其是夜校,就一些专题开设一系列课程,主要针对那些已经从事某一行业或在商店工作的人。

　　毫无疑问,我们建议的第一项,即技术学校这条路,成本是很高的。至于技工教育,常常会遭到技工们的反对,因为他们不是在职业状态中学习,容易养成一些外行习性,对于实际业务只有坏处,没有好处。但是,如果这类学校附属于某一工厂,接受雇主的管理,而这个雇主又希望训练一支高水平的工人后备军,那么上述反对意见就不成立了。此外,这类学校在培养未来的雇主和高级雇员方面的作用更大,这一点大家也不会有什么疑问。但是,很显然,这类学校对大多数人来说是可望而不可即的,因为他们必须尽快挣钱养家糊口。因此,我们必须重视业余班,特别是夜校,把它作为技工技术教育的重要手段。现在已经没有人会怀疑这种业余班的巨大作用了,唯一要解决的问题是:寻求各种途径加快发展。

　　就像所有其他有关社会组织的问题一样,我们眼下也面临着两种截然相反的意见。一种意见认为:应效仿国外所采取的方法,敦促国家负起责任来,建立起庞大的技术教育体系。然而,许多个人主义学派的经济学家,则持另一种意见。他们费尽口舌,不仅谴责和反对中央政府插手这类事情,也谴责和反对将地方征收的那一点点税金用于技术教育。无论如何,我国政府最好不要干预纯粹的技术与职业教育,对此我深信不疑。尽管我个人坚决倾向于个人主义者,但我得出上述结论纯粹是基于现实的考虑。事实上,我的个人主义是属于有点感情用事的那一类,有时候我想,如果它不是被倡导得那么强烈,我会更加坚定地拥护它。① 我没能看到②,文明社会仅仅只是一个为实现道德目标——也就是社会成员的利益——而成立的社团,所以它采取的措施应该要有利于实现公意所认定的整体利益。而靠多数人投票无法对社会中的善与恶进行科学的检验——很不幸,这句话太正确了。但是,在实践中,它是我们能够适用的唯一的检验方法,拒绝采用它就意味着实行无政府主义。有史以来,最专制的政权与最自由的共和国一样,均建立在多数意志的基础之上(通常屈服于一小撮人的意志)。法律是多数人意见的表达,而且它是法律而不仅仅是意见,因为多数人拥有强大的力量,足以将它予以实施。

　　与最典型的个人主义者一样,我坚信,每个人在各个方面都享有行为自由,只要其行为不影响他人的自由。但是,我无法把政治学的这一伟大归纳与通常从中得出的这个实

---

　　① 接下来,我只重述和强调17年前我在内陆学会演讲的观点(收录在1873年出版的《评论与演讲集》以及9卷论文集的第一卷中)。尽管有权威人士对此持反对意见,但我觉得没有理由要改变我的观点。

　　② 这句话的原文是"I am unable to see",赫胥黎在这里可能是借自己之口,讽刺那些个人主义经济学家的观点;因为赫胥黎在这里表达的观点与他的整个思想是不相容的,反而改为"我认为"更符合赫胥黎的思想。但为了忠实于原文,仍然按原文译出。——译者注

际结论联系起来：政府——人民的法人——没有权利干预任何事情，除非是为了实施审判和对外防御。在我看来，每个社会都会适当地让其成员享有一定量的自由，但这个量不是一个常量，不是"先验"地从所谓"自然权利"这一虚构的东西中推演出来的——但是，它一定是被环境决定的，并随环境的变化而变化。我深信，很明显，社会机体的组织越高级、越复杂，每个成员的生活与社会整体生活的联系就越紧密；如果一个人的行为方式不再仅仅是利己主义的，也不再或轻或重地干涉他人的自由，那么他的自由度就越大。

假如一个垦荒者，他家方圆十英里内都没有邻居，为了消灭害虫，他决定一把火将房子夷为平地。这时，如果没有保险部门的介入，法律没有必要干涉他的行为自由，因为他的行为无损于其他任何人。但是，如果住在大街上的居民做同样的事情，政府就应该毫无疑义地将其定为犯罪，并进行相应处罚，因为这种行为确实妨害了邻居的自由，而且后果严重。所以，下面这种说法也许站得住脚：在人口稀少、出产富庶的农业国，强制人们接受教育是不必要的，甚至是一种暴政。但是，当一个人口密度很高的制造业国家，正与竞争者进行着生存斗争时，无知的人就会变成一种负担，因此就对其同伴们的自由造成了侵害，也成为阻碍他们成功的障碍。在这种情形下，教育费用实际上就是一种为了防御目的而征收的战争税。

政府行为经常出错，一直是这样，将来还会是这样——我相信，这种说法是完全正确的。但是我不觉得，这一说法只适用于描述"人民的法人"的行为，而不适于描述个人的行为。世上最睿智、最冷静的人，即使他只想从一块地的一端走到另一端，他也不可能走一条笔直的路——他总是会犯点错误，而且总是在自我纠正。如果一个个人主义者有底气说，他的人生轨迹不那么波澜起伏，我只能诚心恭喜他了。无论掌舵人怎么做，船总会有点偏航。如果因为政府行为只能做到大致正确就要废除政府行为，那在我看来，这与彻底废除掌舵人没有什么两样。个人主义者质疑："为什么要剥夺我的财产让别人的孩子受教育？"人们经常提出这种质疑，似乎它可以解决一切问题。也许确实如此，但我发现很难明白为什么应该如此。我所在的教区要我为很多我从未路过的马路支付修路费和路灯费，那我也可以申辩说，这是在剥夺我的财产给其他人铺平道路、驱走黑暗——恐怕地方当局不会采纳我的申辩。我必须承认，我也看不出他们有什么理由要采纳。

我的见识不足称道，但我有充足的理由相信，我来到这个世界时只是一个微微发红的小不点，嘴里肯定没有含着一把金匙子，其实也没有什么可识别的抽象或具体的"权利"，以及任何财产。如果没有把我当做鬼哭狼嚎的讨厌鬼一脚踩死，那么阻止这场灾难的，要么是出于天生的仁爱之情，虽然我并未做过什么事情，可以换来这份仁爱，要么是出于对法律的敬畏，即我所降生的这个社会远在我出生前，费尽艰辛建立起来的法律体系。假如我受到抚养，得到关心，接受教育，不像浪子一样四处游荡，我确实不明白自己究竟做了什么而得到这些好处。假如我现在还有一些财产，这使我想到，尽管我的薪水是我劳动的正当所得，可以理直气壮地将其称为我的财产——但是，如果没有我生前的祖祖辈辈用血汗创造的社会组织，我所谓的财产恐怕只有一把燧石斧和一间破草屋，而且即便是这些东西，也只有在没有更强壮的野蛮人当道的情况下，才会属于我。

因此，如果这个无偿为我服务的社会，反过来要求我做一些事情帮助它存续下去，即使是为他人的孩子受教育作点贡献，不管我多么倾向于个人主义，但要我说"不"，我确实感到羞于启齿。假如我不感到羞耻，那么我就不能说，社会把这一道德义务变为法律义务，对我是不公正的。让所有的负担都由任劳任怨的马来承担，恰恰是不公正的。

由此看来，反对为教育事业征税是没有任何道理的。但是，在为技术学校和培训班征税的问题上，我认为征收地方税是一个实际有效的办法。我国的工业人口集中在一些特定的城镇和地区，这些地区是技术教育的直接受益者。此外，只有在这些地区，才能够找到实实在在从事工业生产的人。在这些人中，有些人完全有望成为合格的评判员，能看清楚工业急需什么，以及满足这种需要的最好方式是什么。

依我看，技术训练的各种方式目前还处于实验阶段，要想获得成功，就必须适应其所在地区的专门特色。在这种情况下，我们需要的不是"强有力的管理"，而是需要进行可能犯错但令人欢欣、充满希望的尝试，这得花 20 年的时间。在这段时间里，如果我们不走弯路，就谢天谢地了。

政府在上次会议上提出的议案，没有通过，但在我看来，这一议案的原则是很明智的。有些人反对，是由于误解了它。这一议案实质上是建议允许地方政府为技术教育征税，但条件是，任何相关计划都应提交给科学与艺术局，并由该局宣布这个计划是否符合议会的意图。

有人开始大喊大叫，说这个议案是提议把技术教育一股脑儿地交给科学与艺术局管理。然而实际上，科学与艺术局既没有被赋予创设权，更没有过问细节的权力，其唯一的功能就是裁决提交的计划是否属于"技术教育"的范围。从某一点说，这种控制显然是必要的。没有一个议会，当然也包括我国的议会，在没有采取措施对自主征税的权力加以限制的情况下，将这种权力下放。在法律上对技术教育进行定义不大可行，把问题留给审计长在法庭上来解决也不足称道。唯一的选择是将决定权交给适当的政府部门。如果有人问：既然本地民众就是最好的评判者，还有必要进行这种控制吗？答案很明显：地区和地区不同，在曼彻斯特、利物浦、伯明翰、格拉斯哥这样的地区，让民众按照自认为合适的方式行事也许是稳妥的，但是，在一些小城镇，由于那些具有不同思维方式的有识之士未必会参与充分讨论，因而民众很容易成为异想天开者的牺牲品。

假如要创办中等科学教育、开办技术学校、举办相应的培训班，还须提供第三种必需品，即好的教师。不仅要引进好教师，还要让好教师留下来。

按照现在普通师范学院里时兴的方式，是培养不出称职的科技教师的——再怎么强调这一事实，都不会过分。满脑子的书本知识，并不是讲授科学科目的教师所需要的——事实上，与其说这种知识是有害的，不如说它是无用的。毫无疑问，教师的脑子里应该装满知识，但不仅仅是学问；他的知识应该是在实验室里学到的，而不是在图书馆里学到的。令人欣慰的是，在伦敦市和首都以外的一些地区都开展了这类培训，目前最紧要的事情，首先是要让这种培训变得可亲可爱，然后让它变得必不可少。但是，当这些训练有素的人去当教师的时候，我们就得想到，教师这一职业并不是一个有利可图和在其他方面富有吸引力的职业，因此，要把好的教师留下来，明智的做法就是为他们提供特别的优厚待遇。不过，有关这些问题的具体细节，就没有必要深入讨论了。

最后但并非最不重要的问题是，要建立一种人才机制，让那些天生就特别适宜在工业生产的高级部门工作的人，担任一定的职位，从而服务于社会。假如我们所有的教育经费，即便只是每年从伐木汲水者中挑选一个具有科学或发明天赋的人，使他有机会将其天赋发挥到极致，那也是一笔丰厚的投资。假如从我国每年新增的数十万人口中找到这样一个小孩，把他从悲惨的深渊或豪宅的温床中拖出来，教育他献身于服务公众的事业，花多少钱都是值得的。为此，我们已经采取设立奖学金等措施，现在唯一要做的，就是沿着已经开辟的道路继续迈进。

在前面简要阐述的工业发展计划，不是康德所说的"白日做梦①"，也不是乌托邦哲学家脑中织就的蜘蛛网。在我国许多地区，这一计划或多或少已基本成形，在制造业发达的地区（如科什里），有一些面积不大也不富裕的小镇，在这些小镇里，由于一些精力充沛又具有公德心的人，采取一切可以采取的措施去推进这一计划，因而它几乎得到了全部实施，并且已实施一段时间了。这说明，这件事是能够做的，我也拿出充分的理由让人们相信，这件事是必须做的，而且如果我们希望在工业大战中站稳脚跟，就得赶紧去做。我相信，当这一计划的必要性不仅对从事工业生活中的实际事务的人来说是一目了然的，而且对一些旁观者来说也是显而易见的时候，这一计划就会得到实施。

或许，我有必要补充一句。技术教育不是医治社会疾病的万能药方，它不过是帮助病人脱离生命危险的一剂药物而已。

眼外科医生会建议即将失明的白内障患者做手术，但他不会向病人保证，这也会治好他的痛风病。我可以将这一比喻作进一步引申，那位外科医生告诉病人，一份猪排和勃艮第红酒可能使他丧命，尽管他完全可以向病人建议，改变生活方式以摆脱体质紊乱，但他没有这样做，也是情有可原的。

布斯先生问我："你自己为什么不提出一个计划？"事实上，他的话根本不能反驳我的观点：他的疗法是病人的催命符。（在 1891 年 1 月出版的《社会疾病与糟糕疗方》中所加的注）

---

① 原文为德文 Hirngespinnst。——译者注

第 六 部 分

社会疾病与糟糕疗方

· Social Diseases and Worse Remedies ·

社会的祸害，莫大于无知和无节制的宗教狂热；腐蚀良知和心智的个人习性，莫过于盲目地、毫不迟疑地服从不受限制的权威。……然而，还有一种最大的祸害，就是让一个国家的心智受制于有组织的宗教狂热，眼睁睁地看着一个国家的政治和经济听命于立志使宗教狂热盛行于世的暴君，坐视本来应该对他自己和他的国家的命运负责的人彻底堕落成为残暴的工具，乐于听从主子的随意使唤。

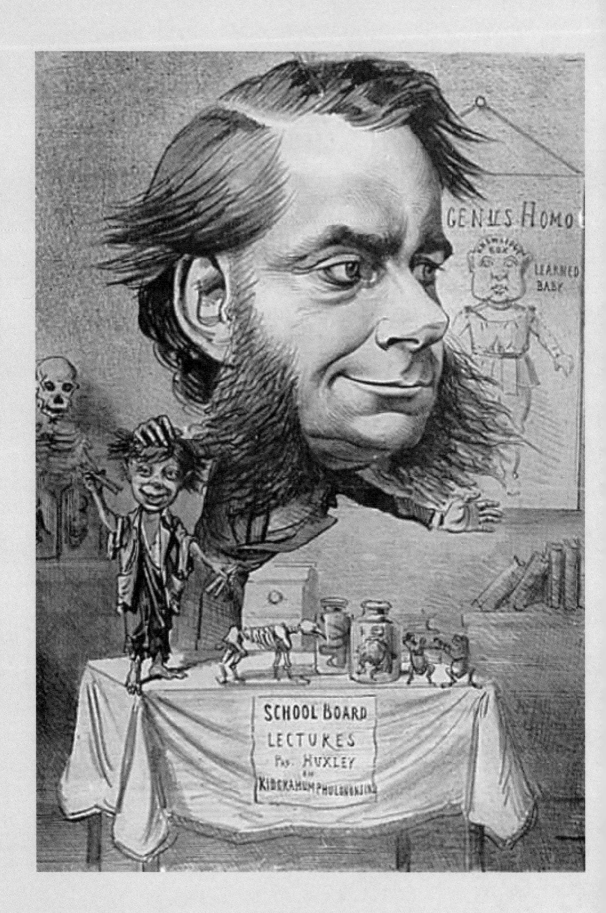

GENUS HOMO

LEARNED
BABY

SCHOOL BOARD
LECTURES
Pro. HUXLEY
on
KIDERAHUMPHULONONINI

给《泰晤士报》写的讨论布斯先生"最黑暗的英格兰及其出路"的信。
（1891 年）

前　言

这里汇总的信件已在 1890 年 12 月至 1891 年 1 月期间的《泰晤士报》上发表。

驱使我写第一封信的缘由，我在该信的开头几句就作了交代。我在第一和第二封信中，对布斯先生的计划进行批评所依据的材料，全部是从布斯先生的书中得到的。不过，我很明白，当一个人的责任感压倒他在宁静生活中得到的幸福感，给《泰晤士报》写信讨论公共利益问题时，在他做完这件事之前，他的感受和约翰尼·吉尔平①的感受如出一辙——"在出发时，他从未想过会是一场恶作剧"。的确，当我凝思这十二封信的时候，当我想起那些邮寄给我的大量信件和小册子，也因此让邮局发了一笔横财的时候，我就是这种感受，尤其是当我想到那些通过给《泰晤士报》写信或在其他地方发表的大量关于我的人品、动机和信条的令人意外的评论的时候，我的感受就更是如此。

如果自知之明是人的最高境界，那么此时此刻我已达到此境界。但是，如果我是清醒的话，那么我的一些老师——也许他们无法控制那具有诗意想象的神圣之火，这团神圣之火如此相似于神话创作才能，如果不是其中的部分的话——确实沉浸在梦境之中。只要我那平庸而且乏味的观察和比较能力还在起作用，那么，那些显而易见的事实就是一个反证。

但也可能是我错了，所以为了稳妥起见，我在信件之前加上一篇论文作为"导言"。②这篇论文曾刊登在 1888 年 1 月期的《十九世纪》上，主要论述了那些在我看来扎根在"社会问题"深处的基本问题。文章对 1871 年我在内陆学会演讲中就个人主义和军团社会主义发表的一些观点，作了简要的强调和扩充。此外，刊登在 1889 年《十九世纪》上的几篇论文，对这篇文章的观点也作了详尽发挥，我想不久就会结集出版。③

贯穿于这些文章的基本主张，我已思考二十多年了。这些主张是：那些关于政治和社会问题的普遍的先验论观点和推理方法，根本就是极端错误的；在此基础上所作的论证，依据同样的逻辑方法，可以推出两种相互矛盾且极端有害的理论体系：一种是无政府主义的个人主义，另一种是专制的或军团的社会主义。不论我是对是错，我都会始终如一地竭力反对这两种理论体系。在我看来，以及如我所揭示的那样，甚至在社会主义者

◀有关赫胥黎的漫画。

① Johnny Gilpin，英国 18 世纪诗人威廉·科伯（William Cowper,1731—1800）的《约翰·吉尔平的趣事》（*The Diverting History of John Gilpin*，辜鸿铭先生将它意译为《痴汉骑马歌》）中的主人公。——译者注
② 即本书的第五部分："人类社会中的生存斗争。"——译者注
③ 见《论文集》第一卷，从第 290 页开始到最后；以及本书 p.89。

自己眼中,布斯体系也只不过是一种披着理论外衣的专制社会主义。一旦"狂热的"宗教外衣褪去,布斯体系下的社会主义现实就会显示出它的真实性质,这是一位坦率的社会主义者曾经表达的信心,也可完全视为是新工会的独裁领导人未曾表达的信念。他总是满腔热诚地支持布斯计划,假如他不是别有用心的话(参阅第八封信)。

通过将《新约》描述的皈依之道和救世军军人一类的狂热分子所追求的皈依之道进行比较,我发现,不论是现在受布斯先生剥削的人,还是诸如再洗礼派时期的人以及比他们更早的人,都遵循着相似的路线。对于我的这种做法,评论者似乎将之视为一个"辩论老手"惯用的伎俩,于是有的人轻轻一笑,有的人嗤之以鼻。

不管这些评论的本意是奉承也好,是讥讽也罢,我既谢绝赞词,也不理会挖苦。我讨厌做事拐弯抹角,说话模棱两可。我承认,我很难理解这种心态:它让每个人都以为,当某人对一位全身心投入于高尚目标的人心怀敬意时,那他就不可能发现,这些高尚的目标中也包括传播某些毫无根据、也许甚至是有害的学说。

相对狭义的基督教(布斯先生宣称信仰的那种基督教就是典型例子)最丢脸的地方就是,它们坚持认为,假如拒绝接受它们那套可悲说教的人,展现出了高尚的美德,那么用它们的口头禅来说,这些美德就成了"令人满意的恶行"。但也许还有更丢脸的——而且就是这样一些人,他们公开宣称思想自由,却看不见上帝的博大心灵,但是连那些狂热追随这种教义的人常常也受到这种心灵的激励。如果有人读了《加拉太书》和《哥林多书》①,却没有对塔尔苏斯的保罗②所表现出来的满腔热诚称颂不已,我为他感到遗憾;如果有人研究阿西西的方济各③或锡耶纳的凯瑟琳④的传记,却不想把他们作为自己奋斗理想的楷模,我为他感到遗憾;如果有人对于乔治·福克斯⑤神秘话语的迷雾中隐隐透露出的赤诚之心和英雄气概无动于衷,我为他感到遗憾。在这些伟大的人物身上能找到问题的本源,他们强烈渴望改进同胞的生存状况,愿意为了这个目标抛开一切。撇开他们纠缠于其中的所有教条的利弊不说,如果这些人还不值得我们肃然起敬,那么还有谁呢?

布斯先生脱离与卫理公会⑥的关系,转而开始建立救世军组织,而且最近又通过救世军来实施野心勃勃的社会改造计划,因此布斯先生应该得到几分尊敬。对这一点,我从未表示过怀疑,而且打心眼里从来没有怀疑过。我不曾说,就其个人的愿望和目标而言,他不能得到大家的尊敬。

但是,与独裁统治相连的是无限的责任。如果布斯先生因救世军做的好事而受到称赞的话,那么他就必须准备承受因这一体制固有的弊端而应遭受的谴责。在我看来,他迟早会同所有专制统治者一样,成为自己的创造物的奴隶:拯救灵魂的组织获得的财富与荣耀,变成了拯救灵魂的目的而不是手段。而且迫于将这些财富与荣耀维持在适当水

---

① The epistles to the Galatians and the Corinthians,是圣经新约中的两部书。——译者注

② Paul of Tarsus,即圣保罗,3—67 年,可参阅圣经新约《使徒行传》。——译者注

③ Francis of Assisi,即圣方济,1182—1226 年,方济各会(天主教修会,又称为"小兄弟会")的创始人。——译者注

④ Catherine of Siena,即圣凯瑟琳,1347—1380 年,多明我会教士,经院哲学家和神学家。——译者注

⑤ George Fox,1624—1691 年,宗教教友会的发起人;在他死后,他的日记被编辑出版。——译者注

⑥ Methodism,1738 年由英国人约翰·卫斯理(John Wesley,1703—1791)于伦敦创立。原为圣公会的一派,后逐渐独立。它主张重点在下层民众中传教,宣称求得"内心的平安喜乐"便是幸福。——译者注

平，"总司令"会做一些很可能为20年前的布斯先生所不齿的事情。

有些人也和我一样，热切希望公平地对待布斯先生，尽管他们对布斯先生建立的组织评价很低。他们心里也清楚，在布斯先生的支持者中，有一些非常狡猾的人，他们根本不关心救世军的教义，对布斯先生的很多计划也不热心。我曾经说过，有些社会主义者为布斯先生的成功感到欢欣鼓舞（参阅第八封信），但是，如果我不是大错特错，那么某个派别的政治家对布斯的成功感到尤为满意。想一想吧，救世军的上尉们遍布全国各个城镇，又统一接受一个伦敦政治"局"的指挥，他们会形成多么声势浩大的竞选力量啊！想一想吧，政治对手会受到地方代理人——我是指"人民的保护人"——怎样的骚扰；再想一想吧，一个人就因为令人讨厌，可能随时受到指控——而且不管指控的理由是真是假，都被我们警惕性很高的熟人所"追捕"，那又是一种怎样的情形！（参阅第二封信）。

现在，我做出宣判，布斯先生不是制定这种影响极大的计划的共犯，他是无罪的。但我写的信也不是无凭无据的，因为，当布斯先生创立的组织力量，被训练得习惯于惟命是从时，会造成什么样的后果，我在第一封信中就毫不含糊地警告过了。

第一封信

刊登于 1890 年 12 月 1 日的《泰晤士报》

编辑先生：

　　前不久，一位乐善好施的朋友写信给我，委托我捐一大笔钱给救世军，推进救世军"总司令"提出的庞大计划——如果我认为这一计划值得支持的话，就代为捐赠。我觉得向这样的好心人提建议，责任过于重大，但我又觉得如果拒绝的话，就显得我过于胆小，也不礼貌。于是，我仔细研究布斯先生的书，以求分清布斯计划的本质特征和附属特征，并且根据从中获得的资料，我作了一个判断——很遗憾，这是一个否定性的判断。然而，在向我的朋友宣布这个判断之前，我很想知道大家有什么看法；而且这件事具有非常重大的社会意义，所以编辑先生，尽管我的信长了点，我相信您还是会发表的。

　　布斯先生开篇论述的几个观点，我想，凡是有头脑的人都会赞同。的确，人生中的绝大多数痛苦是可以治愈的；除了贫困、疾病和退化等是由于人类无法控制的原因造成的以外，大量的也许是不计其数的痛苦，是因为个人的无知、行为不端或社会安排不当造成的。再则，我认为以下这点也不容置疑，如果这种可治愈的痛苦得不到有效治疗，那么群起而来的罪恶与贫困将彻底摧毁现代文明，正如另一类未开化的部落曾经有效地摧毁了伟大的社会组织一样，它们曾先于我们而存在。此外，我想大家也会认同这样一个观点：没有一种改革和改良会触及罪恶之根，除非能够釜底抽薪——也就是说，从个人动机上入手。如果人们诚实勤劳，懂得自我克制，腐化不堪的社会也会走向繁荣昌盛；如果民众品行不端、游手好闲，做事不顾后果，再美好的社会，不论是曾经设想的还是以后设想的，都会陷入毁灭。

　　我将布斯先生独创的主要观点归纳如下：

　　（1）改造个人的唯一有效途径，就是采取有点疯狂的基督教形式，狂热的传教士就是救世军军人。这里暗含着这样一种信念：激发人们的宗教情感（主要是通过救世军军人所描绘的"鼓舞人心的"和"轻松欢快的"的过程来实现），是彻底改造人类行为的理想而又可靠的办法。

　　我不同意这种看法。在我看来，历史提供的事实，以及基于我们许多人的个人阅历所作的冷静观察，都不支持这种说法。

　　（2）传播和维持这种特殊的神圣激情的合适工具是救世军——这是一个信徒的组织，按照军事组织进行训练和管理，并且设立了许多军官级别，每个军官都发誓盲目地、毫不迟疑地服从"总司令"。这个总司令还坦率地告诉我们：服役的首要条件是"绝对的、无条件的服从"；"我的一个电报就可以把任何一个军官送到天南海北的任何一个地方"；每个人"加入前都得接受一个明示的条件，他（她）要毫无疑问、没有异议地服从总部的命令"（《最黑暗的英格兰》第 243 页）。

在我看来，这个原则似乎是无可争辩的——历史可以作证。方济各和罗耀拉①也都是按照这个原则进行伟大试验的。一群发誓盲目服从长官的宗教狂热分子（或许我们可以称之为痴迷者），是实现人类心智所能策划出的任何图谋的最有效的工具之一。布斯先生让他那些绝不质疑、绝不迟疑的信徒通过誓言只效忠于他自己而不受其他约束，这使我不得不佩服他对于人性的洞察力，一个出于自愿的奴隶抵得上十个发誓的仆从。

（3）救世军建立以来获得了巨大的成功。现有 9 416 个"完全从事这项工作"的军官，有 75 万英镑的存款，还有同样数目的年收入，国内有 1 375 个军官队，在殖民地和外国有 1 499 个军官队（附录第 3—4 页）。这些事实证明，救世军的努力得到了圣灵的赞许。

在这一点上，我与乐观自信的"总司令"的看法不同。他一心一意创建救世军，可能无暇了解在他之前同类事业的命运。

我不认为，他取得的成就，会比方济各、罗耀拉和福克斯乃至当代的摩门教②还要大。当我看到这些伟大的社会运动所依据的理论基础各不相同的时候，我感到很难相信他们全都得到了上帝的保佑；尤其当我看到布斯先生取得的成就还要小一些的时候，就更难证明他获得了这种殊荣。

方济各会③的试验结果如何呢？ 如果说方济各特别强调了某条原则，那么这条原则就是：他的信徒必须做地地道道的托钵修士，坚决远离一切世俗的纠缠。然而，即使在方济各去世（1226 年）之前，他的副手伊莱亚斯就率领这个强大的组织开始贪图那些世俗之物了；在方济各去世后的 30 年里，方济各会已经成为基督教世界中最有钱有势、最世俗的团体之一。 他们在政治和社会的各个领域浑水摸鱼，目的就在于为他们的修道会捞取好处；他们的主要兴趣就是对付他们的竞争对手——多明我会④，以及迫害自己的兄弟，就因为这些兄弟尽心尽力去贯彻创始人的那些最朴素的训诫。我们也知道罗耀拉的试验变成了什么样子。两百年里，耶稣会⑤一直是反对教皇统治的信徒的希望，然而，一旦它发展壮大起来，就滥用其组织和财富所带来的政治与社会影响力，从而造成了普遍的灾难。

高尚的人们为了崇高的目的而创立的各种组织，最终落到了一个与创始人完全不同类型的接班人手中且让他大权独揽，有这些例子摆在眼前，即便只是一般的谨慎，也

---

① 依纳爵·罗耀拉（Ignatius Loyala，1491—1556），西班牙人，罗马天主教耶稣会的创始人；他在罗马天主教内进行改革，以对抗马丁·路德等人领导的基督新教宗教改革。——译者注

② Mormons，完整准确的说法是"耶稣基督后期圣徒教会"（The Church of Jesus Christ of Latter-Day Saints），是美国人小斯密·约瑟（Joseph Smith，Jr，1805—1844）创立的。——译者注

③ Francisan，1209 年意大利阿西西城富家子弟方济各创立。该会提倡过清贫生活，后来发生了分化。因方济各会修士之间互称"小兄弟"，故又称为"小兄弟会"；此外，因修士身穿灰色衣服，故又称"灰衣修士"。——译者注

④ Dominicans，亦称"布道兄弟会"，1215 年，多明我会由西班牙贵族多明我创立。修士均披黑色斗篷，因此称为"黑衣修士"，以区别于方济各会的"灰衣修士"，加尔默罗会的"白衣修士"。多明我会以布道为宗旨，着重妖化异教徒和排斥异端，主要在城市的中上阶层传教。——译者注

⑤ 天主教的主要修会之一，1535 年 8 月 15 日由罗耀拉创立。耶稣会没有专门的制服，在名字后面加上 SJ 予以标示；成员必须发誓过贞洁、贫穷的生活，对修会和教宗的命令绝对服从。——译者注

肯定会要求我在建议把一大笔钱交给新式丐帮的总司令之前,应该问一问:试想 30 年之后,"总司令"独自指挥着 10 万誓死效忠的军官,他们分布于各个穷人阶层,每个人的手指都扣着一只"地雷"的引信,里面装满了对宗教的狂热和对现实的不满;"总司令"还独自掌控 800 万～1 000 万英镑的资产,每年还有同样数目的收入;军营遍布每个城镇,房产遍布全国各地,在殖民地都有据点——这样的一个"总司令",拿什么来保证他不仅能忠实地还能明智地行使其巨大的权力呢?成千上万的人在他统治之下,权力又不受任何约束,又拿什么来保证他行使权力是为了完成仅在布斯先生心中存有的(这点我不怀疑)慈善目标和宗教理想呢?谁又能说,1920 年的救世军不会成为 1260 年方济各会的翻版呢?

就我们讨论的这些组织而言,创始人的高贵品德和良好愿望是不足以作为判断事业未来走向的依据的——假如可以作为判断的依据,那么,对不起,布斯先生是比不上方济各的。可是连方济各都缺少知人之明,以至于指定伊莱亚斯那样有野心的阴谋家做副手,因此,我们也无权对布斯先生的用人之智感到乐观。

有一个叫卢埃林·戴维斯的人,不必怀疑他对慈善活动的热心程度,我(是其中之一)也绝对相信他的能力和正直,但他断然否定了救世军所吹嘘的在完成其宣称的使命方面所取得的成就。我把这件事和各种考虑放在一块,就得出一个结论,我不能帮助我的朋友完成他的心愿,这也算是我现在所提的建议。

布斯先生精辟地指出,某些慈善事业虽有六便士的利却有一先令的害。我很伤心地说,依我看,这种解说恰好适用于他自己的计划。社会的祸害,莫大于无知和无节制的宗教狂热;腐蚀良知和心智的个人习性,莫过于盲目地、毫不迟疑地服从不受限制的权威。不错,卖淫和酗酒是令人痛心的恶,饥饿难以忍受乃至不忍听闻,但是,出卖灵魂、麻醉良知、降低人格是更大的祸害。然而,还有一种最大的祸害,就是让一个国家的心智受制于有组织的宗教狂热,眼睁睁地看着一个国家的政治和经济听命于立志使宗教狂热盛行于世的暴君,坐视本来应该对他自己和他的国家的命运负责的人彻底堕落成为残暴的工具,乐于听从主子的随意使唤。

在我看来,这是所有此类组织的结局,也是那些现在仍然不计后果、大把捐钱的善良人士的结局——这也是一个必然的趋势。因此,除非提供明显的证据证明我是错的,否则我是不会拱手把朋友的 1 000 英镑捐出去的。

您忠实的仆人
T.H. 赫胥黎

注释

他们的同代人、史学权威马修·帕里斯①，在谈到 1235 年（正好是方济各去世 9 周年）的英国小兄弟会修士（即芳济各会的修道士）时写道：

"那时的一些小兄弟会修士，也同一些布道兄弟会的修士一样，忘记了自己的誓言和教会的约束，以履行布道义务为幌子，公然闯入贵族修道院的领地，还诓骗说第二天布道后就走。但是，到时他们却装病或找其他的借口赖着不走，而且他们还建了一个木质祭坛，把它供在他们随身携带的神圣的石质祭坛上面，秘密地低声向群众布道，甚至接受当地教民的忏悔，歧视本地神父……如果他们偶尔感到这样还不满足，就开始辱骂和恐吓，谩骂其他教会，断言所有其他的教会注定会遭天谴；而且在把对手的所有财富（不论多么巨大）挥霍一空之前，他们是不会拔腿离开的。因此，那些修道士处处忍让，以屈服来避免受辱，不敢冒犯得势者。由于这些得势者是贵族的顾问和信使，甚至还是罗马教皇的特使，因而受到民间追捧。但是，其中有些人，当他们发现罗马教廷也反对自己，不过出于显而易见的理由，他们已是身陷其中，只好趁混乱之际才得以脱身，因为罗马教皇怒容满面地对他们说：'这算怎么回事？你们还是我的同道吗？你们还想干什么？你们不是宣誓自愿受穷，还说只要形势需要，你们就会打着赤脚、身穿灰衣，走遍每个城镇、城堡和更遥远的地方，满怀谦卑，逐一传播上帝的声音吗？你们现在是不是想把那些庄园据为己有，以此来对抗拥有这些封地的贵族的意志？你们的宗教濒临死亡，你们的教义将被驳倒。'"

在 1243 年，马修写道："在三四百年或更长的时间里，没有一个修道会像目前两个修道会（小兄弟会和布道兄弟会）那样急速败坏——仅仅过去了 24 年，他们就第一个在英国建起了许多堪比皇宫的奢华住所。这些天天都想展示无价之宝的人，忙于扩建豪华壮观的房子，筑起气势宏伟的围墙，因此，就像德国人希尔德加德所预言的那样，他们厚颜无耻，逾越安贫乐道的界限，亵渎他们宗教的基本精神。当有贵族和富翁快要不行的时候，他们知道这些都是有钱人，于是出于贪婪的本性，怂恿这些人去诋毁和贬损那些普通神父，胁迫这些人忏悔和说出心底的愿望，劝导这些人只赞美他们自己和他们的教会、承认他们及他们的宗教都是无人可比的。所以，信徒们现在都相信，除非接受小兄弟会和布道兄弟会的指引，否则是不能获得拯救的。"——马太·帕里斯《英国史》，吉尔斯②翻译，1889 年第一卷。

①　Matthew Paris，1200—1259 年，本笃会（天主教隐修会之一）的修道士，英国编年史家。——译者注
②　Rev. J. A. Giles，1808—1884 年，盎格鲁—撒克逊历史和语言学者。——译者注

第二封信

刊登于 1890 年 12 月 9 日的《泰晤士报》

编辑先生：

我在上一封信中谈到了布斯先生的计划，意在唤醒向救世军金库捐钱的人们，让他们明白自己正在做什么。我想很有必要让他们清楚地意识到，他们正在建立和资助一个类似于以往令人生厌、声名狼藉的"喧骚派教徒"和"信仰复兴运动者"的教派。但是，救世军与这些教派存在着天壤之别。它拥有强大的、影响甚广的集权化组织，其人力、财力和道德资源由一个无需担责的首领来进行处置。此外，按照这位首领自己的说法，还有近一万个保证绝对效忠于他的下属。我希望捐款人自问一下，谨慎之士和好心的公民"应当"去帮助建立一个随时（绝不是不可能的）都可能变成一个比中世纪托钵僧修道院更恶劣、更危险、更令人生厌的组织吗？如果这还是一个学术问题，那我实在不知道还有什么问题可以称得上是实际问题。正如你觉察到的，我故意不去评价救世军计划的细节，也不评价它的那些鼓动人们为之效力的教义，因为我希望公众了解这个计划的罪恶性质，这种罪恶性质是一切专制的社会组织和宗教组织所制定的此类计划必然具有的。我不希望因强调一些细枝末节的问题而影响公众去认识这个计划的罪恶性质，尽管救世军计划的细节和教义也绝对是非常重要的。

然而，现在到了对"最黑暗的英格兰"计划进行更为详细评论的时候了。当我开始审视计划书时，我惊奇地发现，让人难于置信的是，布斯先生在提出这项计划时，对以前和现在所开展的类似尝试几乎一无所知。一个普通读者都能看出，《最黑暗的英格兰》的作者摆出一副架势，仿佛他就是这一领域的哥伦布，至少是这一领域的科特斯①。他告诉我们，在"去了穆迪图书租赁店②"之后，你会惊奇地发现有关社会问题的书籍少得可怜。这话可能是对的，也可能是错的。但是，如果布斯先生去过一家离穆迪图书租赁店不远的阅览室的话，我敢保证，见识广博而又乐于助人的国家图书馆（位于布卢姆斯伯）③管理员，会给他提供关于这个问题的很多书籍，差不多全欧洲各种语言的都有，保管他三个月也读不完。没有论述社会主义的文献吗？社会主义不是社会问题的具体体现又是什么呢？此外，我相信，即使在"穆迪图书租赁店"，其馆藏资源也能够向布斯先生提供《沙夫茨伯里勋爵的生活》和卡莱尔④的著作。布斯先生似乎是在没有听说过《过去与现在》或《末世小册子》的情况下就着手去指导世界，尽管后来有一位贤明的朋友曾提请他注意此事，但有点为时已晚。对我和我的同辈人来说，卡莱尔关于这方面问题的作品，在 40 年以前就给我们留下了不可磨灭的印象。卡莱尔知道，一直以来，无数富有才华和献身精

---

① Cortez，1485—1547 年，西班牙探险家。——译者注

② 穆迪图书租赁店，由英国出版商穆迪（Charles Edward Mudie，1818—1890）于 1840 年在伦敦市中心的卡姆登区建立。——译者注

③ national library，大英图书馆的前身。在 1973 年大英图书馆（British Library）建立之前，国家图书馆属于大英博物馆的一部分。——译者注

④ Carlyle，1795—1881 年，英国历史学家和散文作家，其著作如《法国革命》《过去与现在》《末世小册子》等。——译者注

神的人,既有神父也有世俗之人,在全心全意地为永久改善穷人的生存状况而努力。布斯先生"去穆迪图书租赁店",为检验他的前期研究工作的深度,提供了一把合适的尺子。可是,我不得不承认,那些以前在这个领域辛勤耕耘的劳动者,采取了一种与布斯先生极为不同的方式,因此大体上不会影响布斯先生启动这项计划的原创性。前人的那些计划,无人为其击鼓,无人为其吹号,也无值得尊敬的滑稽人士为其捧场,模仿修道士在席勒的读者感到亲切的华伦斯坦军营的演讲,逗得那些庸俗的观众哈哈大笑。不幸的是,他们降生时,那个喧嚣的自吹自擂的伟大时代刚刚过去,他们改变行为不端者的方法似乎无法超越一千八百年以前的圣徒约翰和十二使徒。然而,新模式早就摆在那儿,随时可以效法那些古代的灵魂拯救者。那些古希腊和古叙利亚神秘教派的传习者,也是大喊大叫的。他们有自己的队伍、旗帜,还有横笛、铙钹和圣歌,此外还有对募捐技巧决非全然无知的等级繁多的军官。他们慷慨地把天堂般幸福的未来许诺给那些捐款的皈依者,就像现在模仿他们的人一样。这些老式的救世大军取得的成功是巨大的。西蒙·玛古斯[①]是一个臭名昭著的名人,也可能有众多的追随者,就像布斯先生那样。然而,十二使徒坚持自己老式的方法,不把这种成功视作一种神灵首肯的满意的表示,他们不会抛弃自己坚持的那种导向更加高尚生活的方法。

我认为没有必要去核实布斯先生的统计数据。处于悲惨境地的确切人数,100万也好,200万或是300万也好,与提出的任何方法的功效无关,因为所建议的方法都是为了把数目减到最小——这个令人最期待的结果。目前唯一要考虑的是,该计划是否有可能做到利大于弊,尤其要高度关注这一计划在改造精神方面的成效。

布斯先生的坦率值得称道,他告诉我们:"首要和重要的问题是,为了拯救灵魂,我寻求拯救肉体。"(见原书第45页)这句话翻译过来,就是说:根据他的盘算,应将传播救世军的特殊信条放在首位,然后再促进人类体力上、智力上的福利以及纯粹的道德福利。必须让人们变得自制和勤劳。重要的是,要像驱赶经过冲洗、修剪和驯服的绵羊一样,把人们赶进布斯先生照管的狭窄的神学羊圈里。如果他们为了保全道德的洁净拒绝进去,那么,他们就不得不把自己视为戴罪羔羊的一分子,只是没有其他人那么肮脏罢了。

我一直习惯性地认为(我相信,有理智的人会大致同意这一观点),自尊和节俭是梯子的踏板,借助它们,人们肯定可以爬出欲望造成的绝望的泥沼;我还认为,它们可能是最优秀的行为美德。但布斯先生不这么认为。在他看来,它们纯粹是经过粉饰的罪过,不过是"再洗礼过的傲慢"(Pride re-baptised)(见原书第46页)。布斯先生就像所有的达尔文主义者那样,完全接受生存斗争的观点(见原书第100页),却闭眼不看生存斗争的必然后果,其实人的恶行就是生存斗争的必然后果之一。布斯先生却告诉人们,嫉妒是我们竞争性体制的基石。他把节俭和自尊斥为罪恶,把饥饿者的痛苦归为资本家的罪过;根据布斯先生的看法,福音可以拯救灵魂,但拯救不了社会。

在评估救世军可能发挥的社会和政治影响力时,重要的是要考虑到,那些军官(曾发誓绝对效忠"总司令"的人)并不只把自己局限于执行执事和传道士的职能(尽管在西里尔这样的"总司令"的率领下,亚历山大市曾亲身体验到这样的军官究竟能产生什么影响);他们还想成为"人民的保护人",无偿地充当人民的法律顾问;当法律不甚有效时,救世军会集全军之力,借助残酷的胁迫行为,去实现上述保护人想象的正义。布斯先生说,

---

①　Simon Magus,又称为"术士西蒙",被视为一切异端邪说的源头,也被基督教徒视为恶魔。据说,歌德创作《浮士德》,灵感就来源于这个玛古斯。——译者注

社会需要"母亲般的照顾",他洋洋得意地展示了各种"事例",让我们猜想他父母般的双手可以给我们什么样的"母亲般的照顾"。我想,只要人们研究一下摆在面前的资料,就会得出这样一个结论:这位"母亲"已经证明自己是一个肆无忌惮、好管闲事的人,尽管目前仍未落入法律之手。

看看这个"事例"。女性 A 声称自己被诱奸了两次,"向我们求救。我们找到了那个男人,跟踪他来到村庄,以将丑事曝光相威胁,强迫他向受害人赔偿 60 英镑,另外每周支付 1 英镑的生活费,并购买一份保险金额为 450 英镑、以 A 为受益人的人身保险"(见原书第 222 页)。

杰伯格认为这样做是正当的。"我们"任命自己为起诉人、法官、陪审员、行政司法长官,众多角色一己承担。"我们"熟练地实施恐吓,仿佛我们是另外一支同盟军。"我们"以曝光相威胁,以保持沉默为代价,以他最大的支付能力为极限,向他敲诈了一大笔"封口费"。

唉,我那点可怜的道德感确实难于分清,这位新任的卓越保护人的那些不同凡响的做法,与法语单词 chantage(敲诈)和简明的英语单词 blackmailing(勒索)所指的做法有什么不同。而且让我们想想,仅仅出于嫉妒、个人怨恨或者派别仇恨,不进行一点法律调查,只是服从一个人的意志(即便是通晓审判业务的人也不敢稍有不从),任何人都可以这样被"逮住",被"跟踪",被"威胁",甚至在经济上受到压榨或陷入破产——的确,此时有理由问一句,救世军在充当"人民的保护人"方面,其所作所为与西西里岛的黑手党有什么区别吗?我不是为那些被控对他人实施犯罪的人进行辩护,但我认为,公平地说,本案中的这名被告与受到侵害的当事人,都是"受害人"。在如此特殊的案件中,有可能连所罗门本人对如何分摊当事人相应的道德过失都会感到困惑。尽管如此,那个男人从道义上和法律上都应当抚育他的子女,并且任何人都有充分的理由去帮助那个女性维护其法律权利,让肇事者为他的过错行为承担法律后果(包括在大众面前曝光)。

救世军"总司令"强行收取巨额罚金,以此作为对丑事保持沉默的价钱,这种行为无论其动机多么堂皇,在我看来是不道德的,我希望它也是非法的。

救世军,到此为止吧!别去充当那种有疑问的伦理学和莫名其妙的经济学的老师了,也别去充当那种建议实施敲诈勒索的法律顾问了,更别去充当那种"母仪"天下的天使般的教母了。救世军的做法太不合我的口味了,尽管它可能得到一些支持布斯先生的人的赞扬。

您忠实的仆人
T. H. 赫胥黎

第三封信

刊登于 1890 年 12 月 11 日的《泰晤士报》

编辑先生：

当给贵报写第一封信讨论救世军计划的实施问题时，我对这个组织的全部了解都来自布斯先生的计划书、公共舆论以及他的那些闹哄哄的小分队的言行举止（前些年我在伦敦散步时偶尔见过，已不陌生了）。我的确没有觉察到救世军的现行运作模式的任何迹象，所以我只能按照美国幽默大师的妙语箴言行事——"千万莫预告，除非你知道。"在您好心地发表了那封信后，我收到了一大堆信和小册子。有的人赏给我一顿谩骂；有的回信人十分周到体贴，先热情地表示赞同，然后说他们自己制定的一些计划是多么值得我的朋友给予支持；还有些人给予我宝贵的鼓励，对此我表示衷心的感谢，也请他们原谅我不再专门答谢。但是，我发现了一件最合我意的事情，在我刚才收到的文件中，揭露了一个我完全不知道的事实——那就是，有些曾经忠实、狂热地在救世军服役，表示永远忠于救世军的根本教义和行为准则，且与"总司令"有紧密的组织关系的人，已经公开宣布：这个组织正在开始退化为一个纯粹是狂热分子的迷信和个人野心的发动机，并且正在急速推进。我早就指出，这种退化是不可避免的。

编辑先生，毫无疑问，我应该占用《泰晤士报》的一个专栏，详细地说明和审视那些我预见到的"琐碎的正义"。我说要进行审视，是因为公平而论，对任何已经脱离组织的人所说的话，都应该保持谨慎，尤其是在对待怀有敌意的证人所说的一面之词时，就更要如此。但是，不论怎样，一个值得注意的事实是，我的第一封信的部分内容，指出了任何诸如此类的组织都必然会导致此类罪恶后果，可以视为是对这类证据的部分内容——在证人的公共责任感的驱使下，早已将它们发表和出版了——的一种概括。

我敦请贵报的读者首先去读一读由 J. J. R. 瑞德斯通撰写的《一个救世军前上尉的经历》。书前有牧师坎宁安·盖基博士写的序言（写于 1888 年 4 月 5 日），可以证明书里所说的情况真实可靠。瑞德斯通先生的故事，单从故事本身来说，也非常值得一读。作者以约翰·班扬那样平实直白的语言讲述了他的故事。故事的主人公抛弃一切，去做救世军的一名军官，但是由于他实在缺乏布斯先生极为强调的那种毫不犹豫、绝对效忠的品质，结果身无分文地被赶了出来——哦，我错了，他还有最后一周的薪水"2 先令 4 便士"——不得已，只好带着他同样忠于救世军的妻子自谋生路，他也只能这样做了。主人公的坚定真诚不容置疑。但愿我能劝动那些打算向救世军捐款的人们，去读一读瑞德斯通先生的故事。我特请读者将瑞德斯通先生的故事和巴林顿·布斯先生的信作个比较：前者平铺直叙、朴实无华；后者充满了矫揉造作的虔敬和逗人口水的虚情假意——他每次在给瑞德斯通写信的时候，都称他为"亲爱的孩子"（一个显然比他还要大的已婚男人），可是这个所谓的"亲爱的孩子"正在受骂挨饿。

我承认，在熟读了瑞德斯通的这本小册子后，我对救世军首领的看法已经发生了明显的变化,而且我也乐得不必去叙说它了,不如从坎宁安·盖基博士作的序言中摘引几段话。盖基博士对救世军早期廉洁的工作给予了热情的赞扬,因此不可能以宗教立场不同为由而指责他对救世军抱有偏见:

(1)救世军"是地地道道的家天下。父亲布斯先生任总司令,一个儿子任参谋长,其他子女垄断剩余的主要职位。这是布斯先生的天下。的确,这就好比眼中有太阳①,不论你转向何方,眼里就只有太阳"。而且,盖基博士说得妙:"做一个远播四方的教派的首领,随之会带来许多好处——绝不全是精神上的。"

(2)"不论是谁,只要他成为救世军的一名军官,从此以后他就是一名奴隶,只能听命于他的上司的喜怒无常。"

"瑞德斯通先生不论在参军前还是离开时,都保持着一种优秀的品质。尽管他已成家,但他放弃了持续五年的婚姻加入救世军,而且在最艰苦的岗位上为布斯先生效劳了两年。罗雷少校告诉我们,他有一个缺点,就是'太直',也就是他太诚实,太较真,太具有男子汉气概了。换句话说,太像真正的基督徒了。可是,既不经过审讯,也不按程序起诉,而是仅仅依据明显未经证实的秘密控告,就像大多数人打发叫花子一样,给了他最后一周的薪水2先令4便士,就把他开除了。假如此事有误,我会洗耳恭听。"

(3)瑞德斯通先生在书中说,总部派来的密探对他们进行监视并向上报告。盖基博士根据其他军官对他说的知心话,肯定了瑞德斯通的说法。

(4)布斯先生拒绝保证给他的军官提供稳定的薪水。他本人和一家子高官过着即便不算奢侈但也是舒适的生活,而宣誓效忠的奴隶——救世军所取得的任何真正的成绩都源于他们的奉献——却常常"连肚子都填不饱"。一个好心人坦率地告诉我,当他难于糊口时,就只好出去乞讨。

之前,为了不让救世军重蹈覆辙,我草率地把方济各这类人与布斯先生混为一谈,在这一点上,我要正式地表示歉意。不论中世纪的各种修道会的创始人提出的计划是否明智,但他们竭力与众徒共担艰难困苦,凡是要求徒众所做的牺牲,自己也从不逃避。

我早就说过,不论眼下讨论的计划其公开目标是什么,但其后果之一就是,将建立和资助一个新的喧骚派社会主义宗派。现在,我或许还要加上另一种将会产生的影响——其实,已经发生了——建立和资助布斯王朝,这个王朝对宗派内部的人力、财力和精神力量享有绝对的控制权。布斯先生已经是一个印刷商和出版商。正如公开宣称的那样,布斯利用救世军军官来宣传和推销他的出版物,其中一些军官还打心底里相信,积极推进布斯先生的业务是一条赢得主人欢心的光明大道,因此当公众坚持拒绝购买布斯先生的书时,他们就自己买下来,并把收入上交给总部。布斯先生也是一个大型零售商,而且威尔斯的主持牧师也恰恰在此时对他竭力实施的那个非常著名的金融计划产生了兴趣。主持牧师普伦特对财务运作的原则作了清晰解释,凡是能理解他的意思的人都不会怀疑,无论这些原则是否足以实现布斯制定的第一和第二个公开目标,但肯定有助于任何一个视世俗财产为粪土的王国进行扩张。事实上,一场金融灾难近在眼前,就如一个世纪前我们遭受的"法律"灾难一样。只不过,这场灾难中受苦的是穷人。

---

① 英语中,儿子与太阳同音。——译者注

我已经占用了贵报太多的版面,然而,这还只用了我手头有关救世军内部运作的许多资料中的一个。其他资料对救世军的指控,比现在公布的这个要严重得多。

您忠实的仆人
T. H. 赫胥黎

另附:我刚刚读了今天《泰晤士报》刊登的布坎南先生的来信。在我看来,布坎南先生是一个富有想象力的作家。我不熟悉他的作品,但他所有的虚构作品,其虚构程度都无法超过他对我的观点和写作意图的解释。

第四封信

刊登于 1890 年 12 月 20 日的《泰晤士报》

编辑先生：

迄今为止，在讨论布斯先生的计划时，我特意把救世主义和布斯主义的区别放在后面讨论，但是，凡是希望对救世军的影响——善的或者恶的——做公正评价的人，就必须充分看到这一区别。按照宗教复兴运动的方法来"拯救灵魂"的救世主义是一回事，利用劳动者来推进布斯先生的特殊计划的布斯主义是另一回事。布斯先生用尖利的马嚼子和尤为管用的马眼罩，俘获控制了众多信仰复兴运动主义教派中的极端福音派传教士（他们大多是流浪汉）。正是靠着这种巧妙的（甚至有点残忍的）手段，驱动一队人马拖着装有"总司令"计划的四轮大马车，走到现在这一步。

现在，让我们把"上尉"以下的救世军军人（依我看，布斯家族与这些人的关系就像是海老人与辛巴德①的关系）视为一个整体，以此来看看真正的救世军军人的情况。我很想说，摆在我面前的证据，不论对总司令及其计划有利还是不利，对这些军人显然都是有利的。这些证据显示，总体而言他们都是些贫穷、没有文化、时常狂热的热心人。他们生活纯朴，忠于自己的信仰，甘愿忍受穷困和粗暴的对待，为他们视为正义的事业而活，这些都十分令人敬佩。对我来说，尽管我认为那种拯救灵魂的狂热方式充满了危险，尽管我认为那些好心人的神学观点是完全不能接受的，但我相信，像所有其他的错误一样，跟随这类错误所产生的罪恶，远不及对皈依救世军的人们进行道德和社会改造所带来的罪恶。我不再提出抗议（只要他们不再骚扰邻里），我也不会去埋怨一个正在卖力打扫猪圈②的人，拿他的扫把形状和扫地时发出的刺耳噪音说事儿。我总是强烈地信奉一个基本的戒律："牛在场上踩谷的时候，不可笼住它的嘴。"③正如一个伟大的统治者所说，假如一个王国值一次弥撒④，那么可以肯定，一个生活严谨、勤勉和节俭的国度，敌得过无数的吹鼓手和各种古怪的宗教假说。迄今为止我所说的一切，以及接下来要说的，都是针对布斯先生那个聪明绝顶、胆大妄为和迄今仍然卓有成效的计划：为了建立其社会主义独裁统治，他不惜利用一切，包括具有诚实奉献和自我牺牲精神的人赢得的信誉。

我现在打算提出更多的证据，说明当布斯体系受到公正审判时，事情的真相究竟如何。这些证据主要是来自于一本有趣的书。书名为《新教皇统治：救世军内幕》。著者署名：一个救世军前参谋。下面引圣经"不要将我父的殿当做买卖的地方"（《约翰福音》，第二章第16节）。出版日期：1889 年。出版地点：多伦多。出版者：A. 布立特勒尔。封面

---

① 出自《一千零一夜》中的《辛巴德航海记》，辛巴德第五次出海航行时，发生沉船事故，逃到岸上后遇见海老人，出于怜悯，他背着海老人上路，但海老人一直赖在他身上下不来，把辛巴德折磨得筋疲力尽。——译者注

② 原文为 stye，按上下文推测应是作者笔误，应作 sty。——译者注

③ 源自圣经旧约的《申命记》。——译者注

④ 源自法国国王亨利四世的一句名言：巴黎值一次弥撒。——译者注

上还写有"这是一本遭救世军当局焚毁的书"的字样。我再次提醒读者,我在下面引用的陈述只能视为"一面之词",我只能保证,基于有关布斯统治集团采取的各种方式的内部证据和其他并存的证据,我觉得引用下列内容是正当的。

作者描绘了救世军闯入加拿大领土后的景象:

> "还记得当时的情景。它声称自己要做现有教会的奴婢;它声称其目的就是在民众中传播福音;它否认有另建一个宗教团体的想法;它反对搜罗财富、聚敛财产的行为。男男女女(不是救世军自己的信徒)都积聚在它的周围,全心全意地投身于这项事业,因为救世军提供了一个朴素的理由,正如他们所想的那样,它为努力传播福音的人提供了更加深远和广阔的天地。它邀请并欢迎各地的牧师到它的讲坛布道。它只有极少的少校和上校,没有人听说过什么总司令至高无上的地位和权力……它小心翼翼地避免挖别的教派的墙角,它的信徒不是生拉硬拽来的……一句话,救世军是各种宗教团体的助手和招募代理处……救世军的集会热闹非凡,民众纷纷皈依,并为本地救世军开展工作慷慨解囊,因此,各个队部都是自给自足的,军官们受到虽不奢华但很妥善的照顾,各地的财源无匮乏之虞,一切财务都由一个本地人充当的秘书和救世军的军官共同监管,哪儿募集来的就用在哪儿,各方互相信任,彼此都很满意。"(见该书第4—5页)

这是救世军宛如绿色大树时的情况。现在看看它干枯时的情况:

> "凡是熟悉军队日常运转的人,都非常清楚整个体制发生了多么彻底和急速的变化。最初,为了他们同伴的利益,一群忠诚无私的劳动者以热诚和慈善为纽带走到了一起;现在,为了建立一个体系和宗派,制定完全损害宗教自由和竭力对抗所有(别的?)基督教派的条例和规章,强迫服从一个至高无上的首领和统治者的意志,借此把大家捆绑在一起,发展成了一个庞大的盛气凌人的组织……随着工作在全国铺开、势力范围的不断扩大,所有的领导职位一个接一个地被来自外国的陌生人所填充。这些人对加拿大人的喜怒哀乐和行为特性一无所知,只在布斯家族一个成员统治和教导下的一所学校受过训练。他们抛弃了所有的想法,只知道无条件地效忠总司令,将军叫他上哪去就上哪去,绝不迟疑,毫无异议。"(第6页)

> "所有这一切会导致什么后果呢? 首先,无疑在得到物质财富的同时,精神已经萎缩,而且作为传播福音的机构,救世军只是徒有其名……在四分之三的队部,下层军官们衣食不周,主要是由于向他们征收重税,以维持一个庞大的司令部和供养一大群无所事事的军官。整个财政安排是通过通货膨胀、即赚即吃以及无视未来的不测事件这样的体制来维持的。原来的工作人员和成员差不多都跑光了。"(第7页)
> "对所有其他的宗教团体,救世军大都采取完全敌对的态度。根据条例,不经军官的特准,士兵不得参加别处的礼拜会……受良心的驱使离开救世军的军官和士兵被视为堕落,常常受到公开谴责……甚至运用最卑劣的手段让他们挨饿,迫使他们回来做事。"(第8页)"在内部运作方面,救世军与耶稣会一般无二……即使没有公开教导'目的证明手段',但就像有名的耶稣会那样,对此予以默认。"(第9页)

许多人在读了这几段尤其是最后一段引文后，肯定会认为这是一种尖酸刻薄夸大其词的匿名诽谤。那么，我就引用另一个绝对不是匿名的证据。这一证据，出自一本名为《布斯总司令及其家族和救世军：起源、发展及道德与精神的衰落》（曼彻斯特，1890）的书，著者是 S. H. 霍金斯，法学士、救世军前少校，曾任布斯总司令的私人秘书。我劝有意资助布斯先生的人也研究一下这本小小的著作。我从中获益良多。它告诉我不少有趣的奇闻轶事，如布斯先生发现"在救世军的工作中，第三步或说第三种恩赐是必要的。有一天，他对我说，'霍金斯，你的枪只有双筒，我的枪却有三筒'"（第 31 页）。假如霍金斯没有说错的话，第三根枪筒就是"放弃你的良心"，"为了上帝和救世军，屈尊忍辱去做那些连正直的俗人也不肯做的事情"（第 32 页）。那么可以肯定，他要用这第三根枪筒打倒许多东西，其中包括道德的第一原理。

霍金斯先生列举了救世军用"总司令"的新式来福枪所做的一些著名事例。但我还是认为，这本富有教益的书有猎奇之嫌。下面我就会采取严肃的态度，而且我还会借助证据来强化我的这种态度，尽管有些证据可能是匿名的，但不可能是一笑了之的。当我说，驱使我重提一件已过"法定时效"的丑闻的唯一动因，就是我感到散播布斯主义会对社会造成严重危害，请相信我。

编辑先生，1883 年 7 月 7 日，您在《泰晤士报》上发表了一篇关于臭名昭著的"鹰"案件的很有影响力的文章，为公众做了一件大好事。下面我摘录一段：

> "法官凯先生拒绝了那份申请，但是就像法官斯蒂芬先生秉公而论的那样，他采取让布斯先生丢脸的方式来拒绝，并非出自他的本意。布斯先生提交的书面陈述，似乎完全误导了法官凯先生——任何一个人，当他将这份书面陈述看作是一个自称为宗教导师的人所写的坦诚声明时，都会被误导。"

在我给您写第一封信时，我还从未听说过"鹰"案件的那些丑闻。但令我欣慰的是，我觉察到一切宗教独裁都会不可避免地走向邪恶，这种感觉是如此清晰，让我一下子就想到要立刻谴责布斯先生的计划。假如我当时不决定这么做，那么当我不得不承认那笔钱已被一个人绝对控制，而证明他的管理能力的那些该死的证据又同时出现，我该以何种面目去面对我的朋友？

至于布斯先生本人，我无话可说，因为我对他太不了解了。在这个问题上，正如其他几个问题一样，我坦陈我是个不可知论者。但是，假如他是（因为他可能是）一个怀有最纯洁动机的圣人，那么他也不是第一个（正如您所说的）显示出"热心实现一个善意的目标，以便能够审视日常生活道德的基本原则"的圣人。假如我是一个救世军士兵，我就会与奥赛罗一起呼喊："卡西奥，我爱你！但你绝不再是我的军官！"[1]

您忠实的仆人

T. H. 赫胥黎

---

① 出自莎士比亚戏剧《奥赛罗》。——译者注

第五封信

刊登于 1890 年 12 月 24 日的《泰晤士报》

编辑先生：

如果我有什么强项的话，财务肯定不是其中之一。但在《新教皇》一书中阐述和举例说明的救世军总司令的财务（说财政更确切些）运作，实在是简易至极，可谓是天才之作。即使像我这样的人都能理解——或者谦虚点说，不论救世军的财务运作方式的轮廓有多么模糊，阴影有多么厚重，我都能通过已公开的证据将其弄清楚，并描绘出来。

假设某殖民地有一个欣欣向荣、不断壮大的小镇，那里遍布工匠和普通劳动者，其中有少数的卫理公会派教徒或其他一些极端福音派信徒，他们正竭尽全力默默地"拯救灵魂"。不言而喻，这是一个让人想去征服的前哨。因此，"我们"着手去掀起一轮常规的救世军"热潮"。当地的热情被激发起来了。有二三十名士兵应征加入救世军的行列。"我们"挑出承诺为我们的目标尽心尽力的人，任命他为"上尉"，让他负责指挥一支"兵队"。对此安排，他极为满意并感激不尽，不过他也理应如此。他要做的无非就是放弃自己的职业，发誓每天为我们工作至少 9 小时（别对我们说什么 8 小时工作制之类的废话），去募捐、卖书、做总代理人，以及要求他做的其他事情。不过，"我们"并不给他任何保证，因为这样做有损于他的忠诚，让我们之间的精神纽带世俗化。如果他以正直的精神尽职尽责，他的劳动无疑会得到上帝的赐福；明白了这一点，我们就可以心安理得地告诉他：每周在结清一切花销而且在我们的需求得到满足后，如果还结余 25 先令，那么他就可以得到这笔钱；如果结余为零，那他所得也就为零，只能靠信徒的捐赠果腹。不仅如此，我们还近乎残酷地开玩笑说，这些捐赠的价值将被折算成同样数量的薪水。因此，只要我们的"上尉"干得顺利，善款就如同泉水般源源不断地悄悄流进我们的金库。当泉水开始枯竭时，我们就说"上帝保佑你，我的孩子"，然后就把他辞退（可能给也可能不给他 2 先令 4 便士），再让其他温驯听话的人去当牛作马。

我相信，"总司令"的主张之一就是消灭"榨取血汗钱"。但是，为什么他就不能从"家里"①开始树立一个好典范呢？

然而，我那少得可怜的几张素描，看上去太像拙劣的漫画了，因此我只好去加拿大权威人士那里找几张原贴来加以临摹了。他说："上尉必须把所捐钱款和物品的 10% 交给师部基金会，以养活师部军官。师部军官有权在他认为合适的时候安排宗教集会，并将捐赠款物全部拿走，用于师部的日常之需。总部在总司令认为合适的时候，也可在各个军团举行这样的宗教集会，并大力宣传这种特别的盛况，所得收入也尽数拿走，用于总部要办的事情……他必须向总部或私人房东交纳房租；必须将每月第一个星期日下午的宗教集会的募捐所得，全部交给总部的'拓展基金'；他还须支付会堂的采暖费、照明费和宿

---

① 赫胥黎在这里用"home"，是一语双关。——译者注

舍清洁费以及可能发生的必要的维修费；如果有一位实习军官在他那儿实习，他还必须为其提供食品、住所和衣物。总部每周都发来各种各样的救世军报纸，不论卖没卖出去，他都必须付钱给总部。在做完这些之后，他可能得到 6 元（女性只有 5 元），或者根据结余按相应比例提成。他要用这笔钱买衣服、食物，支付房租及队部的采暖费、照明费等。如果他手下有中尉，他每周还得付给他 6 元的工资，或按照他本人收入的一定比例支付，住房开销则由两人分担。因此很容易理解以下事实：在加拿大至少 60％的队部里，军官根本无钱可拿，不得不另向信徒乞讨食物和房钱。士兵们发现，在加拿大绝大多数地区，军官们都拥有充足的食物，但是得记住，通过募捐获得的食物的价值必须在总部入账，而且必须折成现金记入军团的账簿，再从军官每周募捐所得的款项中予以扣除。结果，无论专门捐给队部的钱有多少，军官每周获得的数额不会超过 6 元钱。军官攒不了多少薪水，因为他每周必须支付自己的开销；如果在付清各种款项后还有现金节余，就必须交给总部的'战争专柜'。"（《新教皇》，第 35—36 页）

编辑先生，显然，"总部"谨记了这条训喻：将你的面包洒在水面①。布斯的使者在一两天里撒一点面包屑，却收回大量成捆成捆的现金，等到榨干了现任"上尉们"的血，就用新的牺牲品取而代之。对这些忠实的可怜的家伙们，除了说"哦，神圣的纯朴②"外，我还能说什么呢？

但是，如果认为上面列举的常规做法囊括了布斯财务机构的全部捞钱能耐，那可是大错特错了。让我们去看一看多伦多一家"收容所"的发家史，肯定能得到不少启发：

> "这是一栋位于市中心的豪华建筑，地皮值 7000 美元，建筑物值 7000 多美元，还有一笔为该栋房子总价值的 50％的抵押收入。现在的地价比原来可能翻了一番，而且每年都在升值……在收容所开办后的头 5 个月里，收到公众捐款 1812.70 元，其中 600 元作为房租付给救世军总部，590.52 元用于房屋的各种花销，剩下的 622.18 元用来支付办事员的薪水和被收容者的伙食。"（第 24—25 页）

我不是早就说过，布斯先生是理财天才吗?！谁能像他那样，让公众捐钱给他买"一块地皮"，建栋大楼，还支付所有的日常开销？谁能像他那样，不仅让公众送给他富丽堂皇的大楼作礼物，还要公众为使用大楼向他支付一大笔房租？还有谁能像他那样，白收一大笔房租还不满意，竟把房子抵押了一半的价钱而公众却一言不发？谁都知道，如果布斯先生第二天就把整个房产卖掉，所得款项任由"总司令"支配，大概也没人阻拦。

再听听《新教皇》的作者是怎么说的，他断定"加拿大人捐给救世军传播福音的钱，六分之一用于扩大'上帝之国'，六分之五投向年年看涨的房地产，而这些地产都交给了布斯先生及其子女和代理人，正如我们曾经所说的那样"（第 26 页）。

这使我想到了我最后想谈的一点。这些交给布斯先生的庞大的动产和不动产，究竟怎样了？对一切与之有关的疑问所作的答复是：它们"被托管"。布斯先生的支持者们觉得有理由相信它们"被托管"。我不这么认为。不管怎样，越要做到让这种"信托"完全令

---

① 出自圣经旧约《传道书》，意指真心行善，不求回报。——译者注
② Osancta simplicitas，是捷克著名宗教改革家约翰·胡斯(Jan Husin,1371—1415)说的话。——译者注

人满意,那个让公众绝对相信他的诚实和学识的人,就越应该让公众全面了解信托条款。实行信托是为了支持救世军吗?那么救世军的法律身份又是什么呢?士兵有什么权利吗?肯定没有。军官对"信托"享有什么法定的利益吗?肯定没有。"总司令"刻意规定,要得到军官这一职位,前提条件就是必须放弃一切权利。这样一来,军队——作为一个法人——显然就与布斯先生合为一体了。在这种情形下,表面上代表军队利益的"信托",实际却是——我该怎么说才既不失真又不失礼呢?

最后,我问几个浅显的问题——布斯先生愿不愿意征求一下法律顾问的意见,在他现有的法律安排中,是否有条款阻止他随心所欲地处置他积聚起来的财富?如果他或他的接班人以违背捐赠人意愿的方式把这些财富花光,谁有权根据民法或刑法对他本人或其接班人进行指控?

我补充一句,仔细研究一下《威廉·布斯支持基督徒布道团的信托声明》(1878 年)中的条款,即使能力远在我之上的人,也无法就上述问题做出令人满意的回答。

您忠实的仆人

T. H. 赫胥黎

12 月 24 日,《泰晤士报》发表了一篇署名为 J. S. 卓德尔的文章,其中有这么几段话:

> "很遗憾,我要给跟着赫胥黎教授诋毁布斯总司令及其事业的人们泼点冷水了。我可以说说在加拿大出版的那本'书'的具体情况吗?我曾经有幸见过一位在加拿大写书的作者。该书在多伦多出版,仅仅印刷了两本,其中一本被人从印刷商那里偷走了。赫胥黎教授在贵报上的引文是后来添加到这本书里的,因而是伪造的。该书的出版未经作者同意,是违背作者意愿的。

> "所以,引文不仅如赫胥黎教授所言,是'尖酸夸大的匿名诽谤',而且还是伪造的。至于霍金斯先生,在我看来,把他视为权威,简直是在玩弄贵报的读者。他被赶出救世军,而后出于好心救世军又接纳了他,然而他又再次被开除。假如这种事碰巧发生在您的一个职员身上,你会认为他对《泰晤士报》这份报纸的看法是真实的吗?"

但在 12 月 29 日的《泰晤士报》上,卓德尔又写有这么一段话:

> "我发现,在周三《泰晤士报》发表的那封信中,我说霍金斯先生被布斯先生开除是一个错误。如果这种说法给霍金斯先生带来任何不便,我深表歉意。"

12 月 30 日,《泰晤士报》发表了霍金斯先生的一封信。他在信里说,卓德尔对他的相关说法,"是完全违背事实的。我从来没有被赶出救世军。根据我对布斯总司令想法的了解,我再次被录用也不是出于好心。为了重返救世军,我辞去了磨粉厂主管的职位,放弃了每年 250 英镑的薪水、房租和三分之一的利润。而布斯先生每周付给我 2 英镑的薪水和租房费"。

第六封信

刊登于 1890 年 12 月 26 日的《泰晤士报》

编辑先生：

今天早上,我在贵报看到了卓德尔先生的信。感谢卓德尔先生在信中提供了我极想得到的证据,如下列几点：

(1)《新教皇》的作者是一位有责任感、值得信赖的人；否则,卓德尔先生就不会谈起"有幸见过"他。

(2)在这个有责任感的人不辞辛劳写完一本小字密行排版共 64 页的小册子之后,他受到了一些压力,结果他拒绝出版这本小册子。卓德尔先生消息灵通,肯定能告诉我们,这些压力来自何方。

(3)卓德尔先生怎么知道我所引用的段落是后加的呢？是不是据他说只印了"两本"中的一本在他手中呢？

(4)如果其中一本的确在他那里,他就一定能说清楚,我引用的那些段落中哪几处是原有的、哪几处是后加的；那个未经篡改的版本跟我所引用的版本在主要内容上有哪些重要的区别？

听听卓德尔先生对这些问题的说法,是挺有趣的。但他做的真正重要的一件事是,他以其所知证实了,《新教皇》的匿名作者不但不是一个不负责任的诽谤者,而且是一个连狂热的救世军在谈起时也不得不语带敬重的人。

您忠实的仆人
T. H. 赫胥黎

(补充一句,可怜的卓德尔先生还帮了我一个忙,他引出了前文列出的霍金斯先生的信,这充分证实了霍金斯先生是值得信任的,这使我十分看重他提供的有关"第三只枪筒"的证词。)(1891年 1 月)

第七封信

刊登于 1890 年 12 月 27 日的《泰晤士报》

编辑先生：

有关布斯先生独裁统治的实际运作情况，我手边只有一份证据，因此使用时我十分清楚自己的说法是不太能站得住脚的。我在第一封信中曾经说过："腐蚀良知和心智的个人习性，莫过于盲目地、毫不迟疑地服从不受限制的权威。"正如布斯先生自己承认的，他的每个军官已经保证"毫无疑问、没有异议地服从总部的命令"。这类命令对名誉和诚实可能造成的影响，不仅在我之前引述的在"鹰"案件中，法院对布斯先生的书面陈述所作的裁决可以说明，不仅布朗威尔·布斯先生在法官罗伯斯先生面前所作的供词可以说明——布朗威尔承认他的陈词"不是十分准确"，因为他已"答应斯迪特先生不会泄漏这个案件的真相"（见 1885 年 11 月 4 日的《泰晤士报》）——而且霍金斯先生对其退出救世军的原因的解释也可以说明：

> "总司令和参谋长没有也不可能否认所做的这些事情，唯一剩下的问题是，耍这种诡计是正当的吗？在我退出救世军时，我和参谋长就这些分歧展开过充分的讨论，特别讨论了最终促使我下决心离开的利明顿事件。一开始我就得出结论，他们的行为正如他们所想的那样，只是一心一意为了上帝的事业，而且我也说服自己，在对付魔鬼时，做这些事情并没有错。正如两军对垒，可以将缴获的枪炮掉转头来向敌人开火；同样，对付魔鬼时，可以用魔鬼的武器来打击魔鬼。我还就此给总司令写了信。"（第 63 页）。

现在我不想说一些不必要的刺耳的话，但我要向任何一个稍具谨慎之心的人请教几个问题。在上述情况下，我还能相信那些来自总部或在总司令授意之下未经证实的陈述吗？对霍金斯先生就布斯体制的腐化影响所作的坦诚供述，我有什么理由怀疑其真实性吗？我的面前摆满了很多人的声明，但他们大都接受过救世军用恶魔般的武器实施的军事训练，因而有可能像霍金斯先生证实他自己以前的状况那样，道德感已大为削弱——在处理这些大量的声明时，难道我不应该小心谨慎吗？

因此，我在第三封信中说明布斯主义的实际运作时，最开始采用瑞德斯通先生提供的证据，并借助非救世军成员坎宁安·盖基博士的证词加以强化和补充。到目前为止，上述证据还没有遭到质疑，所以，在质疑出现之前，我假定上述证据是不可能遭到质疑的。在第四封信中，我引用了霍金斯先生所作的陈述，证明总部采纳耶稣会的原则。说霍金斯先生被救世军开除，这算是什么回答？只有小孩才会指望这样一些障眼法能够在审判中蒙混过关。早就预料到他们会用这种老掉牙的骗术，我补充了强有力的证据来证明我的证人是值得信任的，这里特指"鹰"案件提供的那些证据。编辑先生，直到我给你写第四封信——直到完全证明"上尉"遭到剥削和总部的耶稣会嘴脸时——我才胆敢求助于《新教皇》。就这本小册子而言，它是一本匿名著作。有足够的理由让我不要超出小册子的内容进行发挥。对于一个经常处理进化事实的人来说，《新教皇》所展示的布斯主义，不过是瑞德斯通案件和"鹰"案件中反映出的布斯主义自然发展的必然结果。因此，我觉得有充分的理由去引用《新教皇》的内容，同时也特意提醒读者必须保持应有的谨慎。

卓德尔先生的那封信很有帮助。信中他承认，这本书是一位他"有幸见过"的人写的，而且在违背作者意愿的情况下，该书还出版了一个版本（据他所言，该版本的内容遭篡改）。因此，我有理由相信，书中的一些陈述还是有事实根据的，其中有些材料早就在我手上了，但由于缺乏卓德尔先生的极为宝贵的印证材料，我只能将其束之高阁。现在终于到我可以理清有关材料的头绪的时候了，鉴于卓德尔先生对整个事情一清二楚，我请他发发善心，指出其中可能存在的任何讹误。我认定，卓德尔先生和我一样，目的只有一个，就是为了弄清事实真相。我还断言，他肯定会心甘情愿、全力以赴地帮助我。

（1）"《新教皇》的作者是一位叫萨姆纳的先生。他是一个具有高度责任感的人，在多伦多备受尊敬，在救世军中地位很高。在他离开时，一位在当地颇受爱戴的卫理公会教派教长主持了一个大型的公共集会，通过了一项决议，对他表示同情。"

这是真的还是假的？

（2）"上星期天，大约在中午，该书的作者萨姆纳先生和救世军的印刷商佛瑞德·佩里先生，在一位律师的陪同下，来到埃默里·格雷厄姆印刷厂，要求索回全部手稿、铅版和已经印好的书页。萨姆纳先生解释说，这本书稿已经卖给了救世军，而且在收到一张应付金额的支票后，印刷厂交出了所有印刷材料。"

上述两段引文刊登在 1889 年 4 月 24 日的《多伦多电讯》报上，对不对？其中的叙述是真的还是假的？

（3）"公众对《新教皇》（后来称为《救世军的内幕》）这本神秘书籍的命运或可能的结局的兴趣一直没有减退，尽管出版商和他的律师斯默克提出的辩护顺序——华森、桑恩、斯默克和马斯廷，从昨天开始就没有改变过。毫无疑问，这本书总会以某种形式出版。据说现在只留有一份完整的版本，而其下落还是一个深藏不露的秘密。可以有把握地说，即使救世军的特派员一直猜下去，猜到明年的今天，他也不可能找到 5 000 册书中唯一在逃的那一册的藏身之所——当他和他的助手佛瑞德·佩里把这本禁书稀里哗啦地送进熊熊燃烧的火炉时，以为它们已被烧得干干净净了。当上星期二他们发现还有一本《新教皇》存在的时候，立刻怀疑它藏在位于雍基大街的布立特勒尔出版社那里，很快就有一伙救世军密探赶到他的书店去侦查。"（1889 年 4 月 28 日的《多伦多新闻》）

请问这段叙述算不算捏造？它究竟是真的还是假的？

只有卓德尔先生直截了当地回答上列问题之后，我们才能继续讨论萨姆纳先生的作品有没有遭到篡改的问题。

您忠实的仆人

T. H. 赫胥黎

（12月26日，牛津大学学会的前会员 J. T. 坎宁安的一封信促使我作以下评论。）

第八封信

刊登于 1890 年 12 月 29 日的《泰晤士报》

编辑先生：

生存斗争是推动社会状况发展的有力要素，如果坎宁安先生对这一点有所怀疑，那他应该向布斯先生找茬，而不应该向我。

"我从未有过这样的痴心妄想：靠着我为社会开出的特效药，有可能开创一个太平盛世。在生存斗争中，最弱者会被打败，况且还有很多很多的弱者——只有尖牙利爪的最适者得以存活。我们能做的，只是减少不适者的不幸，让他们承受的苦难比现在少一些。"（《最黑暗的英格兰》第 44 页）

如果坎宁安先生仔细读过布斯先生的书，他就会看到上面的内容。如果坎宁安先生能不辞辛劳再看看我的第二封信，他会发现，他在陈述我的"论述"时加入了"故意"这个词。我的论述原本是这样的："布斯先生完全接受生存斗争的存在，程度不亚于任何一个达尔文主义者，却闭眼不看生存斗争的必然后果，其实人的恶行就是生存斗争的必然后果之一。布斯先生却告诉人们，嫉妒是我们竞争性体制的基石。"如果坎宁安先生学过生理学就会知道，从字面意义看，"闭眼"的过程并不总是故意的。我还打算借助他信中提供的重要事例说明：从心灵"闭上眼睛"到所接受的主张产生明显后果，这一过程可能也不是故意的。至少我希望如此。

（1）坎宁安先生说："迟早，人口问题会再次成为绊脚石。"这话是什么意思呢？难道不正是说一旦繁殖超过同时期的生存资料，将会引发对生存资料的残酷竞争吗？在我看来，这似乎相当准确地"反映了马尔萨斯学说"，以及其他为坎宁安先生所嘲笑的上一代可怜而又无知的人们的看法。

（2）为了在此问题上不留疑问，坎宁安先生继续说到："当然，生存斗争会一直进行下去——我们得感激达尔文先生，是他让我们认识到了这一点。"在达尔文的追随者中，有些人对达尔文为他们奋力夺取的遗产还颇有微词，因而还能看到有人对达尔文表示感激，当然感到高兴。但是，坎宁安先生自作主张表达这种感情是轻率的，因为他显然没有"认识到"达尔文教导的重要意义——的确，我在坎宁安先生的信中没有找到一点迹象，可以表明他已经更加"认识到"他会做什么。如果说"生存斗争会一直进行下去"，那么我认为顺理成章的是，工业竞争就是生存斗争的一个阶段。既然如此，我看不出我的结论——那些向无知的人们说"嫉妒"是竞争性体制的基石的人，纯属用心险恶——还有什么好争论的。

坎宁安先生效仿那位文雅、有教养的本·蒂利特先生，指责我（正如同伴所说）攻击布斯先生的人格。当然，在我写信时我就猜到，在布斯先生的支持者中，总会有人使用这种（虽不太光彩但）唾手可得的武器来反击我。我最终决定采取行动，主要是基于以下考虑：我碰巧是一个规模最大的人寿保险协会的会员。现在正好缺一名会员，为此有六名先生报名候选。我对自己说，假如这些先生中（我请求他们原谅我要开始作些假设了）有一位 A 先生，对他的管理能力和代理人身份所作的评判，与法官席上的审判官对布斯先生的评判一样，那么我能给 A 先生投赞成票吗？假如我在参加投保人会议时发现，大多数与会者对此一无所知，除此之外，其他的证据也能够让我做出最保守的判断，A 先生肯定不适宜承担管理责任，但我发现大多数与会者对此却一无所知，难道我还要让他们继续蒙在鼓里吗？至于这个问题的答案和对答案的运用，就留给有判断力和正直心的人们吧。

说到坎宁安先生的同盟者，我想起我忘了感谢蒂利特先生写给我的帮助极大而富有教益的信。我急于弥补这一疏漏：我向蒂利特先生保证，这个疏漏绝对是无心之过。蒂利特先生的信写于 12 月 20 日。12 月 21 日，《雷诺兹报》发表了一篇关于这封信的评论文章，下面的话可谓意味深长（不过是无意识的）：

> "我一直认为，在我国，救世军是最强大的社会主义力量之一。现在，赫胥黎教授进一步确认了我的这种看法。它怎么可能是其他的东西呢？救世军教义中狂热的宗教性一面会在时代进程中消失，留下的会是什么呢？那将是大批男人和女人被组织起来，接受训练，被引导去追求一种比目前状况更好的生活。他们变得敢于在公共场合演讲，不害怕受到奚落。在那儿，你会发现社会主义军队的雏形。"

显然，本·蒂利特先生在拉丁文方面的学识，使他足以解释"城门失火，殃及池鱼①"的含义。

我相信，公众不会上当受骗，让那些在眼前晃来晃去的荒谬论点牵着鼻子走。一个人的确可能爱他的同胞，珍爱他中意的任何形式的基督教。他不仅可以认为达尔文主义"正摇摇欲坠，趋于消失"，而且只要他乐意，可以同样明智地相信，达尔文主义从来就没有出现过。但是，他可能也会觉得他有责任竭尽全力地去反对任何形式的专制社会主义，尤其是那种披着布斯主义外衣的专制社会主义。

您忠实的仆人
T. H. 赫胥黎

（无缘接受古典教育的人，可能会抱怨我使用"epigoni②"这个词，这种抱怨是公平的。说实话，之前我一直在读德罗伊森的《希腊文化史》，因此熟悉的历史名称不知不觉就溜出来了。但是，前"牛津大学学会会员"在回信的时候说，他不得不在词典里查这个词。我说出这一情况，旨在引起对手注意，希望我们的大学目前保留必要的一点点希腊文。）

---

① 原文为 proximus ardet，拉丁文，意为房子着火了。出自一句谚语，全句的意思是：邻居的房子着火了，你自己也得小心（Tua res agitur, paries cum proximus ardet）。——译者注
② 希腊文，意为后代。——译者注

第九封信

刊登于 1890 年 12 月 30 日的《泰晤士报》

编辑先生：

　　我非常感激朗格尔、伯顿和马修斯先生及时回答了我的问题。我认为他们的回答适用于救世军各部募集到的所有款项，尽管不是专门捐给"基督徒布道团"（根据 1878 年契约命名）的；还适用于将募捐得来的房屋和土地进行抵押获得的所有收入；此外，它还适用于为布斯先生的各种计划捐赠的资金，尽管这些计划与契约命名的"基督徒布道团"的目的并没有明显的联系。否则，就可用一句经典的话来表述，就是："对我们帮助不大。"不过，我必须把这些问题留给法律专家去处理。

　　另外，编辑先生，我还要对您表示万分感谢，感谢您让我占用了大量宝贵的版面。现在，我打算置身事外。我之所以要介入这件让我厌恶之极的事，唯一的目的就是想阻止那个诡计多端的"总司令"（更准确地说，是"总司令们"）策划的这场靠哄地一下就横扫一切的运动。现在我发现，骆克先生和威尔斯主教等勇士已牢牢把守住了关隘，而且仰仗您的大力支持，我们赢得了增派部队的时间，而且国人肯定会派来大量的援军——虽然国人的反应有点迟缓，但他们并不缺乏常识，总会派援军来的。

您忠实的仆人
T. H. 赫胥黎

1891 年 1 月 2 日的《泰晤士报》上刊登了这样一封信：

亲爱的蒂利特先生：

　　我没有耐心去看赫胥黎教授的信。饥饿、挨冻、痛苦，"因食物不足死亡"，甚至饿死，这些都是肯定存在的，而且至今还没有部门对此有所反应。怎么会有人要去妨碍或阻碍提供食物或帮助呢？为什么把那栋房子称作劳动救济所①？因为它是为不能工作的人提供的？不是！是因为它是提供劳动或面包的地方。名字本身就是明证。我敢肯定，如果基督和他的十二使徒在伦敦的话，他们也会去做这些事情。让我们感谢那些做同样事情的人吧，哪怕他们只是有这份心。

您忠实的
H. E. 卡特·曼宁

---

①　Workhouse，为生计无着的流浪汉提供救济的地方，产生于 17 世纪上半叶的英国。——译者注

第十封信

刊登于 1891 年 1 月 3 日的《泰晤士报》

编辑先生：

　　《天方夜谭》是我以前钟爱的一本书，里面的故事引人入胜，而推动这一系列故事前进的，是一个不听劝谏而执意要听人讲故事的苏丹。我能不能尝试以同样的方式向红衣主教曼宁进言呢？大约 40 年前，我参加在贝尔法斯特举行的英国科学协会会议。我答应著名学者辛克斯博士同他共进早餐。由于头天晚上我睡觉太晚，故而睡过了头。我急忙招呼外面的马车，一边跳上车一边对马车夫说："快点走，我有急事。"于是他快马加鞭，飞一般地出发了，差点把我颠出车外。我大叫："好伙计，你知道我要到哪儿去吗？"车夫说："尊敬的先生，我不知道。但是，不论怎样，我现在跑得很快呀。"我从未忘记这生动的一课，它告诉我，缺乏理智的热情有多么危险。现在，我们都被邀请上了救世军的马车，不用问，布斯先生把车赶得飞快。车上有些人坚定地认为，不仅布斯先生行驶的方向与我们想去的地方南辕北辙，而且在不久以后，马车和车夫都会遭受不幸。即使是那个自以为有权以"基督和他的十二使徒"的名誉作担保以支持布斯主义的显赫人物发出邀请，我们会上车吗？

您忠实的仆人

T. H. 赫胥黎

第十一封信

刊登于 1891 年 1 月 13 日的《泰晤士报》

编辑先生：

昨天，《泰晤士报》刊登了布斯·科里波恩先生 1 月 3 日的信件。这封煞费苦心的信用小字排印，整整占了报纸三栏的版面。科里波恩先生在信中提到了我之前写的七封信，这些版面足够他给我一个圆满回复了，假如他愿意给我这样的回复的话。科里波恩落款的头衔是："法兰西和瑞士救世军的特派员"，不过他声明，他是在没有向上级汇报的情况下，来回应我的"质疑"的。鉴于他的信含有自杀的味道，因此他作这种声明，几乎是多此一举。

"特派员"先生布斯·科里波恩提到了我的"质疑"。我猜他指的是，我在 1890 年 12 月 27 日《泰晤士报》上发表的那封信，信中提到要求了解《新教皇》的作者和这本书的下落。"特派员"在信的第四段谈到了这件事情——我感到很满意，我的几位证人所作的陈述他都没敢反驳。他默认《新教皇》的作者是一个"在多伦多备受尊敬的"人，而且"在救世军中地位很高"；此外，为了销毁已经印刷出来的小册子，以及彻底查禁这本书，加拿大"特派员"认为由救世军来支付已经发生的印刷费用是值得的。因此，案件的基本事实得到了承认，而且被证实是不容置疑的。

布斯·科里波恩先生是怎样努力把它们解释过去的呢？

> "萨姆纳先生写这本小册子是一时火气发作，不久就感到后悔了（因为任何人在心平气和的时候，都会幡然醒悟，对当初那些离谱的说法感到后悔，从而重新获得'尊敬'），而且正好赶在小册子出版之前，找到救世军，说他同意禁止此书的出版，只要军队能支付印刷费，因为他自己承担不起这笔费用。"

《新教皇》用小字密行排印，占了满满 60 页 12 开的纸。作者写得很谨慎，大部分措辞异常温和。此外，该书还提供了许多详尽的细节和准确的数据，查证这些细节和数据一定费了不少时间和周折。但是，的的确确，写这本小书是"一时火气发作"。

为"特派员"布斯·科里波恩先生自身的信誉着想，我真诚地希望，关于这件可悲的事情，他没有我知道的多。我的双手不幸受缚，无法自由使用我手头的全部材料，只能满足于引用《新教皇》序言里的一段话：

> "我是经过深思熟虑并且是在受到多次催促之下，才把这些内容公之于众的。然而，尽管我们躲开了一件倒胃口的事情，庆幸自己没有既败坏心情又没有实际好处的坏名声，但是我们觉得，为了乐善好施的公众，为了宗教，为了其愿望正在受挫、劳动成果正在被毁的一群善男信女，尤其是为了救世军本身的前途——如果救世军的行政部门得到整肃和净化，并回到原初的立场，恪守传教的本分——那么，尽我们

所能去说明真相,就是我们义不容辞的责任。正是出于这一目的,也是为了达到上述目标,我们才把书中的内容公之于众。"

这篇序言发表于1889年4月。根据刊登在《多伦多电报》且"特派员"布斯·科里波恩先生不敢争辩的声明,他在加拿大的"特派员"同僚,大约在4月的第三周周末购买并销毁了发行的《新教皇》的所有书籍。显然,就算作者曾经"一时火气发作",但在他落笔我从序言中引用的那段话时,已经没有"火气"了,尽管在此后的二周内,他并没有表示悔改。"特派员"布斯·科里波恩先生含沙射影,污蔑萨姆纳先生为了几个钱被人收买,自己"同意禁止此书的出版,只要军队能支付印刷费,因为他自己承担不起这笔费用"。他的这种做法,只是人们一再说的救世军军官深得耶稣会三昧的又一明证。

布斯·科里波恩先生说,"伦敦总部听说这件事后,对加拿大特派员的做法表示不满"。这一情形说明,伦敦总部对此事并非全然不知;但是,这丝毫不会影响萨姆纳先生所提供的证据的价值,这才是我唯一关心的。很可能伦敦总部也不赞成法兰西"特派员"目前的做法。但那又怎样呢?结果无非是,科里波恩先生就像愚蠢的卓德尔先生一样,犯了一个严重错误。这一对"巴兰"特别想诅咒,却不得不祝福。① 他们俩已经完全证实,我把萨姆纳先生视为一个完全可靠的证人是没错的,而且他们谁也不敢去挑战这位可敬的先生所说的每句话的准确性。我希望有一天他的故事能够大白于天下,那时候他行为的真实原因就清楚了。

"特派员"信的第二段说了很多事情,但涉及霍金斯先生的不多。在《泰晤士报》近期刊登的专栏文章中可以看到,霍金斯先生竟可以迫使卓德尔先生向他道歉。因此,就让霍金斯先生自己去应付"特派员"吧。

至于信的第三段谈到的"鹰"案件,有一位精通法律的先生,在案件二审时正好在法庭上,他肯定地告诉我,那次的法庭辩论纯粹是技巧性的,极少涉及事实部分,而且据他所知,法庭对一审法官的判决没有发表不同意见。此外,1884年2月14日《泰晤士报》详细刊载了上诉法院大法官的判决书,其中有下面一段话:

> "案件由一位资深法官审理并作出判决,如果判决无误,本院不会干涉原审判决。这位资深法官虽然对被告的行为表示强烈不满,但他仍然说,如果被告能够确定保护和赔偿的程度,还是可以对他进行救济。如果本院与该法官的看法不同,认为可以在不没收财产的情况下予以救济,那也是在按照他自己的原则来行事。对上述问题,本院已经提出过一些建议,而且本院必须综合各种情况来料酌本案……他本人(上诉法院大法官)认为:根据被告一贯的作风,他很可能早已打算不把这座房产用作酒楼;被告是在签订了将这座房产用作酒楼的协议后才持有这座房产的,现在又想改变这种用途,这是不对的。然而,上诉法院大法官认为这不足以完全剥夺他获得救济的权利……被告只能等着重判了。"

---

① 出自圣经旧约里的故事,见《民数记》23章11节。原文的中译文是这样的:巴勒对巴兰说:"你向我作的是什么事呢?我领你来咀咒我的仇敌,不料你竟为他们祝福。"这里的意思是"弄巧成拙"。——译者注

　　然而，编辑先生，"特派员"布斯·科里波恩先生，这位救世军的高官，居然敢公开声称：如果我做过调查就应该发现，"在上诉法院，法官推翻了原审法官的判决，八处房产有七处作了改判，而且法官还宣布总司令自始至终秉承正直和善意行事。"

　　不过，我前面引用的"特派员"先生信中的那几段话，可以说对他的正直和善意的概念的实质，作了最绝妙的说明，因而我一点都不怀疑，他对那些主要美德的看法，与《救世军规章和训令》的水平不相上下。正如我所预料的，奴隶总是屈服于他效劳的主子。

　　就我自己而言，我必须承认，当我吃力地读完"特派员"先生冗长、笨拙的辩词后，确实"一股火气"油然而生，但我敢保证，火气发作之后绝没有闪过一丝悔意。我是在一股温和的热气充盈全身的刺激下，在这种极为少见的"生气却不犯罪①"的状态下，违背自己的诺言，再次写信打扰您的。在一番反省之后，我认为，公众不该被这种弥天大谎所误导，哪怕只是几天时间也不行。

　　由于我说过救世军的许多高官使用耶稣会教士的手段，因而备受谩骂。但是，下列事实至今没有遭到否认，我相信也不可能被否认：

　　（1）布斯先生在"鹰"案件中的行为已经受到两位法官的谴责。

　　（2）布朗威尔·布斯先生向法官罗伯斯先生承认，因为他对斯迪特先生作过承诺，所以他在法庭上所作的陈述②是不真实的。

　　而且我刚才已经证实，"特派员"布斯—科里波恩先生声称，贵报发表的上诉法院大法官的判决书所说的与那位资深法官所说的话完全相反。

　　在有这么多事实的情形下，我觉得我没有使用比"耶稣会教士"更尖刻的词来形容他们的所作所为，已经是很客气了，但却没有得到应有的感激。

您忠实的仆人

T. H. 赫胥黎

---

①　出自圣经新约的《以弗所书》。——译者注
②　这一陈述已引起争论，但还没有公开化。

第十二封信

刊登于 1891 年 1 月 22 日的《泰晤士报》

编辑先生：

我觉得，贵报读者会对附随的意见书感兴趣的，这是在咨询了一位著名的大法官法庭的皇室法律顾问后写成的，这份意见书赞同我之前所持的观点。有人认为，要对布斯手中的大量资金（似乎还在）进行适当的管理，只有一个安全（?）的方法；对此我曾用强烈的措辞作过评论。下面各位读者会看到，这份重要的法律意见书会证明，即使我使用更为强烈的措辞，也是合情合理的。

您忠实的仆人

T. H. 赫胥黎

约翰逊博士大楼1号,圣殿教堂,E.C.

1891年1月14日

布斯先生的信托契约声明(1878年)

"《公益信托法》(*Charitable Trusts Acts*)是否存在适用于实施计划侵占不动产之行为的条款,以及对自有的不动产和租赁的不动产进行转让和出租,是否就是《没收法》(*Mortmain Acts*)所说的欺诈,因而是全然无效的——在考虑了这些问题后,我的意见是,不论做什么,都无法阻止或干预布斯处分或使用根据契约而主张的不动产或钱款。"

"至于布斯本人名下的不动产,在我看来,绝对属于他自己的权力,由他自己掌控,既可以加以处分,也可以进行使用,以及作其他处理;而且不存在为实现某种声明的特殊目的而实施的信托,也不存在特定的个人或一群个人可以主张有权从他的不动产中获益,或者根据谁的请求,按法律程序对他的不动产进行强行处置。"

"至于布斯指定的受托人名下的不动产(如果有的话),在我看来,只有布斯本人才有资格实施这些信托,而且他对这些信托和信托财产享有绝对的权力,可以按照他自己的意愿进行处分,而且与前一种情形一样,在实施信托时不能违背他的意愿。"

"至于为了基督徒布道团的公共目的而受赠的款项或因抵押而得到的款项,在我看来,布斯可以按照他自己的意愿进行开支,不受任何法律的约束,甚至不能要求他公布资产负债表。"

"《公益信托法》是否存在适用于实施计划侵占不动产或资金之行为的条款这一问题,如果需要细究,那我还要进行更深入的思考。但目前看来,在仔细查阅这些法案,尤其是维多利亚16年和17年的第137章、维多利亚18年和19年的第124章之后,我看不出它们怎么能够适用于契约中声明的信托行为。"

"《没收法》显然是一项公益性法案,除非将不动产转让和租赁给布斯或布斯指定的托管人(如果有的话)的行为,完全遵守该法的规定,而且所有契约严格按照该法的要求订立,否则就是无效的。但也可能存在这种情况:每次转让和租赁都没有表明其为公益信托,以避免在形式上就是无效的。请注意,该契约仅仅由布斯一人订立,不存在另一方当事人——本来,这个人作为另一方立约人,是有权实施信托契约的。"

"是否存在信托方,我不好说。如果像布斯所说的那样,存在一个有注册成员的'基督徒布道团',那么这些成员就是信托方。不过在我看来,布斯对谁能够申请加入,拥有绝对的控制权和决定权。至于说信托是为了巩固'救世军'利益,我不清楚'救世军'的章程,只知道契约中没有提到任何与这个组织相关的内容。按我的理解,它只是一个由传教士组成的军队,而不是由信徒组成的社团。"

"如果不存在有注册成员的'基督徒布道团社团',那么就不存在信托方。该信托纯粹是宗教性质的,实施交易完全超出了该信托的目的。布斯之所以能够'出让'不动产,仅仅是因为,无人有权阻止他这样做。"

欧内斯特·哈顿

1891 年 1 月 28 日和 29 日的《泰晤士报》发表了朗格尔、伯顿和马修斯先生的信,其中对哈顿先生的意见进行了公开更正。可能是因为我缺乏法律知识,所以无法对这些更正的价值做出评估。

本书第 182 页的注释涉及一段书信往来,但在我确定这本小书的出版时间时,通信仍在进行。然而,通过补充摘录一些《泰晤士报》1 月 20 日刊登的斯迪特先生的信以及 1 月 24 日刊登的我的回信中的内容,便可以充分说明这次通信的性质。关于我在第十一封信的结尾处标有(1)和(2)的两段话,斯迪特先生是这么说的:

一读完这封信,我就立刻给赫胥黎教授写信。我在信中说,既然他提到了我的名字,我就有理由介入进来作些解释,就他控告的第二条罪状来说——因为'鹰'案件的争论与我无关——他被 1885 年 11 月 4 日的报纸对这个案件的错误报道误导了。今天我收到他的回信,他建议我最好直接给您写信。鉴于我被牵扯进这一事件,因此我能否问您一句,仅因为我坐在被告席时布朗威尔·布斯先生出庭作证,我就毫无资格对他所谓的供认说谎的声明加以否认吗?法庭上没有听到任何这样的供认。显而易见,此事对证人的信誉会造成直接影响,但原告律师和审理此案的法官都没有提到这一问题。而且陪审团宣告布朗威尔无罪,这就说明他们相信他是真相的见证人。更幸运的是,通过查阅官方速记员对证词的记录报告,无须多费口舌,事实就能得以澄清。在听取原告的案情时,法官打断检察长伯尔纳,问道:

"我想问您一个问题。在那次会谈过程中,布斯先生是否以某种方式暗示那个孩子被卖掉了吗?"

伯尔纳回答道:"在那次会谈中没有,法官大人。"

在对布朗威尔·布斯先生进行讯问、交叉讯问及再次讯问过程中,没有人提起他曾作过虚假陈述这一现在指控他的罪名。在讯问结束后,布朗威尔·布斯先生向法官请求并得到许可进行解释,他谈的也正是这件事。我从官方报告中摘录了他作的以下解释:

"法官大人,昨天谈到了一个前几天您提出的与我的品行有关的问题,能允许我就此做一些解释吗?法官大人,您问(我猜是)伯尔纳检察长,我是否在某次会谈中对他说过,那个孩子被他的父母卖了,他回答说'没有'。确实如此,我没有对他说过这样的话;我现在想说的是,我受斯迪特先生的特别请求,并已经向他作出承诺,在任何情况下,我都不会向任何人透露这次买卖的任何情况,因为完全有可能给参与调查此事的人带来麻烦。"(《中央刑事法庭报告》,第 C Ⅱ 卷,第 612 篇,第 1035—1036 页)

第二天的报纸对这一声明作了以下错误报道:

"我想解释一下,法官大人,您谴责我说,当伯尔纳检察长问我那个孩子是否被他父母卖掉时,我说'没有',我之所以做了不实陈述,是因为我已向斯迪特先生承诺,不会向任何人透露这次买卖的任何情况,因为有可能给参与这次诉讼的人带来麻烦。"

赫胥黎教授也因此不明就里地犯了错。

我还要补充一点。赫胥黎教授说,这个声明已有 5 年没有受到任何质疑,但事实并不是这样的。11 月 14 日的《战地呼声》,就谴责这一声明是"一个弥天大谎";11 月 18

日，这份救世军的官方报纸，特地援引这一错误报道，以此来说明，它是那些对审判进行歪曲报道的报纸中"最可耻的一种"。既然如此，试问，赫胥黎教授的论点的两大主要支柱之一，会是什么下场呢？

我在复信时指出，1 月 10 日，斯迪特先生给我写了一封信，这样写道："今天早上，我在《泰晤士报》看到，您打算再次发表您就布斯计划书所写的信。"

1 月 12 日，我写了回信：

亲爱的斯迪特先生：

我并没有对布朗威尔·布斯先生提出任何指控。我只是引用了《泰晤士报》的报道，据我了解，布斯先生从未对报道的准确性提出质疑。我说我引用《泰晤士报》的报道而不是霍金斯的话①，因为要查证霍金斯的引文比较费劲。

我应该想到，布朗威尔·布斯先生会行使权利对这种说法——不在乎你听到了什么，而在乎他说了什么——进行反驳。可是，我是最不愿意传播事实不清的故事的；如果您不反对的话（您的信标有"私人的"字样），我将公开您信中的有关内容，但我会谨慎从事，只公开您允许公开的内容。

　　　　　　　　　　　　　　　　　　　　您最忠实的朋友
　　　　　　　　　　　　　　　　　　　　T. H. 赫胥黎

对此，斯迪特先生在 1891 年 1 月 13 日写了回信：

亲爱的赫胥黎教授：

感谢您在本月 12 日给我回信。我完全相信，您不想对这件事做出任何不公正的评价。但是您去读一读该案详细的审判报告中的有关段落，而不要公布我信中的内容，好不好？在审案期间，这份报告天天都被打印出来，而且法官和双方律师都在使用。我本想今天给您复印一份，但我发现时间太晚了，我明天一大早首先就办好这件事。您会发现，对我承认我作了虚假陈述的这种说法，这份报告断然予以否认。承蒙好意，再次深表谢意！

　　　　　　　　　　　　　　　　　　　　您忠实的朋友
　　　　　　　　　　　　　　　　　　　　W. T. 斯迪特

这样看来，斯迪特先生 1 月 13 日给我写的信中，一句也没有提到他在今天《泰晤士报》上发表的声明中所说的话。此外，斯迪特在首次与我通信时谈到的我写的一封信，不是他所说的发表在 1 月 13 日《泰晤士报》上的那一封，而是发表在 1890 年 12 月 27 日《泰晤士报》上的那封信。所以，斯迪特先生说"立刻"写信是不真实的。恰恰相反，在他 1891

_____

① 这是一处笔误。霍金斯先生与我所引用的引文没有任何关系。

年 1 月 10 日给我写信之前,差不多过了两个星期。再者,斯迪特先生隐瞒了一个事实,即从 1 月 13 日以来,他就知道,我想公开他对整个事件的看法,而且他使读者以为,我所作的唯一答复是,他"最好直接写信给您"。自始至终,斯迪特先生完全知道,我一直没有公开引用他 10 日来信的内容,不是因为别的,只是顾忌文件标有"私人"字样而不便随意使用;他也完全知道,直到在他写了昨天发表的那封信之后,他一直没有允许我引用他 1 月 10 日的信。

此外,我还想补充几句——

关于斯迪特先生的信的主旨,即他希望证明的一点似乎是:布朗威尔·布斯先生没有做虚假陈述,但在司法官员进行最严肃的刑事调查时,他隐瞒了一个他完全知晓且至关重要的事实。布朗威尔·布斯之所以这样做,是因为他向斯迪特先生作过承诺,要保守这个秘密;简而言之,布朗威尔·布斯不是说错了,而是做错了。

对上述更正,我将特别予以重视。我想,大多数人会认为,"我论点的主要支柱"之一(斯迪特先生喜欢这样称呼它们),已经变得非常坚固了。

关于布斯"总司令"法案的法律意见

在讨论布斯"总司令"和布朗威尔·布斯先生对其他人的所作所为应负的法律责任（刑事责任或民事责任）时，我一直保持着应有的谨慎；对于仅仅基于常识而提出的异议，我都会提出疑问，甚至表示怀疑。对任何肯定的说法，我仅限于引用法官对布斯"总司令"案件发表的声明、法庭的审判报告和法律专家的深思熟虑的意见。下面我还想就上述问题作进一步的评论。

一、布斯"总司令"的律师们引用的法律顾问的意见给我留下的印象，我在 185 页作了评论，也作了应有的保留。在我看到一名"不依普通法系执业的大律师"的信件以及克拉克、卡尔金诸位先生和乔治·科贝尔的信件之前（这些信件在 2 月 3 日和 4 日的《泰晤士报》上发表），我的上述评论已写就并付印。

这些信件完全证实了我曾作出的结论。但是，如果我说布斯"总司令"的法律顾问引用的意见，就像一只驰名的被"精心陈列用于展览"的破茶杯一样；而且正如克拉克、卡尔金诸位先生所说，他们"根本就没有涉及哈顿先生建议的主要观点"，那我就有点自以为是了。我认为，凡是认真阅读过一名"不依普通法系执业的大律师"所写的出色信件的人，不会得出其他结论，也会像科贝尔先生一样出于本能地希望得到对下列问题清楚明白的回答：

（1）信托契约在实施过程中，人们是否有权依法要求布斯先生对资金的使用情况进行解释？

（2）假如资金的使用情况没有得到合理的解释，那么是否有人（如果有的话，是谁）能够对拒绝或疏于做出解释的人（如果有的话，是谁）提起民事或刑事诉讼？

（3）假如民事或刑事诉讼没有能够使滥用的资金恢复原状，那么某个人或某些人是否有责任对损失进行赔偿？

1890 年 12 月 24 日，《泰晤士报》刊登了我的一封信（第五封信）。在这封信中，我提出了同样的问题，而且询问布斯先生他是否愿意，不按 1878 年或 1888 年的情况而按现在的情况，就这个只闻其声不见其形的"信托业务"，征求一下律师的意见？可是，已经过去六周了，仍然没有给我答复。

的确，布斯先生已授权格林伍德博士发表他所谓的《拟订的"信托契约"纲要》（《布斯总司令与他的批评者》，第 120 页）。但不幸的是，它又特地告诉我们，它"没有宣称这是一个绝对准确的纲要"。在这种情形下，恐怕律师和具有中等智力的门外汉都不会太在意如下声明："它为草案的普遍效力提供了一个清晰的思路"，尽管"引号中的话完全是从纲要中照搬过来的"。

我用斜体字标出的这些话，表明（1）该计划的目的限定在"按照《最黑暗的英格兰》一书中明示、默示或建议的方式，致力于社会和道德的重建以及改进贫困潦倒、堕落犯罪之人的生活"。因此我理解，如果募集的全部资金，在投机代理人即"人民的保护人"的帮助下，用于"给社会提供母亲般的照顾"，那么信托的目的就得到了十全十美的实现。（2）名称是"最黑暗的英格兰的计划"。（3）救世军总司令是"*该计划的领导人*"。这是多么宝贵的消息啊！但是在承认其价值的同时，公众一定不要误认为，它与我和其他人仍然百思不得其解的问题无关，即在最近 12 年间，以救世军的名义，采取各种方式募集的大量资金，究竟到哪里去了？可能作过修订的 1888 年的信托契约又在哪儿呢？我再问一次：布斯先生会容忍对为防止他和他的后继者随心所欲地处理所谓的"军事专柜"而做的一些安排进行充分、公平的法律审查吗？

二、关于"鹰"案件，我得知格林伍德博士（我决不怀疑他的真诚）因受到误导，在其小册子的附录中作了与实际情况不符的声明。的确，在我有机会细阅了官方记录的证据之后，依我这个非法律人士的看法，它与格林伍德博士坚持的说法决然相反。进而言之，声称布斯先生是在没有对律师放在他面前的书面陈述的内容深思熟虑的情况下而签字的，用这种借口来为布斯先生进行辩护，换作是我，我都不会用。确实，一个人在不能完全理解书面陈述的专业语言的情况下就在上面签字，这种情况可能发生、也常常发生。但是，他的律师总是会向他说明这些专业术语的法律后果。而且，就此特殊案例而言，整个事件都取决于布斯先生个人动机如何，因此他显然应该在签字之前就格外仔细地询问，使用的法律措词是否恰如其分地表达了他做书面陈述的动机。

三、关于布朗威尔·布斯先生一案，请读者参阅第 189 页。

四、至于布斯·科里波恩先生歪曲事实的说法，参阅本书 180—181 页。

以上就是这本小册子面世以来各类人士提出的法律问题，而且都已公开发表。

格林伍德博士的
《布斯总司令与他的批评者》

对我而言,这本小册子,除了抄录几周来刊登在支持布斯总司令的一些报纸上的谩骂文章外,别无他物。不想了解其真实价值的人,压根儿不会去阅读上述内容;而想一睹究竟的人,也无需靠我帮忙。

但是,为了给其他人一个公道,恐怕我得把格林伍德博士的一段话拿来示众。他说,我"在三四个救世军逃兵讲述的难于置信的故事基础上"(第 114 页),对布斯总司令进行了笼统空泛的指控。这是报纸的匿名撰稿人惯用的手法,我早已司空见惯了。然而,我不认为,一个像格林伍德博士这样受过良好教育、无疑受到高度尊敬的绅士,在看了下述易于验证的陈述后,还会铁石心肠地作出上面这种结论。

前文影射的"三四个救世军逃兵"指的是下面几位:

(1)瑞德斯通先生:人品得到坎宁安·盖基博士的担保,却险遭格林伍德博士的污蔑。

(2)萨姆纳先生:一个完全与格林伍德博士一样值得尊敬的绅士,对他公布的证据,至今没有一个救世军支持者胆敢予以反驳。

(3)霍金斯先生:同样遭到心存不满、爱管闲事的卓德尔先生的诽谤,但卓德尔被迫立即承认错误。

(4)尽管卓德尔先生提请注意的那个证据不足采信,但格林伍德博士还是引用了他的一段陈述企图证明:我从萨姆纳先生的著作中引用的陈述是伪造的。然而不幸的是,格林伍德博士却忘了提这一事实:1890 年 12 月 27 日(参阅第七封信),我公开要求卓德尔先生出示证据支持其论断,而到现在他还没有出示相关证据。

如果我愿意用格林伍德博士对我的那种不客气的腔调对待他,那么他就不要抱怨挨了太多的训斥。这个案件的真相究竟如何呢?简单地说,就是:我在仔细阅读《最黑暗的英格兰》一书后得出结论,布斯"总司令"的庞大计划(撇开救世军军人的本地事务不谈),本质是邪恶的,而且必然会酿成恶果;而且在提醒公众注意这种后果的时候,我十分意外地发现,我手头的那些充足的证据表明,我的预料很准,那些恶果已经大规模地出现了;在我出示那一小部分证据的时候,我还提醒公众要谨慎地看待这些证据。格林伍德博士说我没有注意到"忠心耿耿的 9 000 多名信徒的意见",他这么说太轻率了。如果他知道多少热心真挚的救世军军人支持我、鼓励我并给我提供情况的话,他显然会大吃一惊。但是,我不能使用这些证据,因为给我写信的人都告诉我,救世军的统帅制定了恐怖的纪律,还建立起了严密的侦查系统。直到有一天,没有人会因为我使用这些证据而受到伤害,此时好奇的目光会借助这些证据材料投向这个组织的内幕,它让我们以为这是一个幸福的大家庭。

救世军战争条例

（凡愿加入救世军者必须签署该条例）

我既全心领受了耶和华的慈悲赐予我的拯救，如今就在此公开承认上帝是我的父和王，耶稣基督是我的救主，圣灵是我的导师、安慰者和力量；我要靠他的帮助去敬爱、侍奉、膜拜、顺从这位荣耀的上帝，永世无尽。

我既深信救世军是由上帝兴起、维持、指挥的，因此决志宣言，靠着上帝的帮助，我要做真正的救世军军人，一直到死。

我完全服膺救世军教义的真理。

我相信向上帝忏悔，信主耶稣基督，并由圣灵重生，方可得救，一切人都能以此得救。

我相信我们靠神恩因信主耶稣基督而得救，凡相信的，心中自有见证。这，我已得着了。感谢上帝！

我相信圣经是上帝赐予的启示，训示我们，不仅继续蒙上帝眷顾有赖于继续信和服从耶稣基督，而且已经真正归正的，还是可能悖逆，永远迷失。

我相信"全然成圣"是众信徒的特权，"他们的灵与魂与身子""得蒙保守无瑕疵，直到我主耶稣基督降临"。也就是说，我相信，在归正以后心里还存留邪恶的倾向或恶毒的根，除非靠神恩把他们克服，他们便要产生罪恶；但是，这些邪恶的倾向能够完全被上帝的灵除去，这样整个心得以洁净，远离一切违反上帝旨意的东西，或完全成圣了，便只产生圣灵的果子。我相信，凡这样完全成圣的，可以靠上帝的权能得蒙保守，在他面前没有瑕疵，无可指摘。

我相信灵魂不灭、身体复活，相信世界末日的最后审判，义人享永乐，恶人受永刑。

所以，我在此现今并且永远弃绝世界及其有罪的享乐、交际、财物，并大胆宣布我决心在任何地方任何人群中表示自己是耶稣基督的战士，而不计任何艰苦得失。

我如今在此宣布，我禁绝酒类、鸦片、鸦片酊、吗啡及其他有毒药剂，只是生病时，遵照医嘱服用。

我如今在此宣布，我决不说粗俗和渎神的话，妄称上帝的名；远离一切污秽之事，在任何人群、任何地方，必不参与任何污秽的言谈，不看任何淫秽书报。

我在此宣布我决不说谎、欺骗、以讹传讹或不诚实；不论公事、私事，还是与任何人的交往中，我决不会有任何欺骗的行为；我必会真诚、公平、得体、慈爱地待上对下。

我在此宣布，我必不以压迫、残忍或懦弱对待那些生命和安乐皆有赖于我的妇孺及其他任何人；反而必尽所能保护他们远离凶恶和危险，并竭力促进他们现世的福利，帮助他们永世得救。

我在此宣布，我会献出一切时间、精力、金钱及能发挥的影响，扶助并从事救世军战争；我必努力引领家人、朋友、邻居及其他我能影响的人，去做同样的事。我相信，消除世界诸般邪恶的唯一可靠方法，乃是引导人们顺服主耶稣基督。

我在此宣布，我永远服从军官的合法命令，竭力遵守《救世军军令及规章》；而且我还要做信守救世军教义的模范，竭尽所能推广践行；在力所能及的范围内，决不容许损害救世军利益或妨碍其成功的事情发生。

此时此刻，我请求在场诸位作证，我加入此事业、在《战争条款》上签字，皆出于自愿，因我感到那以死来拯救我的基督之爱，要求我献身于他拯救全世界的事业，所以我现在申请入伍，成为一名救世军士兵。

救世军申请表

························

_____团

_____师

_____18

（单人）

申请表

救世军军官专用

姓名_____

地址_____

1. 年龄_____,出生日期_____

2. 身高_____

3. 身体缺陷或病史？_____

4. 是否有重大疾病？_____,何时患病？_____

5. 是否有癫痫史？_____;如果有,上次发作的时间,是哪一类？_____

6. 身体是否健康？身体能否胜任军官的工作？如果不能或有所怀疑,写信予以解释。_____

7. 就你所知,有关你身体状况的医生证明是否齐备准确？_____

8. 婚姻状况？_____

9. 何时何地信教？_____

10. 是否加入过其他宗教团体？_____

11. 是否当过初级军士？_____,如果是,兵龄_____

12. 何时加入救世军？_____,何时在《战争条款》上签字？_____

13. 在所在军团担任何种职务及时间？_____

14. 是否愿意将一生献给救世军？_____

15. 是否曾经被公开降职？_____,时间_____

16. 原因_____,复职日期_____

17. 是否负债？_____,数目_____,原因_____

18. 欠款时间_____,拖欠原因_____

19. 是否饮酒？_____,何时戒酒？_____

20. 是否抽烟？_____,(香烟或鼻烟)何时戒烟？_____

21. 所穿军服的类型＿＿＿＿＿＿＿＿＿

22. 穿了多长时间？＿＿＿＿＿＿＿

23. 是否愿意按照总部的规定穿着？＿＿＿＿＿＿＿

24. 入伍之前，能否自己准备制服和"必备日用品"？＿＿＿＿＿＿＿＿＿＿＿＿＿＿＿＿＿＿＿＿

25. 职业＿＿＿＿＿＿＿＿＿，从业时间＿＿＿＿＿＿＿＿

26. 纳税种类和薪水＿＿＿＿＿＿＿＿

27. 雇主姓名和地址＿＿＿＿＿＿＿＿＿＿＿＿

28. 若处于无业状态，上次离职时间＿＿＿＿＿＿＿＿，从业时间＿＿＿＿＿＿＿＿

29. 离职原因＿＿＿＿＿＿＿＿＿＿＿＿＿＿＿＿

30. 上任雇主姓名和地址＿＿＿＿＿＿＿＿＿＿＿＿＿＿

31. 能否开始唱诗＿＿＿＿＿＿＿＿

32. 能否演奏乐器？＿＿＿＿＿＿＿＿

33. 该表是否由你本人填写？＿＿＿＿＿＿＿＿，是否识字？＿＿＿＿＿＿＿＿

34. 是否会速记？＿＿＿＿＿＿＿＿＿＿＿＿＿＿＿＿，速度如何？＿＿＿＿＿＿＿＿＿＿＿＿＿＿＿，
    用哪种系统？＿＿＿＿＿＿＿＿＿＿＿＿＿＿＿＿＿＿

35. 除了英语，还会说何种语言？＿＿＿＿＿＿＿＿

36. 是否参加过初级军士战争，是否立功？＿＿＿＿＿＿＿＿

37. 如果是，参加了那场战争？＿＿＿＿＿＿＿＿，立过何种军功？＿＿＿＿＿＿＿＿

38. 是否愿意每逢礼拜天就去叫卖《战地呼声》？＿＿＿＿＿＿＿＿

39. 是否同意若发表任何作品、歌曲或乐曲，则必是为了救世军的利益并获总部许可？＿＿＿＿＿＿＿＿

40. 是否同意若从事任何行业、职业或营利行为，必是为了救世军的利益并获总部许可？＿＿＿＿＿＿＿＿

41. 假如需要，是否愿意派驻国外？＿＿＿＿＿＿＿＿

42. 若被录取，是否愿意竭尽全力去促进初级军士的工作？＿＿＿＿＿＿＿＿

43. 是否保证每天为军队努力工作不少于 9 小时，每周巡视不少于 3 次？＿＿＿＿＿＿＿＿＿＿＿＿

44. 是否保证填写表格汇报每天活动情况并呈交总司令？＿＿＿＿＿＿＿＿＿＿＿＿

45. 是否已经阅读并相信写在表格背面的救世军教义？＿＿＿＿＿＿＿＿＿＿＿＿＿＿

46. 是否已经阅读了救世军《陆军军官军令规章》＿＿＿＿＿＿＿＿
    如果没有《军令规章》，立即到应征科购买，应征者购买价：2 先令 6 便士

47. 是否保证深入学习、贯彻并尽力训练其他人遵守救世军《校级军官军令规章》？＿＿＿＿＿＿＿＿

48. 是否已经阅读了本表格第 3 页关于礼品和奖励方面的规定，是否愿意执行？＿＿＿＿＿＿＿＿

49. 是否保证决不领取超出以下津贴范围的薪水？＿＿＿＿＿＿＿＿＿＿＿＿＿＿＿＿＿＿＿＿
    津贴——从到职那天起，若在扣除本地各项开销后还有余额，每位军官可以按以下标准领取津贴：
    单身男性，中尉每周 16 先令，上尉每周 18 先令；单身女性，中尉每周 12 先令，上尉每周 15 先令；已
    婚男性每周 27 先令，另若有未满 14 周岁的小孩，每周每个小孩补助 1 先令。房租自理。

50. 是否完全能够理解薪水或津贴并不保证一定会发放？＿＿＿＿＿＿如果不能拿到薪水或津贴,你都不会向救世军及相关人等追讨？＿＿＿＿＿＿

51. 以前是否提出过申请？＿＿＿＿＿＿,何时？＿＿＿＿＿＿

52. 申请结果＿＿＿＿＿＿

53. 是否曾经在救世军担任过职务,是何职务？＿＿＿＿＿＿

54. 离开原因＿＿＿＿＿＿

55. 是否愿意参加训练以便我们能够知道你是否具有一个救世军军官必需的美德和能力？假如我们认为你不具备上述条件,你能否保证没有任何不满情绪地回家继续为所在军团工作？＿＿＿＿＿＿

56. 如果我们批准你参加训练,是否愿意支付旅费？＿＿＿＿＿＿

57. 在训练期间,你能为你的日常开支支付多少费用？＿＿＿＿＿＿

58. 当你受到委任并给你提供一套制服时,是否能够交纳 1 英镑的押金？＿＿＿＿＿＿

59. 如果我们需要你,你要求以何种方式最快得到通知？＿＿＿＿＿＿

60. 你的父母是否愿意你成为一名军官？＿＿＿＿＿＿

61. 是否有人需要你赡养或抚养,如果有,是谁？＿＿＿＿＿＿

62. 到何种程度？＿＿＿＿＿＿

63. 你父母或者住得最近的亲属的地址＿＿＿＿＿＿

64. 是否在恋爱？＿＿＿＿＿＿,如果是,对方的姓名和地址＿＿＿＿＿＿

65. 恋爱多久？＿＿＿＿＿＿,对方的年龄＿＿＿＿＿＿

66. 对方生日＿＿＿＿＿＿,参加救世军多久？＿＿＿＿＿＿

67. 对方穿何种制服？＿＿＿＿＿＿,穿了多长时间？＿＿＿＿＿＿

68. 对方在军团做何种工作？＿＿＿＿＿＿

69. 对方是否申请过该工作？＿＿＿＿＿＿

70. 如果没有,何时打算申请？＿＿＿＿＿＿

71. 对方父母是否同意他(她)参加训练？＿＿＿＿＿＿

72. 若委任为军官后,必须在三年以后才能结婚,你是否知道此规定并愿意遵守？＿＿＿＿＿＿

73. 如果你没有在恋爱,能否保证:在训练期间以及在委任为陆军军官后至少 12 个月内禁绝此类事情发生？＿＿＿＿＿＿

74. 是否保证不与你所驻站点的任何人恋爱？＿＿＿＿＿＿

75. 是否保证,在不事先向师长或总部报告的情况下,决不开始或允许开始或断绝恋爱关系？＿＿＿＿＿＿

76. 是否保证决不与使你离开救世军的人结婚？＿＿＿＿＿＿

77. 你是否看过并同意遵守下列有关恋爱与结婚的规定？＿＿＿＿＿＿

(a) 当希望缔结或解除婚约时,军官必须事先通知自己的师长或总部,而且未经师长同意,任何军官都不得缔结或解除婚约。

(b) 不允许军官在任职所在地恋爱;在接受委任之日起的 12 个月内不得恋爱。

(*c*) 总部不能批准男中尉的婚约,除非师长准备推荐其担任上尉。

(*d*) 在总部批准军官结婚之前,师长必须已经准备好让其婚后负责三个区域。

(*e*) 已被录用的军官,除非在其区域至少工作三年或申请之前存在长期婚约,否则不允许结婚。

(*f*) 如果不满 22 周岁,在任何情况下,男军官都不得结婚,除非总部出于特殊目的另行要求。

(*g*) 在总部批准订婚的 12 个月内,不得批准男军官结婚(除极特殊的情况)。

(*h*) 若男军官的对象不适合做一名军官的妻子,或男军官(若其本人还不是军官)不准备马上参加训练,不得批准男军官订婚。

(*i*) 若女军官和士兵准备订婚,除非后者适合做一名军官,而且(被选中的话)愿意参加训练,方可批准。

(*j*) 任何会导致军官离开救世军的婚约或婚姻都不可能获准。

(*k*) 每个军官在结婚前必须签署《陆军军官军令规章》中的"婚姻条例"。

礼品和奖励

1. 希望军官能坚决拒绝或阻止别人向其赠送礼品和发放奖励的行为,即便只是提议。

2. 当然,没领薪水或只领部分薪水的军官,可以接受食品等满足生活所需的礼物。但是,已领薪水的军官接受食品等礼物是可耻的行为。

救世军教义

在救世军中教授的教义如下:

1. 我们相信,圣经(旧约和新约)是上帝赐予的启示,唯独它们才是上帝给基督徒信仰和行为的准则。

2. 我们相信只有一个上帝,是无限的完全,万物的创造者,保存者和管理者。

3. 我们相信三位一体的神——圣父、圣子、圣灵,同一实体,同权同荣,是宗教崇拜独一适当的对象。

4. 我们相信耶稣基督是神性和人性的联合,所以他真是神,也真是人。

5. 我们相信始祖受造天真,但因悖逆而失去了纯洁和快乐;因他们的堕落,众人都成为罪人,完全败坏,并因此应遭上帝的愤怒。

6. 我们相信主耶稣基督因受苦受死已为全世界赎罪,所以凡愿意的人都可得救。

7. 我们相信向上帝悔改,信主耶稣基督,并由圣灵重生,是得救所必需的。

8. 我们相信我们称义是由于恩典,因信主耶稣基督;并且凡真相信的,心里便有真凭实据。

9. 我们相信圣经训示我们,不仅继续蒙上帝眷顾有赖于继续信和服从耶稣基督,而且已经真正归正的,还是可能悖逆,永远迷失。

10. 我们相信"全然成圣"是众信徒的特权,"他们的灵与魂与身子""得蒙保守无瑕疵,直到我主耶稣基督降临"。也就是说,我们相信,在归正以后心里还存留邪恶的倾向或恶毒的根,除非靠神恩把它们克服,它们便要产生罪恶;但是,这些邪恶的倾向能够完全被上帝的灵除去,这样整个心得以洁净,远离一切违反上帝旨意的东西,或完全成圣了,便只产生圣灵的果子。我们相信,凡这样完全成圣的,可以靠上帝的权能得蒙保守,在他面前没有瑕疵,无可指摘。

11. 我们相信灵魂不灭、身体复活,相信世界末日的最后审判,义人享永乐,恶人受永刑。

誓　言

我特此宣誓:在任何情况下,我决不蓄意做任何有损救世军的事情。特别是,在没有预先获得总司令同意的情况下,决不参加或从事反对救世军的任何宗教活动。

我保证:凡是我做的,每天都按照规定的格式真实地予以记载。凡是对总司令的命令或指示有所疏忽或走样,只要与我有关,我一律坦白;只要我看见,我一律报告。

我完全明白:在救世军服役期间,总司令不承诺使用或保留在他看来显然不适合这项工作的人,或对救世军不忠诚的人,以及无所作为的人。我庄严宣誓:当我被遣送时,我会按照总司令的期望去做,坦然放弃军人身份,绝不会以任何方式扰乱或骚扰部队。为此,我会清偿在军队和总司令那里的全部债务,保证不会就因为参军而放弃的职位、财产或利益提出任何要求。

我理解,总司令不会以任何形式对我因为取消训练资格而招致的任何损失承担责任;我也知道,被接受为军官学校学生参加训练,是为了检验是否适合担任救世军军官的工作。

我特此声明:我前面的回答完全表达了我对这些问题的真实想法;我知道,如果总司令知道我的真实想法,就没有理由不雇用我。

报考人签名＿＿＿＿＿＿＿＿＿＿＿＿＿＿＿＿＿＿＿＿＿＿

报 考 须 知

1. 报考者应力所能及地完整填写这张表格,并在上面签字。

2. 报考之前,应持有和阅读《陆军军官军令规章》。

3. 报考并"不"意味着你能入选为军官,所以在接到我们的再次通知之前,"不要"离家或接到第一次通知就辞职。

4. 如果你被任命为军官,或者获准参加训练,后来发现你在填写表格时弄虚作假,你将被永远开除。

5. 如果你对表格的有些问题难以理解,或者你不同意表格中提出的要求,就把表格寄回司令部,并直截了当地说明。

6. 如果对任命进行审查,你应该虔诚祈祷,因为这是你归正以来迈出的最重要的一步。

我们必须看你的照片。请把照片和表格一同寄给"报考办公室",地址:E.C,伦敦,维多利亚女王大街 101 号。

大不列颠萨福克郡邦格理查德"泥土与孩子"出版有限公司印刷

人名中英文对照表

A

Adam Smith	亚当·斯密
Ahasuerus	亚哈随鲁
Alexander Grant	亚历山大·格兰特
Alexander	亚历山大
Aphrodite	阿芙罗狄忒
Aratus	阿拉托斯
Ares	阿瑞斯
Aristotle	亚里士多德
Augustine	奥古斯丁

B

Ballington Booth	巴林顿·布斯
Baur	鲍尔
Ben Tillett	本·蒂利特
Berkeley	贝克莱
Bill	比尔
Bolingbroke	博林布鲁克
Booth Clibborn	布斯·科里波恩
Booth	布斯
Booth-Clibborn	布斯-科里波恩
Borner	伯尔纳
Boscovich	博斯科维奇
Bramwell Booth	布朗威尔·布斯
Britnell	布立特勒尔
Browning	布朗宁
Buchanan	布坎南
Büchner	布希纳
Burton	伯顿

C

Caesar	恺撒
Calkin	卡尔金
Calvin	加尔文
Card Manning	卡特·曼宁
Carlyles	卡莱尔
Catherine	凯瑟琳
Chrysippus	克吕西波
Clarke	克拉克
Cleanthes	克莱安西斯
Clifford	克利福德
Columbus	哥伦布
Cortez	科特斯
Croesus	克利萨斯
Cunningham Geikie	坎宁安·盖基
Cunningham	坎宁安
Cyril	西里尔

D

Darwin	达尔文
Davids Rhys	戴维斯·里斯
Democritus	德谟克利特
Descartes	笛卡儿
Diogenes	第欧根尼
Droysen	德罗伊森
Durham	德拉姆

E

Elias	伊莱亚斯
Elizabeth	伊丽莎白
Epictetus	爱比克泰德
Epicurus	伊壁鸠鲁
Ernest Hatton	欧内斯特·哈顿

F

Faraday	法拉第
Francis	方济各
Fred Perry	佛瑞德·佩里

G

Gautama	乔答摩
George Fox	乔治·福克斯
George Kebbell	乔治·科贝尔
Gilpin Johnny	吉尔平·约翰尼
Graham	格雷厄姆
Greenwood	格林伍德

H

Haman	哈曼
Hamlet	哈姆雷特
Hartley	哈特莱
Hatton	哈顿
Henry James	亨利·詹姆斯
Heracleitus	赫拉克利特
Herbert Spencer	赫伯特·斯宾塞
Hibbert	赫伯特
Hildegarde	希尔德加德
Hincks	汉克斯（辛克斯）
Hodges	霍金斯
Homeric	荷马

I

Ignatius	伊格内舍斯
Imrie	埃默里
Istar	伊什塔尔

J

Jack	杰克
Jedburgh	杰伯格
Job	约伯
John Bunyan	约翰·班扬
John Howard	约翰·霍华德
John Sebright	约翰·塞伯莱特
Johnny Gilpin	约翰尼·吉尔平
Jonathan Edwards	乔纳森·爱德华兹

K

Kant	康德
Kay	凯
Kebbell	科贝尔

L

Lawley	罗雷
Leibnitz	莱布尼兹
Lightfoot	莱特福特
Lilly	利利
Llewelyn Davies	卢埃林·戴维斯
Loch	骆克
Lopes	罗伯斯

M

Malthus	马尔萨斯
Mara	魔罗
Matthew Paris	马修·帕里斯
Matthews	马修斯
Mordecai	摩迪开

N

| Napoleon | 拿破仑 |
| Newton | 牛顿 |

O

Oedipus	俄狄浦斯
Oldenberg	奥登博格
Othello	奥赛罗

P

Pascal	帕斯卡尔
Pilate	彼拉多
Plato	柏拉图
Plumptre	普伦特
Pope	蒲柏
Poseidon	波塞冬
Proteus	普罗特斯

R

Ranger	朗格尔
Redstone	瑞德斯通
Romanes	罗马尼斯

S

Schiller	席勒
Schopenhauer	叔本华
Seneca	塞涅卡
Shaftesbury	沙夫茨伯里
Simon Magus	西蒙·玛古斯
Sisyphaean	西西弗斯
Smoke	斯默克
Socrates	苏格拉底
Sphinx	斯芬克斯
Spinoza	斯宾诺莎
Stead	斯迪特
Stephen	斯蒂芬
Suarez	苏亚雷斯
Sumner	萨姆纳

T

Tennyson	丁尼生
Thomas Aquinas	托马斯·阿奎那
Thomas Huxley	托马斯·赫胥黎
Trotter	卓德尔

V

Vedas	吠陀
Victoria	维多利亚

W

Weels	威尔斯
Weygoldt	韦戈尔特
William Booth	威廉·布斯

← 1894—1895年爆发的甲午战争，是中国甚至世界近代史上的重大事件。图为中日战舰在黄海激战（油画）。

→ 清政府战败后签订了《马关条约》，它给近代中国带来了严重危害，中国社会半殖民地化程度大大加深了。

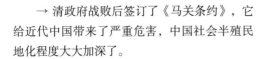

← 公车上书。1895年，康有为等人为了反对清政府签订《马关条约》，联名上书，提出了"拒和、练兵、变法"等主张，轰动全国。这被认为是维新派登上历史舞台的标志，也被认为是中国群众政治运动的开端。

→ 1898年6月11日，清光绪帝颁诏，宣布变法，起用维新人士，中国历史上第一次现代改革——戊戌变法开始。但以慈禧太后为首的顽固派发动政变，光绪皇帝被囚，谭嗣同等"戊戌六君子"被杀害，康有为、梁启超等人流亡日本，变法失败。这次变法尽管只坚持了103天，却是中国近代史上第一次思想解放运动。

← 1857年英法联军闯入圆明园，疯狂地进行抢劫，把圆明园抢劫一空之后，又下令烧毁圆明园。大火连烧3昼夜，使这座世界名园化为一片焦土。1900年，八国联军入侵北京，再次放火烧圆明园。这场浩劫，正如法国著名作家雨果所描绘和抨击的那样："有一天，两个强盗闯进了夏宫，一个进行抢劫，另一个放火焚烧。他们高高兴兴地回到了欧洲，这两个强盗，一个叫法兰西，一个叫英吉利。他们共同'分享'了圆明园这座东方宝库，还认为自己取得了一场伟大的胜利。"图为今日圆明园中的大水法遗址，这些残垣断壁已被认为是圆明园的象征。

→ 圆明园复原图。

↓ 在中国近代历史上，帝国主义列强通过不平等条约强行在中国获取了很多租借地（称租界），多位于港口城市。图为1928年上海公共租界外滩一景。

→ 广州英租界，是近代中国7个英国租界之一（另外6个是上海英租界（不久并入上海公共租界）、汉口英租界、镇江英租界、九江英租界、天津英租界和厦门英租界）。同时也是广州的两个租界之一（另一个是广州法租界，同在沙面岛上）。图为沙面岛上保存完好的西式建筑物。

← 严复（1854—1921）福建侯官（今福州）人，清末著名的资产阶级启蒙思想家、翻译家和教育家，是中国近代史上向西方国家寻找真理的"先进的中国人"之一。

↑ 图为福州市郎官巷，严复晚年故居就位于这个小巷内。（周雁翎摄）

← 严复郎官巷故居的正厅。（周雁翎摄）

→ 1866年，严复考入福州船政学堂，学习英文及近代自然科学知识，五年后以优等成绩毕业。图为福州马尾中国船政文化博物馆内的腊像复原场景。（周雁翎摄）

↑ 图为严复祖居前的小桥，当年严复正是从这里走出家乡，出国留学。（周雁翎摄）

↑ 今日英国格林尼治皇家海军学院（The Royal Naval College, Greenwich）。1879年严复从该校毕业，回国投入海军建设。

← 1877—1879年，严复等被公派到英国留学，先入普茨茅斯大学，后转到格林威治海军学院。留学期间，严复热衷于资产阶级哲学和社会学的研究，深受亚当·斯密、孟德斯鸠和斯宾塞等人的影响。英国是达尔文学说的故乡，当时达尔文和赫胥黎等人都还健在，这使严复有机会接受了科学进化论的熏陶。图为1878年的严复。

↑ 外国势力不断入侵中国，尤其许多宗教上的观点，与中国传统文化格格不入，一些有志之士虽有觉醒，提倡改革运动，但一般守旧人士，对于西方文化的入侵，极力排斥，这张"打鬼烧书图"便是当时守旧人士发放的宣传图，生动反映了他们对西方文化抗拒的态度。

↑ 1917年严复与夫人朱明丽合影（时年65岁）。

→ 严复（左一）在译《天演论》时期的留影。严复所译书中最早、影响最大的就是《天演论》。他后来也译有著名的《法意》《原富》等。

↑ 严复与同窗等在北洋军舰上的合影。

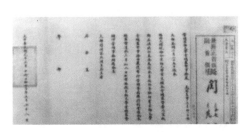

↑ 严复被任命为北大校长时的委任状。

↑ 1912年5月，京师大学堂更名为北京大学。时任大学堂总监的严复成为北大首任校长。

↑ 严复于1921年10月27日在福州郎官巷住宅与世长辞，终年69岁。图为严复墓。（周雁翎摄）

↑ 严复亲笔书写的对联。

《天演论》是严复根据赫胥黎于1894年出版的《进化论与伦理学及其他论文》（*Evolution and Ethics and Other Essays*）一书中的两篇文章（"导论"和"进化论与伦理学"）改译的。全书采用了意译，并附有一篇自序和29段按语，甚至有些按语超过了译文篇幅。因此该书就不是一般的翻译了。严复在翻译和按语中所做的"中国化"工作，大大加强了译作的现实感。严复在《译〈天演论〉自序》中说："此书旨在自强保种。"正是这种"歪曲原意"的翻译，在当时的中国社会迅速掀起了一股"天演"热，如一声惊雷，对19世纪末20世纪初的中国历史产生了不同凡响的影响。

↑　1897年严复在天津创办《国闻报》，宣传变法维新；将《天演论》在《国闻报》的增刊《国闻汇编》上连续发表。

↑　1898年《天演论》首次出版成书，分上、下两卷，上卷18篇，下卷17篇。图为清末木板刻印的版本。

↑《天演论》的《序》。

↑　严复翻译《天演论》的手稿。在"翻译"时，严复杂糅了达尔文、斯宾塞和赫胥黎的思想，提出了自己的"天演论"，他认为，中国之所以遭受列强蹂躏，不仅因为列强船坚炮利，更因为他们有一套不同于中国的思想文化和精神气质。欲救中国之危亡，必先救国人之精神。

在经历了中日甲午战败的巨大创痛之后，《天演论》所传输的"物竞天择，适者生存"的原则对中国读者的冲击作用，是不言而喻的，许多读者阅读该书时不知不觉地产生共鸣，顺其思路思考民族和国家的前途，或投身维新热潮，或走上革命之路，一场波澜壮阔的变法维新运动终于在这里找到了自己的有力理论依据。《天演论》提出的思想成为维新领袖、辛亥精英、五四斗士改造中国的武器。康有为、梁启超、孙中山、鲁迅、胡适、毛泽东等人都曾深受其思想的熏陶。

康有为　　　　　　　梁启超

← 《天演论》尚未公开出版，译稿就在改良派发起人中间传阅。梁启超、康有为等人都看过《天演论》译稿。后来梁启超说："西洋留学生与本国思想发生关系者，复其首也。"康有为也极力称赞严复译《天演论》是中国介绍西学的第一人。

→《天演论》敲响了一座警钟，它告诉人们：中国已经危机重重，按照"优胜劣汰"的规律，中国正处在民族存亡的危急关头。它警示中国人，只有"与天争胜"而终"胜天"，只有人治日新，团结奋斗，自强自立，才能真正把握自己的命运。图为当时广州街景。

→ 孙中山立像，位于武汉市纪念武昌起义的首义广场。其身后是辛亥革命博物馆。

← 《天演论》产生影响的另一个因素是，严复在当时注意到中西文化的异质，采用了适合中国知识分子阅读习惯和理解能力的文字，以实践自己"达"和"雅"的表达原则。正如鲁迅后来讲的：《天演论》"桐城气息十足，连字的平仄也都留心，摇头晃脑地读起来，真是音调铿锵，使人不自觉其头晕"。鲁迅还说自己的世界观，就是赫胥黎替他开拓出来的。

↑ 严复的相关思想影响了很多学者。胡适的名字，正是从"适者生存"而来。类似的故事还有孙中山手下大将陈炯明，名"陈竞存"，也是从"物竞天择，适者生存"一语而来。

← 1915年陈独秀创办《青年杂志》，次年改称《新青年》，举起"民主"和"科学"两面旗帜，猛烈抨击封建主义旧文化，提倡新文化。

→ 五四运动

附　录

天演论

严复　译

· Appendix ·

　　我国近代启蒙思想家、翻译家严复（1853—1921）译述了该著作，取名为《天演论》，以"物竞天择，适者生存"的观点号召人们救亡图存，对当时中国思想界产生了巨大影响。

赫胥黎

译《天演论》自序

　　严复并未将原著完全翻译，他在《译〈天演论〉自序》中说："此书旨在自强保种。"正是这本"歪曲原意"的《天演论》，在当时的中国社会迅即掀起了一股"天演"热，如一声惊雷，对 19 世纪末 20 世纪初的中国历史产生了不同凡响的影响，康有为、梁启超、孙中山、鲁迅、胡适、毛泽东等人都曾深受其思想的熏陶。

英国名学家穆勒约翰有言：欲考一国之文字语言，而能见其理极，非谙晓数国之言语文字者不能也。斯言也，吾始疑之，乃今深喻笃信，而叹其说之无以易也。岂徒言语文字之散者而已，即至大义微言，古之人殚毕生之精力，以从事于一学，当其有得，藏之一心，则为理；动之口舌，著之简策，则为词，固皆有其所以得此理之由，亦有其所以载焉以传之故。呜呼，岂偶然哉！自后人读古人之书，而未尝为古人之学，则于古人所得以为理者，已有切肤精忱之异矣。又况历时久远，简胜沿讹，声音代变，则通假难明，风俗殊尚，则事意参差。夫如是，则虽有故训疏义之勤，而于古人诏示来学之旨，愈益晦矣。故曰，读古书难。虽然，彼所以托焉而传之理，固自若也。使其理诚精，其事诚信，则年代国俗无以隔之，是故不传于兹，或见于彼，事不相谋而各有合。考道之士，以其所得于彼者，反以证诸吾古人之所传，乃澄湛精莹，如寐初觉，其亲切有味，较之觇毕为学者，万万有加焉。此真治异国语言文字者之至乐也。今夫六艺之于中国也，所谓日月经天，江河行地者尔。而仲尼之于六艺也，《易》《春秋》最严。司马迁曰："《易》本隐而之显，《春秋》推见至隐。"此天下至精之言也。始吾以谓本隐之显者，观《象》《系辞》以定吉凶而已；推见至隐者，诛意褒贬而已。及观西人名学，则见其于格物致知之事，有内籀之术焉，有外籀之术焉。内籀云者，察其曲而知其全者也，执其微以会其通者也；外籀云者，据公理以断众事者也，设定数以逆未然者也。乃推卷起曰：有是哉！是固吾《易》《春秋》之学也。迁所谓本隐之显者，外籀也；所谓推见至隐者，内籀也，其言若诏之矣。二者即物穷理之最要途术也，而后人不知广而用之者，未尝事其事，则亦未尝咨其术而已矣。近二百年，欧洲学术之盛，远迈古初，其所得以为名理、公例者，在在见极，不可复摇。顾吾古人之所得，往往先之，此非傅会扬己之言也，吾将试举其灼然不诬者，以质天下。夫西学之最为切实而执其例可以御蕃变者，名、数、质、力四者之学是已。而吾《易》则名、数以为经，质、力以为纬，而合而名之曰《易》。大宇之内，质、力相推，非质无以见力，非力无以呈质。凡力皆乾也，凡质皆坤也。奈端动之例三，其一曰，静者不自动，动者不自止，动路必直，速率必均。此所谓旷古之虑，自其例出，而后天学明，人事利者也。而《易》则曰：乾其静也专，其动也直。后二百年，有斯宾塞尔者，以天演自然言化，著书造论，贯天地人而一理之，此亦晚近之绝作也。其为天演界说曰：翕以合质，辟以出力，始简易而终杂糅。而《易》则曰："坤其静也翕，其动也辟"。至于全力不增减之说，则有自强不息为之先，凡动必复之说，则有消息之义居其始，而《易》不可见，乾坤或几乎息之旨，尤与热力平均、天地乃毁之言相发明也。此岂可悉谓之偶合也耶？虽然，由斯之说，必谓彼之所明，皆吾中土所前有，甚者或谓其学皆得于东来，则又不关事实，适用自蔽之说也。夫古人发其端，而后人莫能竟其绪；古人拟其大，而后人未能议其精，则犹之不学无术未化之民而已。祖父虽圣，何救子孙之童昏也哉！大抵古书难读，中国为尤。二千年来，士徇利禄，守阙残，无独辟之虑。是以生今日者，乃转于西学，得识古之用焉。此可与知者道，难与不知者言也。风气渐通，士知弇陋为耻,西学之事,问涂日多。然亦有一二巨子,訑然谓彼之所精,不外象、数、形下之末,彼之所务,不越功利之间,逞臆为谈,不咨其实。讨论国闻,审敌自镜之道,又断断乎不如是也。赫胥黎氏此书之旨,本以救斯宾塞任天为治之末流,其中所论,与吾古人有甚合者,且于自强保种之事,反复三致意焉。夏日如年,聊为迻译,有以多符空言,无裨实政相稽者,则固不佞所不恤也。光绪丙申重九严复序。

译 例 言

　　严复在《译例言》中提出了翻译的标准为信、达、雅，并亲自示范，为中国近代翻译提出了新的可供操作的规范。他采取的"意译"方式，在翻译界也风行一时。严复作为一种翻译典范在近代翻译史上广为公认。

一、译事三难：信、达、雅。求其信已大难矣，顾信矣不达，虽译犹不译也，则达尚焉。海通已来，象寄之才，随地多有，而任取一书，责其能与于斯二者，则已寡矣。其故在浅尝，一也；偏至，二也；辨之者少，三也。今是书所言，本五十年来西人新得之学，又为作者晚出之书。译文取明深义，故词句之间，时有所颠到附益，不斤斤于字比句次，而意义则不倍本文。题曰达旨，不云笔译，取便发挥，实非正法。什法师有云：学我者病。来者方多，幸勿以是书为口实也。

一、西文句中名物字，多随举随释，如中文之旁支，后乃遥接前文，足意成句。故西文句法，少者二三字，多者数十百言。假令仿此为译，则恐必不可通，而删削取径，又恐意义有漏。此在译者将全文神理融会于心，则下笔抒词，自善互备。至原文词理本深，难于共喻，则当前后引衬，以显其意。凡此经营，皆以为达，为达即所以为信也。

一、《易》曰：修辞立诚。子曰：辞达而已。又曰：言之无文，行之不远。三者乃文章正轨，亦即为译事楷模。故信、达而外，求其尔雅。此不仅期以行远已耳，实则精理微言，用汉以前字法、句法，则为达易；用近世利俗文字，则求达难。往往抑义就词，毫厘千里，审择于斯二者之间，夫固有所不得已也，岂钓奇哉！不佞此译，颇贻艰深文陋之讥，实则刻意求显，不过如是。又原书论说，多本名数格致及一切畴人之学，倘于之数者向未问津，虽作者同国之人，言语相通，仍多未喻，矧夫出以重译也耶？

一、新理踵出，名目纷繁，索之中文，渺不可得，即有牵合，终嫌参差。译者遇此，独有自具衡量，即义定名。顾其事有甚难者，即如此书上卷导言十余篇，乃因正论理深，先敷浅说，仆始翻"卮言"，而钱塘夏穗卿曾佑病其滥恶，谓内典原有此种，可名"悬谈"。及桐城吴丈挚甫汝纶见之，又谓"卮言"既成滥词，"悬谈"亦沿释氏，均非能自树立者所为，不如用诸子旧例，随篇标目为佳。穗卿又谓：如此则篇自为文，于原书建立一本之义稍晦。而悬谈、悬疏诸名，悬者玄也，乃会撮精旨之言，与此不合，必不可用。于是乃依其原目，质译"导言"，而分注吴之篇目于下，取便阅者。此以见定名之难，虽欲避生吞活剥之诮，有不可得者矣。他如物竞、天择、储能、效实诸名，皆由我始。一名之立，旬月踟蹰，我罪我知，是在明哲。

一、原书多论希腊以来学派，凡所标举，皆当时名硕，流风绪论，泰西二千年之人心民智系焉，讲西学者所不可不知也。兹于篇末，略载诸公生世事业，粗备学者知人论世之资。

一、穷理与从政相同，皆贵集思广益。今遇原文所论，与他书有异同者，辄就谫陋所知，列入后案，以资参考。间亦附以己见，取《诗》称嘤求，《易》言丽泽之义。是非然否，以俟公论，不敢固也。如曰标高揭己，则失不佞怀铅握椠，辛苦迻译之本心矣。

一、是编之译，本以理学西书，翻转不易，固取此书，日与同学诸子相课。迨书成，吴丈挚甫见而好之，斧落征引，匡益实多。顾惟探赜叩寂之学，非当务之所亟，不愿问世也。而稿经沔阳卢君木斋借钞，劝早日付梓。邮示介弟慎之于鄂，亦谓宜公海内，遂灾枣梨，犹非不佞意也。刻讫寄津覆斠，乃为发例言，并识缘起如是云。

光绪二十四年岁在戊戌四月二十二日

严复识于天津尊疑学塾

◀ 严复故居。

天演论①（上）

　　严复的《天演论》分上、下两卷，上卷 18 篇，下卷 17 篇。在"翻译"时，严复不仅根据"自强保种"的需要对原文进行损益，而且还撰写了大量"按语"，对原文阐发的思想加以评论，或者发表自己的见解。通过这种既译且著的方式，严复杂糅了达尔文、斯宾塞和赫胥黎的思想，提出了自己的"天演论"。

---

① 《天演论》原名 *Evolution and Ethics*. 今译《进化论与伦理学》。

导言一　察变

　　赫胥黎独处一室之中，在英伦之南，背山而面野。槛外诸境，历历如在几下。乃悬想二千年前，当罗马大将恺彻①未到时，此间有何景物。计惟有天造草昧，人功未施，其借征人境者，不过几处荒坟，散见坡陀起伏间。而灌木丛林，蒙茸山麓，未经删治如今者，则无疑也。怒生之草，交加之藤，势如争长相雄，各据一抔壤土，夏与畏日争，冬与严霜争，四时之内，飘风怒吹，或西发西洋②，或东起北海，旁午交扇，无时而息。上有鸟兽之践啄，下有蚁蝝之齧伤，憔悴孤虚，旋生旋灭，菀枯顷刻，莫可究详。是离离者亦各尽天能，以自存种族而已。数亩之内，战事炽然，强者后亡，弱者先绝，年年岁岁，偏有留遗，未知始自何年，更不知止于何代。苟人事不施于其间，则莽莽榛榛，长此互相吞并，混逐蔓延而已，而诘之者谁耶！英之南野，黄芩之种为多，此自未有纪载以前，革衣石斧之民所采撷践踏者，兹之所见，其苗裔耳。邃古之前，坤枢未转，英伦诸岛乃属冰天雪海之区，此物能寒，法当较今尤茂。此区区一小草耳，若迹其祖始，远及洪荒，则三古以还年代方之，犹瀼渴之水，比诸大江，不啻小支而已。故事有决无可疑者，则天道变化，不主故常是已。特自皇古迄今，为变盖渐，浅人不察，遂有天地不变之言。实则今兹所见，乃自不可穷诘之变动而来。京垓年岁之中，每每员舆正不知几移几换而成此最后之奇。且继今以往，陵谷变迁，又属可知之事，此地学不刊之说也。假其惊怖斯言，则索证正不在远。试向立足处所，掘地深逾寻丈，将逢蜃灰③，以是（蜃灰），知其地之古必为海。盖蜃灰为物，乃蠃蚌脱壳积叠而成，若用显镜察之，其掩旋尚多完具者，使是地不前为海，此恒河沙数蠃蚌者胡从来乎？沧海扬尘，非诞说矣。且地学之家，历验各种殭石，知动植庶品，率皆递有变迁。特为变至微，其迁极渐，即假吾人彭、聃之寿，而亦由暂观久，潜移弗知；是犹蟪蛄不识春秋，朝菌不知晦朔，遽以不变名之，真瞀说也。故知不变一言，决非天运，而悠久成物之理，转在变动不居之中。是当前之所见，经廿年、卅年而革焉可也，更二万年、三万年而革亦可也，特据前事推将来，为变方长，未知所极而已。虽然天运变矣，而有不变者行乎其中。不变惟何？是名"天演"。以天演为体，而其用有二：曰物竞④，曰天择⑤。此万物莫不然，而于有生之类为尤著。物竞者，物争自存也，以一物以与物物争，或存或亡，而其效则归于天择。天择者，物争焉而独存。则其存也，必有其所以存，必其所得于天之分，自

---

① 今译恺撒。
② 今译大西洋。
③ Chalk.
④ Struggle for existence.
⑤ Selection.

致一己之能，与其所遭值之时与地，及凡周身以外之物力，有其相谋相剂者焉。夫而后独免于亡，而足以自立也。而自其效观之，若是物特为天之所厚而择焉以存也者，夫是之谓天择。天择者择于自然，虽择而莫之择，犹物竞之无所争，而实天下之至争也。斯宾塞尔①曰："天择者，存其最宜者也。"夫物既争存矣，而天又从其争之后而择之，一争一择，而变化之事出矣。

  复案：物竞、天择二义，发于英人达尔文。达著《物种由来》②一书，以考论世间动植物类所以繁殊之故。先是言生理者，皆主异物分造之说。近今百年格物诸家，稍疑古说之不可通，如法人兰麻克③、爵弗来④，德人方拔⑤、万俾尔⑥，英人威里士⑦、格兰特⑧、斯宾塞尔、倭恩⑨、赫胥黎，皆生学⑩名家，先后间出，目治手营，穷探审论，知有生之物，始于同，终于异，造物立其一本，以大力运之。而万类之所以底于如是者，咸其自己而已，无所谓创造者也。然其说未大行也，至咸丰九年，达氏书出，众论翕然。自兹厥后，欧、美二洲治生学者，大抵宗达氏。而矿事日辟，掘地开山，多得古禽兽遗蜕，其种已灭，为今所无。于是虫鱼禽互兽人之间，衔接迤演之物，日以渐密，而达氏之言乃愈有征。故赫胥黎谓，古者以大地为静居天中，而日月星辰，拱绕周流，以地为主；自歌白尼⑪出，乃知地本行星，系日而运。古者以人类为首出庶物，肖天而生，与万物绝异；自达尔文出，知人为天演中一境，且演且进，来者方将，而教宗抟土之说，必不可信。盖自有歌白尼而后天学明，亦自有达尔文而后生理确也。斯宾塞尔者，与达同时，亦本天演著《天人会通论》⑫，举天、地、人、形气、心性、动植之事而一贯之，其说尤为精辟宏富。其第一书开宗明义，集格致之大成，以发明天演之旨；第二书以天演言生学；第三书以天演言性灵；第四书以天演言群理；最后第五书，乃考道德之本源，明政教之条贯，而以保种进化之公例要术终焉。呜乎！欧洲自有生民以来，无此作也⑬。斯宾氏迄今尚存，年七十有六矣。其全书于客岁始蒇事，所谓体大思精，殚毕生之力者也。达尔文生嘉庆十四年，卒于光绪八年壬午。赫胥黎于乙未夏化去，年七十也。

  ① 今译斯宾塞(Herbert Spencer，1820—1903)。

  ② *The Origin of Species*. 今译《物种起源》。

  ③ 今译拉马克(De lamarck，1744—1829)。

  ④ 今译若弗卢瓦(Geoffroy Etene，1772—1844)。

  ⑤ Von Buck(1774—1853)，著有《加那列群岛记》(*Description Physique des Isles Canaries*)。

  ⑥ 今译封·贝尔(Karl Ernst Von Baer，1792—1876)。

  ⑦ William Charles Wells.

  ⑧ Grand.

  ⑨ 今译欧文(Richard Owen，1804—1892)。

  ⑩ 今译生物学(Biology)。

  ⑪ 今译哥白尼(Nikolaus Copernicus，1473—1543)。

  ⑫ 今译《综合哲学提纲》(*System of Synthetic Philosophy*)。

  ⑬ 不佞近译《群学肄言》一书，即其第五书中之一编也。——译者注

导言二 广义

自递嬗之变迁，而得当境之适遇，其来无始，其去无终，曼衍连延，层见迭代，此之谓世变，此之谓运会。运者以明其迁流，会者以指所遭值，此其理古人已发之矣。但古以谓天运循环，周而复始，今兹所见，于古为重规，后此复来，于今为叠矩。此则甚不然者也。自吾党观之，物变所趋，皆由简入繁，由微生著，运常然也，会乃大异。假由当前一动物，远迹始初，将见逐代变体，虽至微眇，皆有可寻。迨至最初一形，乃莫定其为动为植。凡兹运行之理，乃化机所以不息之精，苟能静观，随在可察：小之极于跂行倒生，大之放乎日星天地；隐之则神思智识之所以圣狂，显之则政俗文章之所以沿革，言其要道，皆可一言蔽之，曰"天演"是已。此其说滥觞隆古，而大畅于近五十年，盖格致学精，时时可加实测故也。且伊古以来，人持一说以言天，家宗一理以论化，如或谓开辟以前，世为混沌，溜潜胶葛，待剖判而后轻清上举，重浊下凝；又或言抟土为人，咒日作昼，降及一花一草，蠕动蠉飞，皆自元始之时，有真宰焉，发挥张皇，号召位置，从无生有，忽然而成；又或谓出王游衍，时时皆有鉴观，惠吉逆凶，冥冥实操赏罚。此其说甚美，而无如其言之虚实，断不可证而知也。故用天演之说，则竺乾、天方，犹太诸教宗所谓神明创造之说皆不行。夫拔地之木，长于一子之微；垂天之鹏，出于一卵之细。其推陈出新，逐层换体，皆衔接微分而来。又有一不易不离之理，行乎其内。有因无创，有常无奇。设宇宙必有真宰，则天演一事，即真宰之功能，惟其立之之时，后果前因，同时并具，不得于机缄已开，洪钧既转之后，而别有设施张主于其间也。是故天演之事，不独见于动植二品中也，实则一切民物之事，与大宇之内日局诸体，远至于不可计数之恒星，本之未始有始以前，极之莫终有终以往，乃无一焉非天之所演也。故其事至颐至繁，断非一书所能罄。姑就生理治功一事，模略言之，先为导言十余篇，用以通其大义。虽然，隅一举而三反，善悟者诚于此而有得焉，则筦秘机之扃钥者，其应用亦正无穷耳！

复案：斯宾塞尔之天演界说曰："天演者，翕以聚质，辟以散力。方其用事也，物由纯而之杂，由流而之凝，由浑而之画，质力杂糅，相剂为变者也。"又为论数十万言，以释此界之例，其文繁衍奥博，不可猝译，今就所忆者杂取而粗明之，不能细也。其所谓翕以聚质者，即如日局太始，乃为星气，名涅菩剌斯①，布濩六合，其质点本热至大，其抵力亦多，过于吸力，继乃由通吸力收摄成殊，太阳居中，八纬外绕，各各聚质，如今是也。所谓辟以散力者，质聚而为热，为光，为声，为动，未有不耗本力者。此所以今日不如古日之热，地球则日缩，彗星则渐迟，八纬之周天皆日缓，久将进入而与太阳合体。又地入流星轨中，则见陨石。然则居今之时，日局不徒散力，即合质之事，亦方未艾也。馀如动植之长，国种之成，虽为物悬殊，皆循此例矣。所谓由纯之杂者，万物皆始于简易，终于错综。日局始乃一气，地球本为流质，动植类胚胎萌芽，分官最简。国种之始，无尊卑、上下、君子小人之分，亦无通力合作之事。其演弥浅，

---

① 今译星云（Nebula）。

其质点弥纯,至于深演之秋,官物大备,则事莫有同,而互相为用焉。所谓由流之凝者,盖流者非他①,由质点内力甚多,未散故耳。动植始皆柔滑,终乃坚强;草昧之民,类多游牧,城邑土著,文治乃兴,胥此理也。所谓由浑之画者,浑者芜而不精之谓,画则有定体而界域分明。盖纯而流者未尝不浑,而杂而凝者,又未必皆画也。且专言由纯之杂,由流之凝,而不言由浑之画,则凡物之病且乱者,如刘、柳元气败为痈痔之说,将亦可名天演。此所以二者之外,必益以由浑之画而后义完也。物至于画,则由壮入老,进极而将退矣。人老则难以学新,治老则笃于守旧,皆此理也。所谓质力杂糅,相剂为变者,亦天演最要之义,不可忽而漏之也。前者言辟以散力矣,虽然,力不可以尽散,散尽则物死,而天演不可见矣。是故方其演也,必有内涵之力,以与其质相剂,力既定质,而质亦范力,质日异而力亦从而不同焉。故物之少也,多质点之力。何谓质点之力?如化学所谓爱力②是已。及其壮也,则多物体之力,凡可见之动,皆此力为之也。更取日局为喻,方为涅菩星气之时,全局所有,几皆点力,至于今则诸体之周天四游,绕轴自转,皆所谓体力之著者矣。人身之血,经肺而合养气,食物入胃成浆,经肺成血,皆点力之事也。官与物尘相接,由涅伏③以达脑成觉,即觉成思,因思起欲,由欲命动,自欲以前,亦皆点力之事。独至肺张心激,胃回胞转,以及拜舞歌呼手足之事,则体力耳。点、体二力,互为其根,而有隐见之异,此所谓相剂为变也。天演之义,所苞如此,斯宾塞氏至推之农商工兵语言文学之间,皆可以天演明其消息所以然之故,苟善悟者深思而自得之,亦一乐也。

导言三　趋异

号物之数曰万,此无虑之言也。物固奚翅万哉?而人与居一焉。人,动物之灵者也,与不灵之禽兽、鱼鳖、昆虫对。动物者,生类之有知觉运动者也,与无知觉之植物对。生类者,有质之物而具支体官理者也,与无支体官理之金、石、水、土对。凡此皆有质可称量之物也,合之无质不可称量之声、热、光、电诸动力,而万物之品备矣。总而言之,气质而已。故人者,具气质之体,有支体、官理、知觉、运动,而形上之神,寓之以为灵,此其所以为生类之最贵也。虽然,人类贵矣,而其为气质之所因拘,阴阳之所张弛,排激动荡,为所使而不自知,则与有生之类莫不同也。有生者生生,而天之命若曰:使生生者各肖其所生,而又代趋于微异。且周身之外,牵天系地,举凡与生相待之资,以爱恶拒受之不同,常若右其所宜,而左其所不相得者。夫生既趋于代异矣,而寒暑、燥湿、风水、土谷,洎夫一切动植之伦,所与其生相接相寇者,又常有所左右于其间,于是则相得者亨,不相得者困;相得者寿,不相得者殇,日计不觉,岁校有余,浸假不相得者将亡,而相得者生而独传种族矣。此天之所以为择也。且其事不

---

① 此流字兼飞质而言。——译者注
② 今译化学亲和力。
③ 涅伏俗曰脑气筋。——译者注
　　今译神经(Nerve)。

止此，今夫生之为事也，孳乳而寝多，相乘以蕃，诚不知其所底也。而地力有限，则资生之事，常有制而不能踰。是故常法牝牡合而生生，祖孙再传，食指三倍，以有涯之资生，奉无穷之传衍，物既各爱其生矣，不出于争，将胡获耶？不必争于事，固常争于形，借曰让之，效与争等。何则？得者只一，而失者终有徒也。此物竞争存之论所以断断乎无以易也。自其反而求之，使含生之伦，有类皆同，绝无少异，则天演之事，无从而兴。天演者，以变动不居为事者也。使与生相待之资于异者非所左右，则天择之事，亦将泯焉。使奉生之物，恒与生相副于无穷，则物竞之论，亦无所施。争固起于不足也。然则天演既兴，三理不可偏废，无异、无择、无争，有一然者，非吾人今者所居世界也。

复案：学问格致之事，最患者人习于耳目之肤近，而常忘事理之真实。今如物竞之烈，士非抱深思独见之明，则不能窥其万一者也。英国计学家①马尔达②有言：万类生生，各用几何级数，使灭亡之数，不远过于所存，则瞬息之间，地球乃无隙地。人类孳乳较迟，然使衣食裁足，则二十五年其数自倍，不及千年，一男女所生，当遍大陆也。生子最稀，莫逾于象，往者达尔文尝计其数矣。法以牝牡一双，三十岁而生子，至九十而止，中间经数，各生六子，寿各百年，如是以往，至七百四十许年，当得见象一千九百万也。又赫胥黎云：大地出水之陆，约为方迷卢③者五十一兆。今设其寒温相若，肥埆又相若，而草木所资之地浆、日热、炭养④、亚摩尼亚⑤莫不相同，如是而设有一树，及年长成，年出五十子，此为植物出子甚少之数，但群子随风而扬，枚枚得活，各占地皮一方英尺，亦为不疏，如是计之，得九年之后，遍地皆此种树，而尚不足五百三十一万三千二百六十六垓方英尺。此非臆造之言，有名数可稽，综如下式者也。

每年实得木数

第一年以一枚木出五十子　　＝五〇

　　　　　　　　　　　一　　　　二
第二年以（五〇）枚木出（五〇）子＝二五〇〇

　　　　　　　　　　　二　　　　三
第三年以（五〇）枚木出（五〇）子＝一二五〇〇〇

　　　　　　　　　　　三　　　　四
第四年以（五〇）枚木出（五〇）子＝六二五〇〇〇〇

　　　　　　　　　　　四　　　　五
第五年以（五〇）枚木出（五〇）子＝三一二五〇〇〇〇〇

　　　　　　　　　　　五　　　　六
第六年以（五〇）枚木出（五〇）子＝一五六二五〇〇〇〇〇〇

　　　　　　　　　　　六　　　　七

---

① 计学家即理财之学。——译者注
② 今译马尔萨斯（Thomas Robert Malthus，1766—1834）。
③ 今译英里（mile）。
④ 今译二氧化碳。
⑤ 今译氨（Ammonia）。

第七年以（五〇）枚木出（五〇）子＝七八一二五〇〇〇〇〇〇〇

　　　　　　　　　　　　　七　　　　　　八

第八年以（五〇）枚木出（五〇）子＝三九〇六二五〇〇〇〇〇〇〇〇

　　　　　　　　　　　　　八　　　　　　九

第九年以（五〇）枚木出（五〇）子＝一九五三一二五〇〇〇〇〇〇〇〇〇

　　　　　　　　　　而　　　　　　英方尺

英之一方迷卢＝二七八七八四〇〇

故五一〇〇〇〇〇〇方迷卢＝一四二一七九八四〇〇〇〇〇〇〇〇

相减得不足地面＝五三一三二六六〇〇〇〇〇〇〇〇

　　夫草木之蕃滋，以数计之如此，而地上各种植物，以实事考之又如彼，则此之所谓五十子者，至多不过百一二存而已。且其独存众亡之故，虽有圣者莫能知也，然必有其所以然之理，此达氏所谓物竞者也。竞而独存，其故虽不可知，然可微拟而论之也。设当群子同入一区之时，其中有一焉，其抽乙独早，虽半日数时之顷，已足以尽收膏液，令余子不复长成，而此抽乙独早之故，或萌枝较先，或苞膜较薄，皆足致然。设以膜薄而早抽，则他日其子，又有膜薄者，因以竞胜，如此则历久之余，此膜薄者传为种矣。此达氏所谓天择也。嗟夫！物类之生乳者至多，存者至寡，存亡之间，间不容发。其种愈下，其存弥难，此不仅物然而已。墨，澳二洲，其中土人日益萧瑟，此岂必虔刘股削之而后然哉？资生之物所加多者有限，有术者既多取之而丰，无具者自少取焉而啬，丰者近昌，啬者邻灭。此洞识知微之士，所为惊心动魄，于保群进化之图，而知徒高睨大谈于夷夏轩轾之间者，为深无益于事实也。

导言四　人为

　　前之所言，率取譬于天然之物。天然非他，凡未经人力所修为施设者是已。乃今为之试拟一地焉，在深山广岛之中，或绝徼穷边而外，自元始来未经人迹，抑前经垦辟而荒弃多年，今者弥望蓬蒿，羌无蹊迹，荆榛稠密，不可爬梳。则人将曰：甚矣此地之荒秽矣！然要知此蓬蒿荆榛者，既不假人力而自生，即是中种之最宜，而为天之所择也。忽一旦有人焉，为之铲刈秽草，斩除恶木，缭以周垣，衡纵十亩；更为之树嘉葩，栽美箭，滋兰九畹，种橘千头。举凡非其地所前有，而为主人所爱好者，悉移取培植乎其中，如是乃成十亩园林。凡垣以内之所有，与垣以外之自生，判然各别矣。此垣以内者，不独沟塍阑楯，皆见精思，即一草一花，亦经意匠，正不得谓草木为天工，而垣宇独称人事，即谓皆人为焉无不可耳。第斯园既假人力而落成，尤必待人力以持久，势必时加护葺，日事删除，夫而后种种美观，可期恒保。假其废而不治，则经时之后，外之峻然峙者，将圮而日卑，中之浏然清者，必淫而日塞，飞者啄之，走者躏之，虫豸为之蠹，莓苔速其枯，其与此地最宜之蔓草荒榛，或缘间隙而交萦，或因飞子而播殖，不一二百年，将见基址仅存，蓬科满目，旧主人手足之烈，渐不可见，是青青者又战胜独存，而遗其宜种矣。此则尽人耳目所及，其为事岂不然哉？此之取譬，欲明何者为人为，十亩园林，正是人为之一。大抵天之生人也，其周一身者谓之力，谓之气，其宅一心者谓之智，谓之神，智力兼施，以之离合万物，于以成天之所不能。自成者谓之业，谓之功，而通谓之曰人事。自古之土铏洼尊，以至今之电车、铁舰，精粗迥殊，人事一也。故人事者所以济天工之穷也。虽然，苟揣其本以为言，则岂惟是莽莽荒荒，自生自灭者，乃出于天生。即此花木亭垣，凡吾人所辅相裁成者，亦何一不由帝力乎？夫曰人巧足夺天工，其说固非皆诞，顾此冒耏横目，手以攫、足以行者，则亦彼苍所赋畀。且岂徒形体为然，所谓运智虑以为才，制行谊以为德，凡所异于草木禽兽者，一一皆秉彝物则，无所逃于天命而独尊。由斯而谈，则虽有出类拔萃之圣人，建生民未有之事业，而自受性降衷而论，固实与昆虫草木同科，贵贱不同，要为天演之所苞已耳，此穷理之家之公论也。

复案：本篇有云：物不假人力而自生，便为其地最宜之种。此说固也。然不知分别观之则误人，是不可以不论也。赫胥黎氏于此所指为最宜者，仅就本土所前有诸种中，标其最宜耳。如是而言，其说自不可易，何则？非最宜不能独存独盛故也。然使是种与未经前有之新种角，则其胜负之数，其尚能为最宜与否，举不可知矣。大抵四达之地，接壤绵遥，则新种易通。其为物竞，历时较久，聚种亦多。至如岛国孤悬，或其国在内地，而有雪岭、流沙之限，则其中见种，物竞较狭，暂为最宜，外种闯入，新竞更起。往往年月以后，旧种渐湮，新种迭盛。此自舟车大通之后，所特见屡见不一见者也。譬如美洲从古无马，自西班牙人载与俱入之后，今则不独家有是畜，且落荒山林，转成野种，聚族蕃生。澳洲及新西兰诸岛无鼠，自欧人到彼，船鼠入陆，至今遍地皆鼠，无异欧洲。俄罗斯蟋蟀旧种长大，自安息小蟋蟀入境，剋灭旧种，今转难得。苏格兰旧有画眉最善鸣，后忽有斑画眉，不悉何来，不善鸣而蕃生，剋善鸣者日以益稀。澳洲土蜂无针，自窝蜂有针者入境，无针者不数年灭。至如植物，则中国之蕃薯蓣来自吕宋，黄占来自占城，蒲桃、苜蓿来自西域，薏苡载自日南，此见诸史传者也。南美之番百合，西名哈敦[①]，本地中海东岸物，一经移种，今南美拉百拉达[②]往往蔓生数十百里，弥望无他草木焉。余则由欧洲以入印度、澳斯地利，动植尚多，往往十年以外，遂遍其境，较之本土，繁盛有加。夫物有迁地而良如此，谁谓必本土固有者而后称最宜哉？嗟乎！岂惟是动植而已，使必土著最宜，则彼美洲之红人，澳洲之黑种，何由自交通以来，岁有耗减？而伯林海[③]之甘穆斯噶加[④]，前土民数十万，晚近乃仅数万，存者不及什一，此俄人亲为余言，且谓过是恐益少也。物竞既兴，负者日耗，区区人满，乌足恃也哉！乌足恃也哉！

---

① Cardoon.

② La Plata.

③ 今译白令海(Behling Sea)。

④ 今译堪察加(Kamchatka)。

导言五　互争

难者曰：信斯言也，人治天行，同为天演矣。夫名学[1]之理，事不相反之谓同，功不相毁之谓同。前篇所论，二者相反相毁明矣，以矛陷盾，互相牴牾，是果僢驰而不可合也。如是岂名学之理，有时不足信欤？应之曰：以上所明，在在征诸事实。若名学必谓相反相毁，不出同原，人治天行，不得同为天演，则负者将在名学理讫于事。事实如此，不可诬也。夫园林台榭，谓之人力之成可也，谓之天机之动，而诱衷假手于斯人之功力以成之，亦无不可。独是人力既施之后，是天行者，时时在在，欲毁其成功，务使复还旧观而后已。倘治园者不能常目存之，则历久之余，其成绩必归于乌有，此事所必至，无可如何者也。今如河中铁桥，沿河石隞，二者皆天材人巧，交资成物者也。然而飘风朝过，则机牙暗损，潮头暮上，则基阯微摇。且凉热涨缩，则笴缄不得不松；雾淞潜滋，则锈涩不能不长，更无论开阖动荡之日有损伤者矣。是故桥须岁以勘修，隞须时以培筑，夫而后可得利用而久长也。故假人力以成务者天，凭天资以建业者人，而务成业建之后，天人势不相能。若必使之归宗返始而后快者，不独前一二事为然。小之则树艺牧畜之微，大之则修齐治平之重，无所往而非天人互争之境。其本固一，其末乃歧。闻者疑吾言乎？则盍观张弓，张弓者之两手也，支左而屈右，力同出一人也，而左右相距。然则天行人治之相反也，其原何不可同乎？同原而相反，是所以成其变化者耶？

复案：于上二篇，斯宾塞、赫胥黎二家言治之殊，可以见矣。斯宾塞之言治也，大旨存于任天，而人事为之辅，犹黄老之明自然，而不忘在宥是已。赫胥黎氏他所著录，亦什九主任天之说者，独于此书，非之如此，盖为持前说而过者设也。斯宾塞之言曰，人当食之顷，则自然觉饥思食。今设去饥而思食之自然，有良医焉，深究饮食之理，为之程度，如学之有课，则虽有至精至当之程，吾知人以忘食死者必相借也。物莫不慈其子姓，此种之所以传也。今设去其自然爱子之情，则虽深谕切戒，以保世存宗之重，吾知人之类其灭久矣。此其尤大彰明较著者也。由是而推之，凡人生保身保种，合群进化之事，凡所当为，皆有其自然者为之阴驱而潜率，其事弥重，其情弥殷。设弃此自然之机，而易之以学问理解，使知然后为之，则日用常行，已极纷纭繁赜，虽有圣者，不能一日行也。于是难者曰：诚如是，则世之任情而过者，又比比焉何也？曰：任情而至于过，其始必为其违情。饥而食，食而饱，饱而犹食；渴而饮，饮而滋，滋而犹饮，至违久而成习。习之既成，日以益痼，斯生害矣。故子之所言，乃任习，非任情也。使其始也，如其情而止，则乌能过乎？学问之事，所以范情，使勿至于成习以害生也。斯宾塞任天之说，模略如此。

---

① Logic，伦理学、逻辑学。

导言六　人择[1]

天行人治,常相毁而不相成固矣。然人治之所以有功,即在反此天行之故。何以明之? 天行者以物竞为功,而人治则以使物不竞为的;天行者倡其化物之机,设为已然之境,物各争存,宜者自立。且由是而立者强,强皆昌;不立者弱,弱乃灭亡。皆悬至信之格,而听万类之自己。至于人治则不然,立其所祈向之物,尽吾力焉为致所宜,以辅相匡翼之,俾克自存,以可久可大也。请申前喻。夫种类之孳生无穷,常于寻尺之壤。其膏液雨露,仅资一本之生,乃杂投数十百本牙蘖其中,争求长养,又有旱涝风霜之虐,耘其弱而植其强。洎夫一木独荣,此岂徒坚韧胜常而已,固必具与境推移之能,又或蒙天幸焉,夫而后翘尔后亡,由拱把而至婆娑之盛也,争存之难有如此者! 至于人治独何如乎? 彼天行之所存,固现有之最宜者,然此之最宜,自人观之,不必其至美而适用也。是故人治之兴,常兴于人类之有所择。譬诸草木,必择其所爱与利者而植之,既植矣,则必使地力宽饶有余,虫鸟勿蠹伤,牛羊勿践履;旱其溉之,霜其苫之,爱护保持,期于长成繁盛而后已。何则? 彼固以是为美、利也,使其果实材荫,常有当夫主人之意,则爱护保持之事,自相引而弥长,又使天时地利人事,不大异其始初,则主人之庇,亦可为此树所长保,此人胜天之说也。虽然,人之胜天亦仅耳! 使所治之园,处大河之滨,一旦刍茭不属,虑殚为河,则主人于斯,救死不给,树乎何有? 即它日河复,平沙无际,芳芦而外,无物能生。又设地枢渐转,其地化为冰虚,则此木亦未由得艺。此天胜人之说也。天人之际,其常为相胜也若此。所谓人治有功,在反天行者,盖虽辅相裁成,存其所善,而必赖天行之力,而后有以致其事,以获其所期。物种相刃相劘,又各肖其先,而代趋于微异。以其有异,人择以加,譬如树艺之家,果实花叶,有不尽如其意者,彼乃积摧其恶种,积择其善种,物竞自若也。特前之竞也,竞宜于天;后之竞也,竞宜于人。其存一也,而所以存异。夫如是积累而上之,恶日以消,善日以长,其得效有回出所期之外者,此之谓人择。人择而有功,必能尽物之性而后可。嗟夫! 此真生聚富强之秘术,慎勿为卤莽者道也。

复案:达尔文《物种由来》云:人择一术,其功用于树艺牧畜,至为奇妙。用此术者,不仅能取其种而进退之,乃能悉变原种,至于不可复识。其事如按图而索,年月可期。往尝见撒孙尼[2]人击羊,每月三次置羊于几,体段毛角,详悉校品,无异考金石者之玩古器也。其术要在识别微异,择所祈向,积累成著而已。顾行术最难,非独具手眼,觉察毫厘,不能得所欲也。具此能者,千牧之中,殆难得一。苟其能之,更益巧习,数稔之间,必致巨富。欧洲羊马二事,尤彰彰也。间亦用接构之法,故真佳种,索价不赀,然少得效。效者须牝牡种近,生乃真佳,无反种之弊。牧畜如此,树艺亦然,特其事差易,以进种略骤,易于抉择耳。

---

[1]　人工选择(Artificial selection)。
[2]　今译萨克森(Saxony)。

导言七　善败

天演之说，若更以垦荒之事喻之，其理将愈明而易见。今设英伦有数十百民，以本国人满，谋生之艰，发愿前往新地开垦。满载一舟，到澳洲南岛达斯马尼亚所[①]，弃船登陆，耳目所触，水土动植，种种族类，寒燠燥湿，皆与英国大异，莫有同者。此数十百民者，筚路蓝缕，辟草莱，烈山泽，驱其猛兽虫蛇，不使与人争土，百里之周，居然城邑矣。更为之播英之禾，艺英之果，致英之犬羊牛马，使之游且字于其中。于是百里之内与百里之外，不独民种迥殊，动植之伦，亦以大异。凡此皆人之所为，而非天之所设也。故其事与前喻之园林，虽大小相悬，而其理则一。顾人事立矣，而其土之天行自若也，物竞又自若也。以一朝之人事，闯然出于数千万年天行之中，以与之相抗，或小胜而仅存，或大胜而日辟，抑或负焉以泯而无遗，则一以此数十百民之人事何如为断。使其通力合作，而常以公利为期，养生送死之事备，而有以安其身。推选赏罚之约明，而有以平其气，则不数十百年，可以蔚然成国。而土著之种产民物，凡可以驯而服者，皆得渐化相安，转为吾用。设此数十百民惰窳卤莽，愚暗不仁，相友相助之不能，转而糜精力于相伐，则客主之势既殊，彼旧种者，得因以为利，灭亡之祸，且暮间耳。即所与偕来之禾稼、果蔬、牛羊，或以无所托芘而消亡，或入焉而与旧者俱化。不数十年，将徒见山高而水深，而垦荒之事废矣。此即谓不知自致于最宜，用不为天之所择，可也。

复案：由来垦荒之利不利，最觇民种之高下。泰西自明以来，如荷兰，如日斯巴尼亚[②]，如蒲陀牙[③]，如丹麦[④]，皆能浮海得新地。而最后英伦之民，于垦荒乃独著，前数国方之，瞠乎后矣。西有米利坚[⑤]，东有身毒，南有好望新洲[⑥]，计其幅员，几与欧洲埒。此不仅习海擅商，狡黠坚毅为之也，亦其民能自制治，知合群之道胜耳。故霸者之民，知受治而不知自治，则虽与之地，不能久居。而霸天下之世，其君有辟疆，其民无垦土，法兰西、普鲁士、奥地利、俄罗斯之旧无垦地，正坐此耳。法于乾、嘉以前，真霸权不制之国也。中国廿余口之租界，英人处其中者，多不逾千，少不及百，而制度厘然，隐若敌国矣。吾闽粤民走南洋非洲者，所在以亿计，然终不免为人臧获，被驱斥也。悲夫！

---

① 澳士大利亚南有小岛。——译者注
② 今译西班牙（Hispania）。
③ 今译葡萄牙（Portugal）。
④ 今译丹麦（Denmark）。
⑤ 今译美利坚（America）。
⑥ 今译好望角（Cape of Good Hope）。

导言八 乌托邦

又设此数十百民之内，而有首出庶物之一人，其聪明智虑之出于人人，犹常人之出于牛羊犬马，而为众所推服。立之以为君，以期人治之必申，不为天行之所胜。是为君者，其措施之事当如何？无亦法园夫之治园已耳。园夫欲其草木之植，凡可以害其草木者，匪不芟夷之，剿绝之。圣人欲其治之隆，凡不利其民者，亦必有以灭绝之，禁制之，使不克与其民有竞立争存之势。故其为草昧之君也，其于草莱、猛兽、戎狄，必有芟之、驱之、膺之之事，其所尊显选举以辅治者，将惟其贤。亦犹园夫之于果实花叶，其所长养，必其适口与悦目者。且既欲其民和其智力以与其外争矣，则其民必不可互争以自弱也。于是求而得其所以争之端，以谓争常起于不足，乃为之制其恒产，使民各遂其生，勿廪然常惧为强与黠者之所兼并。取一国之公是公非，以制其刑与礼，使民各识其封疆畛畔，毋相侵夺，而太平之治以基。夫以人事抗天行，其势固常有所屈也。屈则治化不进，而民生以凋，是必为致所宜以辅之，而后其业乃可以久大。是故民屈于寒暑雨旸，则为致衣服宫室之宜；民屈于旱干水溢，则为致潴渠畎浍之宜。民屈于山川道路之阻深，而艰于转运也，则有道途、桥梁、漕挽、舟车，致之汽电诸机，所以增倍人畜之功力也；致之医疗药物，所以救民之厉疾夭死也；为之刑狱禁制，所以防强弱愚智之相欺夺也；为之陆海诸军，所以御异族强邻之相侵侮也。凡如是之张设，皆以民力之有所屈，而为致其宜，务使民之待于天者，日以益寡，而于人自足恃者，日以益多。且圣人知治人之人，固赋于治于人者也。凶狡之民，不得廉公之吏，偷懦之众，不兴神武之君，故欲郅治之隆，必于民力、民智、民德三者之中，求其本也。故又为之学校庠序焉。学校庠序之制善，而后智仁勇之民兴，智仁勇之民兴，而有以为群力群策之资，而后其国乃一富而不可贫，一强而不可弱也。嗟夫！治国至于如是，是亦足矣。然观其所以为术，则与吾园夫所以长养草木者，其为道岂异也哉！假使员舆之中，而有如是之一国，则其民熙熙皞皞，凡其国之所有，皆足以养其欲而给其求。所谓天行物竞之虐，于其国皆不见，而惟人治为独尊，在在有以自恃而无畏。降而至一草木一禽兽之微，皆所以娱情适用之资，有其利而无其害。又以学校之兴，刑罚之中，举错之公也，故其民莠者日以少，良者日以多。驯至于各知职分之所当为，性分之所固有，通功合作，互相保持，以进于治化无疆之休。夫如是之群，古今之世所未有也，故称之曰乌托邦。乌托邦者，犹言无是国也，仅为涉想所存而已。然使后世果其有之，其致之也，将非由任天行之自然，而由尽力于人治，则断然可识者也。

复案：此篇所论，如"圣人知治人之人，赋于治于人者也"以下十余语最精辟。盖泰西言治之家，皆谓善治如草木，而民智如土田。民智既开，则下令如流水之源，善政不期举而自举，且一举而莫能废。不然，则虽有善政，迁地弗良，淮橘成枳一也；人存政举，人亡政息，极其能事，不过成一治一乱之局二也，此皆各国所历试历验者。西班牙民最信教，而智识卑下。故当明嘉、隆间，得斐立白第二[1]为之主而大强。通

---

[1]　Philip Ⅱ（1527—1598），西班牙国王。

美洲,据南美,而欧洲亦几为所混一。南洋吕宋①一岛,名斐立宾②者,即以其名名其所得地也。至万历末年,而斐立白第二死,继体之人,庸暗选懦,国乃大弱,尽失欧洲所已得地。贫削饥馑,民不聊生。直至乾隆初年,查理第三③当国,精勤二十余年,而国势复振。然而民智未开,终弗善也。故至乾隆五十三年,查理第三亡,而国又大弱。虽道、咸以还,泰西诸国,治化宏开,西班牙立国其中,不能无所淬厉,然至今尚不足为第二等权也。至立政之际,民智汙隆,难易尤判。如英国平税一事,明计学者持之盖久,然卒莫能行,坐其理太深,而国民抵死不悟故也。后议者以理财启蒙诸书,颁令乡塾习之,至道光间,阻力遂去,而其令大行,通国蒙其利矣。夫言治而不自教民始,徒曰"百姓可与乐成,难与虑始";又曰"非常之原,黎民所惧",皆苟且之治,不足存其国于物竞之后者也。

导言九　汰蕃

虽然,假真有如是之一日,而必谓其盛可长保,则又不然之说也。盖天地之大德曰生,而含生之伦,莫不孳乳,乐牝牡之合,而保爱所出者,此无化与有化之民所同也。方其治之未进也,则死于水旱者有之,死于饥寒者有之,且兵刑疾疫,无化之国,其死民也尤深。大乱之后,景物萧寥,无异新造之国者,其流徒而转于沟壑者众矣。洎新治出,物竞平,民获息肩之所,休养生聚,各长子孙,卅年以往,小邑自倍。以有限之地产,供无穷之孳生,不足则争,干戈又动。周而复始,循若无端,此天下之生所以一治而一乱也。故治愈隆则民愈休,民愈休则其蕃愈速。且德智并高,天行之害既有以防而胜之,如是经十数传、数十传以后,必神通如景尊④,能以二馒头哺四千众而后可。不然,人道既各争存,不出于争,将安出耶?争则物竞,兴天行用,所谓郅治之隆,乃儳然不终日矣,故人治者,所以平物竞。而物竞乃即伏于人治之大成,此诚人道、物理之必然,昭然如日月之必出入,不得以美言饰说,苟用自欺者也。设前所谓首出庶物之圣人,于彼新造乌托邦之中,而有如是之一境,此其为所前知,固何待论。然吾侪小人,试为揣其所以挽回之术,则就理所可知言之,无亦二途已耳:一则听其蕃息,至过庶食不足之时,徐谋所以处置之者;一则量食为生,立嫁娶收养之程限,使无有过庶之一时。由前而言其术,即今英伦、法、德诸邦之所用。然不过移密就疏,挹兹注彼,以邻为壑,会有穷时,穷则大争仍起。由后而言,则微论程限之至难定也,就令微积之术,格致之学,日以益精,而程限较然可立,而行法之方,将安出耶?此又事有至难者也。于是议者曰:"是不难,天下有骤视若不仁,而其实则至仁也者。夫过庶既必至争矣,争则必有所灭,灭又未必皆不善者也,则何莫于此之时,先去其不善而存其善?圣人治民,同于园夫之治草木,园夫之于草木也,过盛则芟夷之而

---

① Luzon.
② 今译菲律宾(Philippine)。
③ Charles Ⅲ(1716—1788),西班牙国王。
④ 即耶稣。

已矣，拳曲臃肿则拔除之而已矣，夫惟如是，故其所养，皆嘉葩珍果，而种日进也。去不材而育其材，治何为而不若是？罢癃、愚痫、残疾、颠丑、盲聋、狂暴之子，不必尽取而杀之也，鳏之寡之，俾无遗育，不亦可乎？使居吾土而衍者，必强佼、圣智、聪明、才桀之子孙，此真至治之所期，又何忧乎过庶？"主人曰："唯唯，愿与客更详之。"

> 复案：此篇客说，与希腊亚利大各所持论略相仿。又嫁娶程限之政，瑞典旧行之：民欲婚嫁者，须报官验明家产及格者，始为胖合。然此令虽行，而俗转淫佚，天生之子满街，育婴堂充塞不复收，故其令寻废也。

导言十　择难

天演家用择种留良之术于树艺牧畜间，而繁硕苗壮之效，若执左契致也。于是以谓人者生物之一宗，虽灵蠢攸殊，而血气之躯，传衍种类，所谓生肖其先，代趋微异者，与动植诸品无或殊焉。今吾术既用之草木禽兽而大验矣，行之人类，何不可以有功乎？此其说虽若骇人，然执其事而责其效，则确然有必然者。顾惟是此择与留之事，将谁任乎？前于垦荒立国，设为主治之一人，所以云其前识独知必出人人，犹人人之出牛羊犬马者，盖必如是而后乃可独行而独断也。果能如是，则无论如亚洲诸国，亶聪明作元后，天下无敢越志之至尊。或如欧洲，天听民听、天视民视、公举公治之议院，为独为聚、圣智同优。夫而后托之主治也可，托之择种留良也亦可。而不幸横览此五洲六十余国之间，为上下其六千余年之纪载，此独知前识，迈类逾种，如前比者，尚断断乎未尝有人也。且择种留良之术，用诸树艺牧畜而大有功者，以所择者草木禽兽，而择之者人也。今乃以人择人，此何异上林之羊，欲自为卜式，汧、渭之马，欲自为其伯翳，多见其不知量也已[①]。且欲由此术，是操选政者，不特其前识如神明，抑必极刚戾忍决之姿而后可。夫刚戾忍决诚无难，雄主酷吏皆优为之。独是先觉之事，则分限于天，必不可以人力勉也。且此才不仅求之一人之为难，即合一群之心思才力为之，亦将不可得。久矣合群愚不能成一智，聚群不肖不能成一贤也。从来人种难分，比诸飞走下生，奚翅什伯。每有孩提之子，性情品格，父母视之为庸儿，戚党目之为劣子，温温未试，不比于人。逮磨砻世故，变动光明，事业声施，赫然惊俗，国蒙其利，民载其功。吾知聚百十儿童于此，使天演家凭其能事，恣为抉择，判某也为贤为智，某也为不肖为愚，某也可室可家，某也当鳏当寡，应机断决，无或差讹，用以择种留良，事均树畜，来者不可知，若今日之能事，尚未足以企此也。

导言十一　蜂群

故首出庶物之神人既已杳不可得，则所谓择种之术不可行。由是知以人代天，其事必有所底，此无可如何者也。且斯人相系相资之故，其理至为微渺难思，使未得其人，而

[①] 按原文用白鸽欲为施白来。* 施，英人。最善畜鸽者，易用中事。——译者注

* 施白来（Sir John Sebright）。

欲冒行其术,将不仅于治理无所复加,且恐其术果行,其群将涣。盖人之所以为人者,以其能群也。第深思其所以能群,则其理见矣。虽然,天之生物,以群立者不独斯人已也。试略举之,则禽之有群者,如雁如乌;兽之有群者,如鹿如象,如米利坚之辇,阿非利加之猕,其尤著者也;昆虫之有群者,如蚁如蜂。凡此皆因其有群,以自完于物竞之际者也。今吾即蜂之群而论之,其与人之有群,同欤?异欤?意其皆可深思,因以明夫天演之理欤?夫蜂之为群也,审而观之,乃真有合于古井田经国之规,而为近世以均富言治者之极则也①。以均富言治者曰:"财之不均,乱之本也。一群之民,宜通力而合作,然必事各视其所胜,养各给其所欲,平均齐一,无有分殊。为上者职在察贰廉空,使各得分愿,而莫或并兼焉,则太平见矣。"此其道蜂道也。夫蜂有后,其民雄者惰,而操作者半雌。一壶之内,计而口禀,各致其职。昧旦而起,吸胶戴黄,制为甘芳,用相保其群之生,而与凡物为竞。其为群也,动于天机之自然,各趣其功,于以相养,各有其职分之所当为,而未尝争其权利之所应享。是辑辑者,为有思乎?有情乎?吾不得而知之也。自其可知者言之,无亦最粗之知觉运动已耳。设是群之中,有劳心者焉,则必其雄而不事之惰蜂,为其暇也。此其神识智计,必天之所纵,而皆生而知之,而非由学而来,抑由悟而入也。设其中有劳力者焉,则必其半雌,昐昐然终其身为酿蓄之事,而所禀之食,特倮然仅足以自存。是细腰者,必皆安而行之,而非由墨之道以为人,抑由杨之道以自为也。之二者自裂房苗羽而来,其能事已各具矣。然则蜂之为群,其非为物之所设,而为天之所成明矣。天之所以成此群者奈何?曰:与之以含生之欲,辅之以自动之机,而后冶之以物竞,锤之以天择,使肖而代迁之种,自范于最宜,以存延其种族。此自无始来,累其渐变之功,以底于如是者。

导言十二　人群

　　人之有群,其始亦动于天机之自然乎?其亦天之所设,而非人之所为乎?群肇于家,其始不过夫妇父子之合,合久而系联益固,生齿日蕃,则其相为生养保持之事,乃愈益备,故宗法者群之所由昉也。夫如是之群,合而与其外争,或人或非人,将皆可以无畏,而有以自存。盖惟泯其争于内,而后有以为强,而胜其争于外也。此所与飞走蠕泳之群同焉者也。然则人虫之间,卒无以异乎?曰:有。鸟兽昆虫之于群,因生而受形,爪翼牙角,各守其能,可一而不可二,如彼蜜蜂然。雌者雄者,一受其成形,则器与体俱,婼婼然趋为一职,以毕其生,以效能于其群而已矣,又乌知其余?假有知识,则知识此一而已矣;假有嗜欲,亦嗜欲此一而已矣。何则?形定故也。至于人则不然,其受形虽有大小强弱之不同,其赋性虽有愚智巧拙之相绝,然天固未尝限之以定分,使划然为其一而不得企其余。曰此可为士,必不可以为农,曰此终为小人,必不足以为君子也。此其异于鸟兽昆虫者一也。且与生俱生者有大同焉,曰好甘而恶苦,曰先己而后人。夫曰先天下为忧,后天下为乐者,世容有是人,而无如其非本性也。人之先远矣,其始禽兽也,不知更几何世,而为山

---

①　复案:古之井田与今之均富,以天演之理及计学公例论之,乃古无此事,今不可行之制。故赫氏于此,意含滑稽。

都木客，又不知更几何年，而为毛民猱獠。由毛民猱獠经数万年之天演，而渐有今日，此不必深讳者也。自禽兽以至为人，其间物竞天择之用，无时而或休，而所以与万物争存、战胜而种盛者，中有最宜者在也。是最宜云何？曰独善自营而已。夫自营为私，然私之一言，乃无始来。斯人种子，由禽兽得此，渐以为人，直至今日而根株仍在者也。古人有言，人之性恶。又曰人为孽种，自有生来，便含罪恶。其言岂尽妄哉！是故凡属生人，莫不有欲，莫不求遂其欲。其始能战胜万物，而为天之所择以此，其后用以相贼，而为天之所诛亦以此。何则？自营大行，群道将息，而人种灭矣。此人所与鸟兽昆虫异者又其一也。

　　复案：西人有言，十八期民智大进步，以知地为行星，而非居中恒静，与天为配之大物，如古所云云者。十九期民智大进步，以知人道为生类中天演之一境，而非笃生特造，中天地为三才，如古所云云者。二说初立，皆为世人所大骇，笃旧者至不惜杀人以杜其说。卒之证据厘然，弥攻弥固，乃知如如之说，其不可撼如此也。达尔文《原人篇》[1]、希克罗[2]《人天演》[3]、赫胥黎《化中人位论》[4]，三书皆明人先为猿之理。而现在诸种猿中，则亚洲之吉贲[5]、倭兰[6]两种，非洲之戈栗拉[7]、青明子[8]两种为尤近。何以明之？以官骸功用，去人之度少，而去诸兽与他猿之度多也。自兹厥后，生学分类，皆人猿为一宗，号布拉默特[9]。布拉默特者，秦言第一类也。

导言十三　制私

　　自营甚者必侈于自由，自由侈则侵，侵则争，争则群涣，群涣则人道所恃以为存者去。故曰自营大行，群道息而人种灭也。然而天地之性，物之最能为群者，又莫人若。如是，则其所受于天必有以制此自营者，夫而后有群之效也[10]。夫物莫不爱其苗裔，否则其种早绝而无遗，自然之理也。独爱子之情，人为独挚，其种最贵，故其生有待于父母之保持，方诸物为最久。久，故其用爱也尤深，继乃推类扩充，缘所爱而及所不爱，是故慈幼者，仁之本也。而慈幼之事，又若从自营之私而起，由私生慈，由慈生仁，由仁胜私，此道之所以不

---

① 又译《人类的由来及性选择》(*The Descent of Man and Selection in Relation to Sex*)。
② 今译海克尔(E. H. Haeckel, 1834—1919)。
③ *The Evolution of Man*.
④ 今译《人类在自然界的位置》(*Man's Place in Nature*)。
⑤ 今译长臂猿(Gibbon)。
⑥ 今译猩猩(Orang-ontany)。
⑦ 大猩猩(Gorilla)。
⑧ 黑猩猩(Chimpanzee)。
⑨ 今通称灵长类(Primates)。
⑩ 复案：人道始群之际，其理至为要妙。群学家言之最晰者，有斯宾塞氏之《群谊篇》，拍捷特*《格致治平相关论》**二书，皆余所已译者。
　*　今译巴佐特(Walter Bagehot, 1826—1877)。
　**　又译《物理与政理》(*Physics and Politics*)。

测也。又有异者,惟人道善以己效物,凡仪形肖貌之事,独人为能①。故禽兽不能画不能像,而人则于他人之事,他人之情,皆不能漠然相值,无概于中。即至隐微意念之间,皆感而遂通,绝不闻矫然离群,使人自人而我自我。故俚语曰:一人向隅,满堂为之不乐;孩稚调笑,庚夫为之破颜。涉乐方辗,言哀已唏,动乎所不自知,发乎其不自已。或谓古有人焉,举世誉之而不加劝,举世毁之而不加沮,此诚极之若反,不可以常法论也。但设今者有高明深识之士,其意气若尘垢秕糠一世也者,猝于途中,遇一童子,显然傲侮轻贱之,谓彼其中毫不一动然者,则吾窃疑而未敢信也。李将军必取霸陵尉而杀之,可谓过矣。然以飞将威名,二千石之重,尉何物,乃以等闲视之?其憾之者,犹人情也②。不见夫怖畏清议者乎?刑章国宪,未必惧也,而斤斤然以乡里月旦为怀;美恶毁誉,至无定也,而礼俗既成之后,则通国不敢畔其范围。人宁受饥寒之苦,不忍舍生,而愧情中兴,其计短者至于自杀。凡此皆感通之机,人所甚异于禽兽者也。感通之机神,斯群之道立矣。大抵人居群中,自有识知以来,他人所为,常衡以我之好恶,我所为作,亦考之他人之毁誉。凡人与己之一言一行,皆与好恶毁誉相附而不可离,及其久也,乃不能作一念焉,而无好恶毁誉之别,由是而有是非,亦由是而有羞恶。人心常德,皆本之能相感通而后有,于是是心之中,常有物焉以为之宰,字曰天良。天良者,保群之主,所以制自营之私,不使过用以败群者也。

　　复案:赫胥黎保群之论,可谓辨矣。然其谓群道由人心善相感而立,则有倒果为因之病,又不可不知也。盖人之由散入群,原为安利,其始正与禽兽下生等耳,初非由感通而立也。夫既以群为安利,则天演之事,将使能群者存,不群者灭;善群者存,不善群者灭。善群者何?善相感通者是。然则善相感通之德,乃天择以后之事,非其始之即如是也。其始岂无不善相感通者,经物竞之烈,亡矣,不可见矣。赫胥黎执其末以齐其本,此其言群理,所以不若斯宾塞氏之密也。且以感通为人道之本,其说发于计学家亚丹斯密,亦非赫胥黎氏所独标之新理也。

　　又案:班孟坚曰:"不能爱则不能群,不能群则不胜物,不胜物则养不足。群而不足,争心将作。"吾窃谓此语,必古先哲人所已发。孟坚之识,尚未足以与此也。

导言十四　恕败

　　群之所以不涣,由人心之有天良,天良生于善相感,其端孕于至微,而效终于极巨,此之谓治化。治化者,天演之事也。其用在厚人类之生,大其与物为竞之能,以自全于天行酷烈之际。故治化虽原出于天,而不得谓其不与天行相反也。自礼刑之用,皆以释憾而

---

　　① 案:昆虫禽兽亦能肖物。如南洋木叶虫之类,所在多有。又传载,寡女丝一事,则尤异者。然此不足以破此公例也。——译者注

　　② 案:原本如下:埃及之哈猛*必取摩德开而枭之高竿之上,亦已过矣。然彼以亚哈木鲁经略之重,何物犹大,乃漠然视之。门焉,再出入,傲不为礼,则其恨之者尚人情耳,今以与李广霸陵尉事相类,故易之如此。——译者注

　　＊　今译哈曼(Haman)。

平争,故治化进而天行消,即治化进而自营减。顾自营减之至尽,则人与物为竞之权力,又未尝不因之惧衰,此又不可不知者也。故此而论之,合群者所以平群以内之物竞,即以敌群以外之天行。人始以自营能独伸于庶物,而自营独用,则其群以漓。由合群而有治化,治化进而自营减,克己廉让之风兴。然自其群又不能与外物无争,故克己太深,自营尽泯者,其群又未尝不败也。无平不陂,无往不复,理诚如是,无所逃也。今天下之言道德者皆曰:终身可行莫如恕,平天下莫如絜矩矣。泰东者曰:己所不欲,勿施于人。所求于朋友,先施之。泰西者曰:施人如己所欲受。又曰:设身处地,待人如己之期人。凡此之言,皆所谓金科玉律,贯澈上下者矣,自常人行之,有必不能悉如其量者。虽然,学问之事,贵审其真,而无容心于其言之美恶。苟审其实,则恕道之与自存,固尚有其不尽比附也者。盖天下之为恶者,莫不务逃其诛:今有盗吾财者,使吾处盗之地,则莫若勿捕与勿罚;今有批吾颊者,使吾设批者之身,则左受批而右不再焉,已厚幸矣。持是道以与物为竞,则其所以自存者几何? 故曰不相附也。且其道可用之民与民,而不可用之国与国。何则? 民尚有国法焉,为之持其平而与之直也,至于国,则持其平而与之直者谁乎?

　　复案:赫胥黎氏之为此言,意欲明保群自存之道,不宜尽去自营也。然而其义隘矣。且其所举泰东西建言,皆非群学太平最大公例也。太平公例曰:人得自由,而以他人之自由为界。用此则无前弊矣。斯宾塞《群谊》一篇,为释是例而作也。晚近欧洲富强之效,识者皆归功于计学,计学者,首于亚丹斯密氏者也。其中亦有最大公例焉,曰大利所存,必其两益:损人利己,非也,损己利人亦非;损下益上,非也,损上益下亦非。其书五卷数十篇,大抵反复明此义耳。故道、咸以来,蠲保商之法,平进出之税,而商务大兴,国民俱富。嗟乎! 今然后知道若大路然,斤斤于彼己盈绌之间者之真无当也。

导言十五　最旨

　　前十四篇,皆诠天演之义,得一一覆按之。第一篇,明天道之常变,其用在物竞与天择;第二篇,标其大义,见其为万化之宗;第三篇,专就人道言之,以异、择、争三者明治化之所以进;第四篇,取譬园夫之治园,明天行人治之必相反;第五篇,言二者虽反,而同出一原,特天行则恣物之争而存其宜,人治则致物之宜,以求得其所祈向者;第六篇,天行既泯,物竞斯平,然物具肖先而异之性,故人治可以范物,使日进善而不知,此治化所以大足恃也;第七篇,更以垦土建国之事,明人治之正术;第八篇,设其民日滋,而有神圣为之主治,其道固可以法园夫;第九篇,见其术之终穷,穷则天行复兴,人治中废;第十篇,论所以救庶之术,独有耘莠存苗,而以人耘人,其术必不可用;第十一篇,言群出于天演之自然,有能群之天倪,而物竞为铲锤,人之始群,不异昆虫禽兽也;第十二篇,言人与物之不同,一曰才无不同,一曰自营无艺,二者皆争之器,而败群之凶德也,然其始则未尝不用是以自存;第十三篇,论能群之吉德,感通为始,天良为终,人有天良,群道乃固;第十四篇,明自营虽凶,亦在所用,而克己至尽,未或无伤。今者统十四篇之所论而观之,知人择之术,可行诸草木禽兽之中,断不可用诸人群之内姑无论智之不足恃也。就令足恃,亦将使恻隐仁爱之风衰,而其群以涣。且充其类而言,凡恤罢癃、养残疾之政,皆与其治相舛而不行,直至医药治疗之学可废,而男女之合,亦将如会聚特牝之为,而隳夫妇之伦而后可。狭隘酷烈之法深,而慈惠哀怜之意少,数传之后,风俗遂成,斯群之善否不可知,而所恃以相维相保之天良,其有存者不其寡欤!故曰:人择求强,而其效适以得弱。盖过庶之患,难图如此。虽然,今者天下非一家也,五洲之民非一种也,物竞之水深火烈,时平则隐于通商庀工之中,世变则发于战伐纵横之际。是中天择之效,所眷而存者云何?群道所因以进退者奚若?国家将安所恃而有立于物竞之余?虽其理诚奥博,非区区导言所能尽,意者深察世变之士,可思而得其大致于言外矣夫?

　　复案:赫胥黎氏是书大指,以物竞为乱源,而人治终穷于过庶。此其持论所以与斯宾塞氏大相径庭,而谓太平为无是物也。斯宾塞则谓事迟速不可知,而人道必成于郅治。其言曰:[①]今若据前事以推将来,则知一群治化将开,其民必庶,始也以猛兽毒虫为患,庶则此患先祛。然而种分壤据,民之相残,不啻毒虫猛兽也。至合种成国,则此患又减,而转患孳乳之寝多。群而不足,大争起矣。使当此之时,民之性情知能,一如其朔,则其死率,当与民数作正比例。其不为正比例者,必其食裕也。而食之所以裕者,又必其相为生养之事进而后能。于此见天演之所以陶熔民生,与民生之自为体合[②]。体合者,进化之秘机也。虽然,此过庶之压力,可以裕食而减,而过庶之压力,又终以孳生而增。民之欲得者,常过其所已有,汲汲以求,若有阴驱潜率之者,亘古民欲,固未尝有见足之一时。故过庶压力,终无可免,即天演之用,终有所施。其间转徙垦屯,举不外一时抛注之事。循是以往,地球将实,实则过庶压力之量,与俱盈矣。故生齿日繁,过于其食者,所以使其民巧力才智,与自治之能,不容不进之因也。惟其不能不用,故不能不进,亦惟常用故常进也。举凡水火工虞之事,要皆民智之见端,必智进而后事进也。事既进者,非智进者莫能用也。格致之家,孜孜焉以尽物之性为事。农工商之民,据其理以善术,而物产之出也,以之益多,非民智日开,能为是乎?十顷之田,今之所获,倍于往岁,其农必通化殖之学,知水利,谙新机,而已与佣之巧力,皆臻至巧而后可。制造之工,朝出货而夕售者,其制造之器,其工匠之巧,皆不可以不若人明矣。通商之场日广,业是者,于物情必审,于计利必精,不然,败矣!商战烈,则子钱薄,故用机必最省费者,造舟必最合法者,御舟必最巧习者,而后倍称之息收焉。诸如此伦,苟求其原,皆一群过庶之压力致之耳。盖恶劳好逸,民之所同,使非争存,则耳目心思之力皆不用,不用则体合无由,而人之能事不进。是故天演之秘,可一言而尽也。天惟赋物以孳乳而贪生,则其种自以日上,万物莫不如是,人其一耳。进者存而传焉,不进者病而亡焉,此九地之下,古兽残骨之所以多也。一家一国之中,食指徒繁,而智力如故者,则其去无噍类不远矣。夫固有与争存而夺之食者也,不见前之爱尔兰乎?生息之伙,均诸圈牢,然其究也,徒以供沟壑之一饱,饥馑疾疫,刀兵水旱,有不忍卒言者。凡此皆人事之不臧,非天运也。然

---

① 《生学天演》第十三篇"论人类究竟"。——译者注
② 物自变其形,能以合所遇之境,天演家谓之体合。——译者注

以经数言之，则去者必其不善自存者也。其有子遗而长育种嗣者，必其能力最大，抑遭遇最优，而为天之所择者也。故宇宙妨生之物至多，不仅过庶一端而已。人欲图存，必用其才力心思，以与是妨生者为斗。负者日退，而胜者日昌，胜者非他，智德力三者皆大是耳。三者大而后与境相副之能恢，而生理乃大备。且由此而观之，则过庶者非人道究竟大患也。吾是书前篇，于生理进则种贵，而孳乳用稀之理，已反复辨证之矣。盖种贵则其取精也，所以为当躬之用者日奢，以为嗣育之用者日啬。一人之身，其情感论思，皆脑所主。群治进，民脑形愈大，襞积愈繁，通感愈速，故其自存保种之能力，与脑形之大小有比例；而察物穷理，自治治人，与夫保种诒谋之事，则与脑中襞积繁简为比例。然极治之世，人脑重大繁密固矣，而情感思虑，又至赜至变，至广至玄，其体既大，其用斯宏，故脑之消耗，又与其用情用思之多寡、深浅、远近、精粗为比例。三比例者合，故人当此时，其取物之精，所以资辅益填补此脑者最费。脑之事费，则生生之事廉矣。物固莫能两大也，今日欧民之脑，方之野蛮，已此十而彼七，即其中襞积复叠，亦野蛮少而浅，而欧民多且深。则继今以往，脑之为变如何，可前知也。此其消长盈虚之故，其以物竞天择之用而脑大者存乎？抑体合之为，必得脑之益繁且灵者，以与蓄变广玄之事理相副乎？此吾所不知也。知者用奢于此，则必啬于彼，而郅治之世，用脑之奢，又无疑也。吾前书证脑进者成丁迟[1]，又证男女情欲当极炽时，则思力必逊。而当思力大耗如初学人攻苦思索算学难题之类，则生育能事，往往抑沮不行。统此观之，则可知群治进极、宇内人满之秋，过庶不足为患，而斯人孳生迟速，与其国治化浅深，常有反比例也。斯宾塞之言如此。自其说出，论化之士十八九宗之。计学家柏捷特著《格致治平相关论》，多取其说。夫种下者多子而子夭，种贵者少子而子寿，此天演公例，自草木虫鱼，以至人类，所随地可察者。斯宾氏之说，岂不然哉？

导言十六　进微

前论谓治化进则物竞不行固矣，然此特天行之物竞耳。天行物竞者，救死不给，民争食也，而人治之物竞犹自若也。人治物竞者，趋于荣利，求上人也。惟物竞长存，而后主治者可以操砥砺之权，以砻琢天下。夫所谓主治者，或独具全权之君主，或数贤监国，如古之共和，或合通国民权，如今日之民主。其制虽异，其权实均，亦各有推行之利弊[2]。要之其群之治乱强弱，则视民品之隆污，主治者抑其次矣。然既曰主治，斯皆有导进其群之能，课其为术，乃不出道齐举错，与夫刑赏之间已耳。主治者悬一格以求人，曰：必如是，吾乃尊显爵禄之。使所享之权与利，优于常伦焉，则天下皆奋其才力心思，以求合于其格，此必然之数也。其始焉为竞，其究也成习，习之既成，则虽主治有不能与其群相胜者。后之衰者驯至于亡，前之利者适成其弊，导民取舍之间，其机如此。是故天演之事，其端

---

① 谓牝牡为合之时。——译者注
② 按今泰西如英、德各邦多三合用之，以兼收其益，此国主而外，所以有爵民二议院也。——译者注

恒娠于至微,而为常智之所忽。及蒸为国俗,沦浃性情之后,悟其为弊,乃谋反之。操一苇以障狂澜,酾杯水以救燎原,此亡国乱群,所以相随属也。不知一群既涣,人治已失其权,即使圣人当之,亦仅能集散扶衰,勉企最宜,以听天事之抉择。何则?天演之效,非一朝夕所能为也。是故人治天演,其事与动植不同。事功之转移易,民之性情气质变化难。持今日之英伦,以与图德①之朝相较②,则贫富强弱,相殊远矣。而民之官骸性情,若无少异于其初,词人狭斯丕尔③之所写生,方今之人,不仅声音笑貌同也,凡相攻相感不相得之情,又无以异。苟谓民品之进,必待治化既上,天行尽泯,而后有功,则自额勒查白④以至维多利亚,此两女主三百余年之间,英国之兵争盖寡,无炽然用事之天行也。择种留良之术,虽不尽用,间有行者。刑罚非不中也,害群之民,或流之,或杀之,或锢之终身焉。又以游惰告癫者之种下也,振贫之令曰,凡无业仰给县官者,男女不同居。凡此之为,皆意欲绝不肖者,传衍种裔,累此群也。然而其事卒未尝验者,则何居?盖如是之事,合通国而计之,所及者隘,一也;民之犯法失业,事常见诸中年以后,刑政未加乎其身,此凶民惰民者,已婚嫁而育子矣,又其一也。且其术之穷不止此,世之不幸罹文网,与无操持而惰游者,其气质种类,不必皆不肖也。死囚贫乏,其受病虽恒在夫性情,而大半则缘乎所处之地势。英谚有之曰:"粪在田则为肥,在衣则为不洁。"然则不洁者,乃肥而失其所者也。故豪家土苴金帛,所以扬其惠声,而中产之家,则坐是以冻馁。猛毅致果之性,所以成大将之威名,仰机射利之奸,所以致驵商之厚实,而用之一不当,则刀锯图圉从其后矣。由此而观之,彼被刑无赖之人,不必由天德之不肖,而恒由人事之不详也审矣,今而后知绝其种嗣俾无遗育者之真无当也。今者即英伦一国而言之,挽近三百年治功所进,几于绝景而驰,至其民之气质性情,尚无可指之进步。而欧墨物竞炎炎,天演为铲,天择为冶,所骎骎日进者,乃在政治、学术、工商、兵战之间。呜呼,可谓奇观也已!

> 复案:天演之学,肇端于地学之僵石、古兽,故其计数,动逾亿年,区区数千年数百年之间,固不足以见其用事也。襄拿破仑第一入埃及时,法人治生学者,多挟其数千年骨董归而验之,觉古今人物,无异可指,造化模范物形,极渐至微,斯可见矣。虽然,物形之变,要皆与外境为对待,使外境未尝变,则宇内诸形,至今如其朔焉可也。惟外境既迁,形处其中,受其逼拶,乃不能不去故以即新。故变之疾徐,常视逼拶者之缓急,不可谓古之变率极渐,后之变率遂常如此而不能速也。即如以欧洲政教、学术、农工、商战数者而论,合前数千年之变,殆不如挽近之数百年,至最后数十年,其变弥厉。故其言曰,耶稣降生二千年时,世界如何,虽至武断人不敢率道也。顾其事有可逆知者:世变无论如何?终当背苦而向乐。此如动植之变,必利其身事者而后存也。至于种胤之事,其理至为奥博难穷,诚有如赫胥氏之说者。即如反种一事,生物累传之后,忽有极似远祖者,出于其间,此虽无数传无由以绝。如至今马种,尚有

---

① 今译都铎尔(Tudors)。
② 自理(查理)第七至女主额勒查白(伊利莎白)是为图德之代,起明成化二十一年至万历卅一年。——译者注
③ 今译莎士比亚(William Shakespeare,1564—1616)。
④ 今译伊丽莎白(Elizabeth,1533—1603)。

172　· *Evolution and Ethics and other Essays* ·

忽出遍体虎斑，肖其最初芝不拉①野种者②，驴种亦然，此二物同原证也。芝不拉之为驴马，则京垓年代事矣。达尔文畜鸽，亦往往数十传后，忽出石鸽野种也。又每有一种受性偏胜，至牉合得宜，有以相剂，则生子胜于二亲。此生学之理，亦古人所谓男女同姓，其生不蕃，理也。惟牉合有宜不宜，而后瞽瞍生舜，尧生丹朱，而汉高、吕后之悍鸷，乃生孝惠之柔良，可得而微论也。此理所关至巨，非遍读西国生学家书，身考其事数十年，不足以与其秘耳。

导言十七　善群

今之竞于人群者，非争所谓富贵优厚也耶？战而胜者在上位，持粱齧肥，驱坚策骄，而役使夫其群之众。不胜者居下流，其尤病者乃无以为生，而或陷于刑罔。试合英伦通国之民计之，其战而如是胜者，百人之内，几几得二人焉，其赤贫犯法者，亦不过百二焉。恐议者或以为少也，吾乃以谓百得五焉可乎？然则前所谓天行之虐，所见于此群之中，统而核之，不外二十得一而已。是二十而一者，溮然在泥涂之中，日有寒饥之色，周其一身者，率猥陋不蠲，不足以遂生致养。嫁娶无节，蕃息之易，与圈牢均，故其儿女，虽以贫露多不育者，然其生率常过于死率也。虽然，彼贫贱者，固自为一类也，此二十而一者，固不能于二十而十九者，有选择举错之权也。则群之不进，非其罪也。设今有牧焉，于其千羊之内，简其最下之五十羊，驱而置之硗埆不毛之野，任其弱者自死，强者自存，夫而后驱此后亡者还入其群，以并畜同牧之，是之牧为何如牧乎？此非过事之喻也，不及事之喻也。何则？今吾群之中，是饥寒罹文网者，尚未为最弱极愚之种，如所谓五十羊者也。且今之竞于富贵优厚者，当何如而后胜乎？以经道言之，必其精神强固者也，必勤足赴功者也，必智足以周事，忍足济事者也，又必其人之非甚不仁，而后有外物之感乎，而恒有徒党之己助，此其所以为胜之常理也。然而世有如是之民，竞于其群之中，而又不必胜者则又何也？曰世治之最不幸，不在贤者之在下位而不能升，而在不贤者之在上位而无由降。门第、亲戚、援与、财贿、例故，与夫主治者之不明而自私，之数者皆其沮降之力也。譬诸重浊之物，傅以气胈，木皮，又如不能游者，挟救生之环，此其所以为浮，而非其物之能溯洄鼋没以自举而上也。使一日者，取所傅而去之，则本地亲下，必终归于其所。而物竞天择之用，将使一国之众，如一壶之水然。熭之以火，而其中无数莫破质点，暖者自升，冷者旋降，回转周流，至于同温等热而后已。是故任天演之自然，而去其牵沮之力，则一群之众，其战胜而亨，而为斯群之大分者，固不必最宜，将皆各有所宜，以与其群相结。其为数也既多，其合力也自厚，其孳生也自蕃。夫以多数胜少数者，天之道也，而又何虑于前所指二十而一之莠民也哉，此善群进种之至术也。今夫一国之治，自外言之，则有邦交；自内言之，则有民政。邦交、民政之事，必操之聪明强固、勤习刚毅而仁之人，夫而后国强而民富者，常智所与知也。由吾之术，不肖自降，贤者自升，邦交、民政之事，必得其宜者为之

---

① 今译斑马（Zobra）。
② 所谓此即《汉书》所云天马。——译者注

主,且与时偕行,流而不滞,将不止富强而已,抑将有进种之效焉。此固人事之足恃,而有功者矣,夫何必择种留良,如园夫之治草木哉?

> 复案:赫胥黎氏是篇,所谓去其所傅者最为有国者所难能。能则其国无不强其群无不进者,此质家亲亲,必不能也,文家尊尊,亦不能也。惟尚贤课名实者能之。尚贤则近墨,课名实则近于申、商,故其为术,在中国中古以来,罕有用者,而用者乃在今日之西国。英伦民气最伸,故其术最先用,用之亦最有功。如广立民报,而守直言不禁之盟。保公二党,递主国成,以互相稽察。凡此之为,皆惟恐所傅者不去故也。斯宾塞群学保种公例二,曰:凡物欲种传而盛者,必未成丁以前,所得利益,与其功能作反比例;既成丁之后,所得利益,与功能作正比例,反是者衰灭。其《群谊篇》立进种大例三:一曰民既成丁,功食相准;二曰民各有畔,不相侵欺;三曰两害相权,己轻群重。此其言乃集希腊、罗马与二百年来格致诸学之大成,而施诸邦国理平之际。有国者安危利菑则亦已耳,诚欲自存,赫、斯二氏之言,殆无以易也。赫所谓去其所傅,与斯所谓功食相准者,言有正负之殊,而其理则一而已矣。

导言十八　新反

前言园夫之治园也,有二事焉:一曰设其宜境,以遂群生;二曰芸其恶种,使善者传。自人治而言之,则前者为保民养民之事,后者为善群进化之事。善群进化,园夫之术必不可行,故不可以力致。独主持公道,行尚贤之实,则其治自臻。然古今为治,不过保民养民而已。善群进化,则期诸教民之中,取民同具之明德,固有之知能,而日新扩充之,以为公享之乐利。古之为学也,形气、道德歧而为二,今则合而为一。所讲者虽为道德治化,形上之言,而其所由径术,则格物家所用以推证形下者也。撮其大要,可以三言尽焉:始于实测,继以会通,而终于试验,三者阙一,不名学也,而三者之中,则试验为尤重。古学之逊于今,大抵坐阙是耳。凡政教之所施,皆用此术以考核扬搉之,由是知其事之窒通与能得所祈向否也。天行物竞,既无由绝于两间,诚使五洲有大一统之一日,书车同其文轨,刑赏出于一门,人群太和,而人外之争,尚自若也,过庶之祸,莫可逃也。人种之先,既以自营不仁,而独伸于万物矣,绵传虽远,恶本仍存。呱呱坠地之时,早含无穷为己之性,故私一日不去,争一日不除。争之未除,天行犹用,如日之照。夫何疑焉。假使后来之民,得纯公理而无私欲,此去私者,天为之乎?抑人为之乎?吾今日之智,诚不足以知之。然而一事分明,则今日之民,既相合群而不散处于独矣,苟私过用,则不独必害于其群,亦且终伤其一己,何者托于群而为群所不容故也。故成己成人之道,必在惩忿窒欲,屈私为群。此其事诚非可乐,而行之其效之美,乃不止于可乐。夫人类自其天秉而观之,则自致智力,加之教化道齐,可日进于无疆之休,无疑义也。然而自夫人之用智用仁,虽圣哲不能无过。自天行终与人治相反,而时时欲毁其成功;自人情之不能无怨怼,而尚觊觎其所必不可几;自夫人终囿于形气之中,其知识无以窥天事之至奥。夫如是而曰人道有极美备之一境,有善而无恶,有乐而无忧,特需时以待之,而其境必自至者,此殆理之所必无,而人道之所以足闵叹也。窃尝谓此境如割锥术中，双曲线之远切线，可日趋于至近，而终不可交。虽然，既生而为人矣，则及今可为之事亦众矣。邃古以来，凡人类之事功，皆所以补天辅民者也。已至者无斁其成功，未至者无怠于精进，而人治与日月俱新，有非前人所梦见者。前事具在，岂不然哉。夫如是以保之，夫如是以将之，然而形气内事，皆抛物线也。至于其极，不得不反，反则大宇之间，又为天行之事。人治以渐，退归无权，我曹何必取京垓世劫以外事，忧海水之少，而以泪益之也哉？

复案：有叩于复者曰：人道以苦乐为究竟乎？以善恶为究竟乎？应之曰：以苦乐为究竟，而善恶则以苦乐之广狭为分，乐者为善，苦者为恶，苦乐者所视以定善恶者也。使苦乐同体，则善恶之界混矣，又乌所谓究竟者乎？曰：然则禹，墨之胼胝非，而桀、跖之姿横是矣。曰：论人道务通其全而观之，不得以一曲论也。人度量相越远，所谓苦乐，至为不齐。故人或终身汲汲于封殖，或早夜遑遑于利济，当其得之，皆足自乐，此其一也。且夫为人之士，摩顶放踵以利天下，亦谓苦者吾身，而天下缘此而乐者众也。使无乐者，则摩放之为，无谓甚矣。慈母之于子也，劬劳顾惜，若忘其身，母苦而子乐也。至得其所求，母且即苦以为乐，不见苦也。即如婆罗旧教苦行熏修，亦谓大苦之余，偿我极乐，而后从之。然则人道所为，皆背苦而趋乐，必有所乐，始名为善，彰彰明矣。故曰善恶以苦乐之广狭分也。然宜知一群之中，必彼苦而后此乐，抑己苦而后人乐者，皆非极盛之世。极盛之世，人量各足，无取挹注，于斯之时，乐即为善，苦即为恶，故曰善恶视苦乐也。前吾谓西国计学为亘古精义、人理极则者，亦以其明两利为真利耳。由此观之，则赫胥氏是篇所称屈己为群为无可乐，而其效之美，不止可乐之语，于理荒矣。且吾不知可乐之外，所谓美者果何状也。然其谓郅治如远切线，可近不可交，则至精之譬。又谓世间不能有善无恶，有乐无忧，二语亦无以易。盖善乐皆对待意境，以有恶忧而后见，使无后二，则前二亦不可见。生而瞽者不知有明暗之殊，长处寒者不知寒，久处富者不欣富，无所异则即境相忘也。曰：然则郅治极休，如斯宾塞所云云者，固无有乎？曰：难言也。大抵宇宙究竟与其元始，同于不可思议。不可思议云者，谓不可以名理论证也。吾党生于今日，所可知者，世道必进，后胜于今而已。至极盛之秋，当见何象，千世之后，有能言者，犹旦暮遇之也。

天演论（下）

　　严复翻译《天演论》，对自己有不同于一般译品和翻译家的要求，表现了超乎寻常的雄心。他既想将这本"新得之学"、"晚出之书"介绍给国人，借此显示出自己超前的思想；又想将西学与中学熔于一炉，把赫胥黎所表达的思想以一中最能为当时高级士大夫所接受的方式表达出来。他既要作一种学理的探讨，以《天演论》为中心展现自己渊博的西学学识；又欲借外来的学理来剖析中国的现实和世界的大势，寻求中国维新、自强之道。他既提出了一种新的翻译标准，为中国译介西方学术著作提供一种不同于传统翻译佛典的新模式；又逢迎"桐城派"的文学审美趣味，以一种古奥、典雅的译文进行创作。严复翻译的《天演论》定位如此之高，以至它长久被人们奉为典范，故其在近代中国的诸多方面有划时代的意义。

论一　能实

道每下而愈况，虽在至微，尽其性而万物之性尽，穷其理而万物之理穷，在善用吾知而已矣，安用骛远穷高然后为大乎①。今夫策两缄以为郛，一房而数子，瞀然不盈匊之物也。然使艺者不违其性，雨足以润之，日足以暄之，则无几何，其力之内蕴者敷施，其质之外附者禀受，始而萌芽，继乃引达，俄而布菱，俄而坚熟，时时蜕其旧而为新，人弗之觉也，觉亦弗之异也。睹非常则惊，见所习则以为不足察，此终身由之而不知其道者，所以众也。夫以一子之微，忽而有根荄，支干、花叶、果实，非一曙之事也。其积功累勤，与人事之经营裁斫，异而实未尝异也。一萼一柎，极之微尘质点，其形法模式，苟谛而视之，其结构勾联，离娄历鹿，穷精极工矣，又皆有不易之天则，此所谓至赜而不可乱者也。一本之植也，析其体则为分官，合其官则为具体。根干以吸土膏也，支叶以收炭气也，色非虚设也，形不徒然也②，禽然通力合作，凡以遂是物之生而已。是天工也，特无为而成，有真宰而不得其朕耳。今者一物之生，其形制之巧密既如彼，其功用之美备又如此，顾天乃若不甚惜焉者，蔚然茂者浸假而凋矣，荧然晖者浸假而瘁矣，夷伤黄落，荡然无存。存者仅如他日所收之实，复以函生机于无穷，至哉神乎！其生物不测有若是者。今夫易道周流，耗息迭用，所谓万物一圈者，无往而不遇也。不见小儿抛堶者乎？过空成道，势若垂弓，是名抛物曲线③，从其渊而平分之，前半扬而上行，后半陊而下趋。此以象生理之从虚而息，由息乃盈，从盈得消，由消反虚。故天演者如网如罳。又如江流然，始滥觞于昆仑，出梁益，下荆扬，洋洋浩浩，趋而归海，而兴云致雨，则又反宗。始以易简，伏变化之机，命之曰储能。后渐繁殊，极变化之致，命之曰效实。储能也，效实也，合而言之天演也。此二仪之内，仰观俯察，远取诸物，近取诸身，所莫能外也。希腊理家额拉吉来图④有言：世无今也，有过去有未来，而无现在。譬诸濯足长流，抽足再入，已非前水，是混混者未尝待也。方云一事为今，其今已古。且精而核之，岂仅言之之时已哉，当其涉思，所谓今者，固已逝矣⑤。今然后知静者未觉之动也，平者不喧之争也。群力交推，屈申相报，众流汇激，胜负

◀1900 年严复（中坐着）与好友在一起。

---

①　柏庚（今通译培根，生 1561 年，卒 1626 年，英人，哲学家，近世经验哲学之始祖。——原编者注）首为此言。其言曰，格致之事，凡为真宰之所笃生，斯是吾人之所应讲。天之生物，本无贵贱轩轾之心，故以人意轩轾贵贱之者，其去道固已远矣，尚何能为格致之事乎？——译者注

②　草木有绿精，而后得日光，能分炭于炭养。——译者注

③　此线乃极狭椭圆两端，假如物不为地体所隔，则将行绕地心，复还所由。抛本处成一椭圆。其二脐点一在地心，一在地平以上，与相应也。——译者注

④　今译赫拉克利特（Heraclitus）。

⑤　赫胥黎他日亦言，人命如水中漩洑，虽其形暂留，而漩中一切水质刻刻变易，一时推为名言。仲尼川上之叹又曰，回也见新，交臂已故。东西微言，其同若此。——译者注

迭乘，广宇悠宙之间，长此摩荡运行而已矣。天有和音，地有成器，显之为气为力，幽之为虑为神。物乌乎凭而有色相？心乌乎主而有觉知？将果有物焉，不可名，不可道，以为是变者根耶？抑各本自然，而不相系耶？自麦西希腊以来，民智之开，四千年于兹矣，而此事则长夜漫漫，不知何时旦也。

复案：此篇言植物由实成树，树复结实，相为生死，如环无端，固矣。而晚近生学家，谓有生者如人禽虫鱼草木之属，为有官之物，是名官品；而金石水土无官曰非官品。无官则不死，以未尝有生也。而官品一体之中，有其死者焉，有其不死者焉。而不死者，又非精灵魂魄之谓也。可死者甲，不可死者乙，判然两物。如一草木，根菱支干，果实花叶，甲之事也，而乙则离母而转附于子，绵绵延延，代可微变，而不可死。或分其少分以死，而不可尽死，动植皆然。故一人之身，常有物焉，乃祖父之所有，而托生于其身，盖自受生得形以来，递嬗迤转，以至于今，未尝死也。

论二　忧患

大地抟抟，诸教杂糅。自顶蛙拜蛇，迎尸范偶，以至于一宰无神，贤圣之所诏垂，帝王之所制立，司徒之有典，司寇之有刑，虽旨类各殊，何一不因畏天坊民而后起事乎？疾痛惨怛，莫知所由。然爱恶相攻，致憾于同种，神道王法，要终本始，其事固尽从忧患生也。然则忧患果何物乎？其物为两间所无可逃，其事为天演所不可离。可逃可离，非忧患也。是故忧患者，天行之用，施于有情，而与知虑并著者也。今夫万物之灵，人当之矣。然自非能群，则天秉末由张皇，而最灵之能事不著。人非能为群也，而不能不为群。有人斯有群矣，有群斯有忧患矣，故忧患之浅深，视能群之量为消长。方其混沌僿野，与鹿豕同，谓之未尝有忧患焉，蔑不可也。进而穴居巢处，有忧患矣，而未撄也。更进而为射猎，为游牧，为猺獠，为蛮夷，撄矣而犹未至也。独至伦纪明，文物兴，宫室而耕稼，丧祭而冠婚，如是之民，夫而后劳心怵心，针深虑远，若天之脊靡而不可弛耳。咸其自至，而虐之者谁欤？夫转移世运，非圣人之所能为也，圣人亦世运中之一物也。世运至而后圣人生，世运铸圣人，非圣人铸世运也。使圣人而能为世运，则无所谓天演者矣。民之初生，固禽兽也，无爪牙以资攫挐，无毛羽以御寒暑，比之鸟则以手易翼而无与于飞，方之兽则减四为二而不足于走。夫如是之生，而与草木禽兽樊然杂居，乃岿然独存于物竞最烈之后，且不仅自存，直褒然有以首出于庶物。则人于万类之中，独具最宜而有以制胜也审矣。岂徒灵性有足恃哉？亦由自营之私奋耳。然则不仁者，今之所谓凶德，而夷考其始，乃人类之所恃以得生。深于私，果于害，夺焉而无所与让，执焉而无所于舍，此皆所恃以为胜也。是故浑荒之民，合狙与虎之德而兼之，形便机诈，好事效尤，附以合群之材，重之以贪戾、狠鸷、好胜、无所于屈之风。少一焉，其能免于阴阳之患，而不为外物所吞噬残灭者寡矣。而孰知此所恃以胜物者，浸假乃转以自伐耶？何以言之？人之性不能不为群，群之治又不能不日进，群之治日进，则彼不仁者之自伐亦日深。人之始与禽兽杂居者，不知其几千万岁也。取于物以自养，习为攘夺不仁者，又不知其几千百世也。其习之于事也既久，其染之于性也自深，气质蘱成，流为种智，其治化虽进，其萌柢仍存。嗟夫！此世之所以不善人多而善人少也。夫自营之德，宜为散不宜为群，宜于乱不宜于治，人之所深知也。昔之所谓狙与虎者，彼非不欲其尽死，而化为麟凤、驺虞也，而无如是狒狒、眈眈者卒不可以尽伏。向也资二者之德而乐利之矣，乃今试尝用之，则乐也每不胜其忧，利也常不如其害。凶德之为虐，较之阴阳外物之患，不啻过之。由是悉取其类揭其名而僇之，曰过，曰恶，曰罪，曰孽；又不服，则鞭笞之，放流之，刀锯之，铁钺之。甚矣哉！群之治既兴，是狙与虎之无益于人，而适用以自伐也，而孰谓其始之固赖是以存乎？是故忧患之来，其本诸阴阳者犹之浅也，而缘诸人事者乃至深。六合之内，天演昭回，其奥衍美丽，可谓极矣，而忧患乃与之相尽。治化之兴，果有以祛是忧患者乎？将人之所为，与天之所演者，果有合而可奉时不违乎？抑天人互殊，二者之事，固不可以终合也？

论三　教源

大抵未有文字之先，草昧敦庞，多为游猎之世。游故散而无大群，猎则戕杀而鲜食，凡此皆无化之民也。迨文字既兴，斯为文明之世，文者言其条理也，明者异于草昧也。出草昧，入条理，非有化者不能，然化有久暂之分，而治亦有偏赅之异。自营不仁之气质，变化綦难，而仁让乐群之风，渐摩日浅，势不能以数千年之磨洗，去数十百万年之沿习，故自有文字洎今，皆为嬗蜕之世，此言治者所要知也。考天演之学，发于商周之间，欧亚之际，而大盛于今日之泰西。此由人心之灵，莫不有知，而死生荣悴，昼夜相代夫前，妙道之行，昭昭若揭日月。所以先觉之俦，玄契同符，不期自合，分涂异唱，殊致同归。凡此二千五百余载中，泰东西前识大心之所得，微言具在，不可诬也。虽然，其事有浅深焉。昔者姬周之初，额里思[①]、身毒诸邦，抢攘昏垫，种相攻灭。迨东迁以还，二土治化，稍稍出矣。盖由来礼乐之兴，必在去杀胜残之后，民惟安生乐业，乃有以自奋于学问思索之中，而不忍于芸芸以生，昧昧以死。前之争也，争夫其所以生；后之争也，争夫其不虚生。其更进也，则争有以充天秉之能事，而无与生俱尽焉。善夫柏庚之言曰：学者何？所以求理道之真；教者何？所以求言行之是。然世未有理道不真，而言行能是者。东洲有民，见蛇而拜，曰是吾祖也。使真其祖，则拜之是矣，而无如其误也。是故教与学相衡，学急于教。而格致不精之国，其政令多乖，而民之天秉郁矣。由柏氏之语而观之，吾人日讨物理之所以然，以为人道之所当然，所孜孜于天人之际者，为事至重，而岂游心冥漠，勤其无补也哉？顾争生已大难，此微论蹄迹交午之秋，击鲜艰食之世也。即在今日，彼持肥曳轻，而不以生事为累者，什一千百而外，有几人哉！至于过是所争，则其愿弥奢，其道弥远，其识弥上，其事弥勤。凡为此者，乃贤豪圣哲之徒，国有之而荣，种得之而贵，人之所赖以日远禽兽者也。可多得哉！可多得哉！然而意识所及，既随格致之业，日以无穷。而吾生有涯，又不能不远瞩高瞻。要识始之从何来，终之于何往，欲通死生之故，欲通鬼神之情状，则形气限之。而人海茫茫，弥天忧患，欲求自度于缺憾之中，又常苦于无术。观摩揭提标致于

---

① 今译希腊（Greece）。

苦海,爱阿尼①诠旨于逝川,则知忧与生俱,古之人不谋而合。而疾痛劳苦之事,乃有生对待,而非世事之傥来也。是故合群为治,犹之艺果莳花,而声明、文物之末流,则如唐花之暖室。何则? 文胜则饰伪世滋,声色味意之可欣日侈,而聋盲爽发狂之患,亦以日增。其聪明既出于颛愚,其感慨于性情之隐者,亦微渺而深挚。是以乐生之事,虽酝郁闲都,雍容多术,非僿野者所与知。而哀情中生,其中之之深,亦较朴鄙者为尤酷。于前事多无补之悔吝,于来境深不测之忧虞。空想之中,别生幻结,虽谓之地狱生心,不为过也。且高明荣华之事,有大贼焉,名曰倦厌。烦忧郁其中,气力耗于外,倦厌之情,起而乘之,则向之所欣,俯仰之间,皆成糟粕,前愈酝至,后愈不堪。及其终也,但觉吾生幻妄,一切无可控揣,而尚犹恋恋为者,特以死之不可知故耳。呜呼! 此释、景、犹、回诸教所由兴也。

　　复案:世运之说,岂不然哉。合全地而论之,民智之开,莫盛于春秋战国之际:中土则孔墨老庄孟荀,以及战国诸子,尚论者或谓其皆有圣人之才。而泰西则有希腊诸智者。印度则有佛。佛生卒年月,迄今无定说。摩腾对汉明帝云:生周昭王廿四年甲寅,卒穆王五十二年壬申。隋翻经学士费长房撰《开皇三宝录》,云生鲁庄公七年甲午,以春秋恒星不见,夜明星陨如雨为瑞应。周匡王五年癸丑示灭。什法师年纪及石柱铭云:生周桓王五年乙丑,周襄王十五年甲申灭度。此外有云佛生夏桀时,商武乙时,周平王时者,莫衷一是。独唐贞观三年,刑部尚书刘德威等与法琳奉诏详核,定佛生周昭丙寅,周穆壬申示灭。然周昭在位十九年,无丙寅岁,而汉摩腾所云二十四年亦误,当是二人皆指十四年甲寅而传写误也。今年太岁在丁酉,去之二千八百六十五年,佛先耶稣生九百六十八年也。挽近西士于内典极讨论,然于佛生卒,终莫指实,独云先耶稣生约六百年耳。依此则费说近之。佛成道当在定、哀间,与宣圣为旨世。岂夜明诸异,与佛书所谓六种震动,光照十方国土者同物欤? 鲁与摩揭提东西里差,仅三十余度,相去一时许,同时睹异,容或有之。至于希腊理家,德黎②称首,生鲁厘二十四年,德,首定黄赤大距、逆策日食者也。亚诺芝曼德③生鲁文十七年,毕达哥拉斯生鲁宣间。毕,天算鼻祖,以律吕言天运者也。芝诺芬尼④生鲁文七年,创名学。巴弥匿智⑤生鲁昭六年。般刺密谛生鲁定十年。额拉吉来图生鲁定十三年,首言物性者。安那萨哥拉⑥安息人,生鲁定十年。德摩颉利图⑦生周定王九年,倡莫破质点之说。苏格拉第⑧生周元王八年,专言性理道德者也。亚里大各一名柏拉图,生周考王十四年,理家最著号。亚里斯大德⑨生周安王十八年,新学未出以前,其为西人所崇信,无异中国之孔子⑩。此外则伊壁鸠鲁生周显二十七年,芝诺生周显三年,倡斯多噶学,而以

----

① 今译爱奥尼亚(Ionia)。

② 今译泰勒士(Thales)。

③ 今译阿那克西曼德(Amaximander)。

④ 今译色诺芬尼(Xenophanes)。

⑤ 今译巴门尼德(Parmenides)。

⑥ 今译安那克萨哥拉(Anaxagoras)。

⑦ 今译德谟克利特(Democritus)。

⑧ 今译苏格拉底(Socrates)。

⑨ 今译亚里士多德(Aristotle)。

⑩ 苏格拉第、柏拉图、亚里斯大德者,三世师弟子,各推师说,标新异为进,不墨守也。——译者注

阿塞西烈①生周赧初年，卒始皇六年者终焉。盖至是希学支流亦稍涸矣。尝谓西人之于学也，贵独获创知，而述古循辙者不甚重。独有周上下三百八十年之间，创知作者，迭出相雄长，其持论思理，范围后世，至于今二千年不衰。而当其时一经两海，崇山大漠，舟车不通，则又不可以寻常风气论也。呜呼，岂偶然哉！世有能言其故者，虽在万里，不佞将裹粮挟贽从之矣。

论四　严意

欲知神道设教之所由兴，必自知刑赏施报之公始。使世之刑赏施报，未尝不公，则教之兴不兴未可定也。今夫治术所不可一日无，而由来最尚者，其刑赏乎？刑赏者，天下之平也，而为治之大器也。自群事既兴，人与人相与之际，必有其所共守而不畔者，其群始立。其守弥固，其群弥坚；畔之或多，其群乃涣。攻瘉、强弱之间，胥视此所共守者以为断，凡此之谓公道。泰西法律之家，其溯刑赏之原也，曰民既合群，必有群约。且约以驭群，岂惟民哉。彼狼之合从以逐鹿也，飙逝霆击，可谓暴矣，然必其不互相吞噬而后行。是亦约也，岂必载之简书，悬之象魏哉？隤然默喻，深信其为公利而共守之已矣。民之初群，其为约也大类此。心之相喻为先，而文字言说，皆其后也。其约既立，有背者则合一群共诛之，其不背约而利群者，亦合一群共庆之。诛、庆各以其群。初未尝有君公焉，临之以贵势尊位，制为法令，而强之使从也。故其为约也，实自立而自守，自诺而自责之，此约之所以为公也。夫刑赏皆以其群，而本众民之好恶为予夺，故虽不必尽善，而亦无由奋其私。私之奋也，必自刑赏之权统于一尊始矣。尊者之约，非约也，令也。约行于平等，而令行于上下之间，群之不约而有令也，由民之各私势力，而小役大，弱役强也。无宁惟是，群日以益大矣，民日以益蕃矣！智愚贤不肖之至不齐，政令之所以行，刑罚之所以施，势不得家平而户论也，则其权之日由多而趋寡，由分而入专者，势也。且治化日进，而通功易事之局成，治人治于人，不能求之一身而备也。矧文法日繁，国闻日富，非以为专业者不暇给也。于是则有业为治人之人，号曰士君子，而是群者亦以其约托之使之专其事而行之，而公出赋焉，酬其庸以为之养，此古今化国之通义也。后有霸者，乘便篡之，易一己奉群之义，为一国奉己之名，久假而不归，乌知非其有乎？挽近数百年，欧罗巴君民之争，大率坐此。幸今者民权日伸，公治日出，此欧洲政治所以非余洲之所及也。虽然，亦复其本所宜然而已。且刑赏者，固皆制治之大权也，而及其用之也，则刑严于赏，刑罚世轻世重，制治者，有因时扶世之用焉。顾古之与今，有大不可同者存，是不可以不察也。草昧初民，其用刑也，匪所谓诛意者也。课夫其迹，未尝于隐微之地，加诛求也。然刑者期无刑，而明刑皆以弼教，是故刑罚者，群治所不得已，非于刑者有所深怒痛恨，必欲推之于死亡也。亦若曰：子之所为不宜吾群，而为群所不容云尔。凡以为将然未然者，谋其已然者，固不足与治，虽治之犹无益也。夫为将然未然者谋，则不得不取其意而深论之矣。使但取其迹而诛之，则慈母之折葼，固可或死其子，涂人之抛墼，亦可或杀其邻。今悉取

① 今译阿塞西劳斯（Arcesilaus，前315—241年），希腊哲学家。

以入"杀人者死"之条,民固将逮于不幸而无辞,此于用刑之道,简则简矣,而求其民日迁善,不亦难哉!何则?过失不幸者,非民之所能自主也,故欲治之克蒸,非严于怙故过眚之分必不可。刑必当其自作之孽,赏必加其好善之真,夫而后惩劝行,而有移风易俗之效。杀人固必死也,而无心之杀,情有可论,则不与谋故者同科。论其意而略其迹,务其当而不严其比,此不独刑罚一事然也。朝廷里党之间,所以予夺毁誉,尽如此矣。

论五　天刑

今夫刑当罪而赏当功者,王者所称天而行者也。建言有之,天道福善而祸淫,"惠迪吉,从逆凶,惟影响"。吉凶祸福者,天之刑赏欤?自所称而言之,宜刑赏之当,莫天若也。顾憪滥过差,若无可逃于人责者,又何说耶?请循其本。今夫安乐危苦者,不徒人而有是,彼飞走游泳,固皆同之。诚使安乐为福,危苦为祸,祸者有罪,福者有功,则是飞走游泳者何所功罪,而天祸福之耶?应者曰否否!飞走游泳之伦,固天所不恤也。此不独言天之不广也,且何所证而云天之独厚于人乎?就如所言,而天之于人也又何如?今夫为善者之不必福,为恶者之不必祸,无文字前尚矣,不可稽矣。有文字来,则真不知凡几也。贪狠暴虐者之兴,如孟夏之草木,而谨愿慈爱,非中正不发愤者,生丁槁饿,死罹刑罚,接踵比肩焉。且祖父之余恶,何为降受之以子孙?愚无知之蒙殃,何为不异于怙贼?一二人狂瞽偾事,而无辜善良,因之得祸者,动以国计,刑赏之公,固如此乎?呜呼!彼苍之愦愦,印度,额里思,斯迈特①三土之民,知之审矣。乔答摩《悉昙》②之章,《旧约·约伯之记》,与鄂谟③之所哀歌,其言天之不吊,何相类也。大水溢,火山流,饥馑厉疫之时行,计其所戕,虽桀纣所为,方之蔑尔!是岂尽恶,而祸之所应加者哉?人为帝王,动云天命矣。而青吉斯④凶贼不仁,杀人如剃,而得国幅员之广,两海一经,伊惕卜思⑤,义人也。乃事不自由,至手刃其父,而妻其母。罕木勒特⑥,孝子也。乃以父仇之故,不得不杀其季父,辱其亲母,而自剚刃于胸。此皆历生人之至痛极酷,而非其罪者也。而谁则尸之?夫如是尚得谓冥冥之中,高高在上,有与人道同其好恶,而操是奖善瘅恶者衡耶?有为动物之学者,得鹿,剖而验之,韧肋而便体,远闻而长胫。喟然曰:伟哉夫造化!是赋之以善警捷足,以远害自完。他日又得狼,又剖而验之,深喙而大肺,强项而不疲。怃然曰:伟哉夫造化!是赋之以猛鸷有力,以求食自养也。夫苟自格致之事而观之,则狼与鹿二者之间,皆有以觇造物之至巧,而无所容心于其间。自人之意行,则狼之为害,与鹿之受害,厘然异矣。方将谓鹿为善为良,以狼为恶为虐,凡利安是鹿者,为仁之事,助养是狼者,为暴之事,然而是二者皆造化之所为也。譬诸有人焉,其右手操兵以杀人,其左能起死而肉骨之。此其人,仁耶暴耶?善

---

① 今译闪米特人(Semite)。
② *Sutras.*
③ 今译荷马(Homer)。
④ 即成吉思汗。
⑤ 伊惕卜思事见希腊旧史,盖幼为父弃,他人收养,长不相知者也。——译者注
⑥ 今译哈姆雷特(Hamlet)。

耶恶耶？自我观之，非仁非暴，无善无恶，彼方超夫二者之间，而吾乃规规然执二者而功罪之，去之远矣。是故用古德之说，而谓理原于天，则吾将使“理”坐堂上而听断，将见是天行者，已自为其戎首罪魁，而无以自解于万物，尚何能执刑赏之柄，猥曰：作善，降之百祥；作不善，降之百殃也哉？

复案：此篇之理，与《易传》所谓乾坤之道鼓万物，而不与圣人同忧，《老子》所谓天地不仁，同一理解。老子所谓不仁，非不仁也，出乎仁不仁之数，而不可以仁论也。斯宾塞尔著天演公例，谓教学二宗，皆以不可思议为起点，即竺乾所谓不二法门者也。其言至为奥博，可与前论参观。

论六　佛释

天道难知既如此矣，而伊古以来，本天立教之家，意存夫救世，于是推人意以为天意，以为天者万物之祖，必不如是其梦梦也，则有为天讼直者焉。夫享之郊祀，讯之以蓍龟，则天固无往而不在也。故言灾异者多家，有君子，有小人，而谓天行所昭，必与人事相表里者，则靡不同焉。顾其言多傅会回穴，使人失据。及其蔽也，则各主一说，果敢酷烈，相屠戮而乱天下，甚矣诬天之不可为也。宋元以来，西国物理日辟，教祸日销，深识之士，辨物穷微，明揭天道必不可知之说，以戒世人之笃于信古，勇于自信者。远如希腊之波尔仑尼，近如洛克，休蒙[①]，汗德[②]诸家，反复推明，皆此志也。而天竺之圣人曰佛陀者，则以是为不足驾说竖义，必从而为之辞，于是有轮回因果之说焉。夫轮回因果之说何？一言蔽之，持可言之理，引不可知之事，以解天道之难知已耳。今夫世固无所逃于忧患，而忧患之及于人人，犹雨露之加于草木。自其可见者而言之，则天固未尝微别善恶，而因以予夺、损益于其间也。佛者曰：此其事有因果焉。是因果者，人所自为，谓曰天未尝与焉，蔑不可也。生有过去，有现在，有未来，三者首尾相衔，如银铛之环，如鱼网之目。祸福之至，实合前后而统计之，人徒取其当前之所遇，课其盈绌焉，固不可也。故身世苦乐之端，人皆食其所自播殖者。无无果之因，亦无无因之果，今之所享受者，不因于今，必因于昔；今之所为作者，不果于现在，必果于未来。当其所值，如代数之积，乃合正负诸数而得其通和也。必其正负相抵，通和为无，不数数之事也，过此则有正余焉，有负余焉。所谓因果者，不必现在而尽也，负之未偿，将终有其偿之之一日。仅以所值而可见者言之，则宜祸者或反以福，宜吉者或反以凶，而不知其通核相抵之余，其身之尚有大负也。其伸缩盈朒之数，岂凡夫所与知者哉？自婆罗门以至乔答摩，其为天讼直者如此。此微论决无由审其说之真妄也，就令如是，而天固何如是之不惮烦？又何所为而为此？则亦终不可知而已。虽然，此所谓持之有故，言之成理者欤？遽斥其妄，而以卤莽之意观之，殆不可也。且轮回之说，固亦本之可见之人事、物理以为推，即求之日用常行之间，亦实有其相似。此考道穷神之士，所为乐反覆其说，而求其义之所底也。

① 今译休谟(David Hume，1711—1776)。
② 今译康德(Immanuel Kant，1724—1804)。

论七 种业

理有发自古初,而历久弥明者,其种姓之说乎? 先民有云:子孙者,祖父之分身也。人声容气体之间,或本诸父,或禀诸母,凡荟萃此一身之中,或远或近,实皆有其由来。且岂惟是声容气体而已,至于性情为尤甚。处若是境,际若是时,行若是事,其进退取舍,人而不同者,惟其性情异耳,此非偶然而然也,其各受于先,与声容气体,无以异也。方孩稚之生,其性情隐,此所谓储能者也。浸假是储能者,乃著而为效实焉,为明为暗,为刚为柔,将见之于言行,而皆可实指矣。又过是则有牝牡之合,苟具一德,将又有他德者与之汇,以深浅、酝酿之。凡其性情与声容气体者,皆经杂糅以转致诸其胤。盖种姓之说[1],由来旧矣。顾竺乾之说,与此微有不同者,则吾人谓父母子孙,代为相传,如前所指,而彼则谓人有后身,不必孙子,声容气体,粗者固不必传,而性情德行,凡所前积者,则合揉剂和,成为一物,名曰喀尔摩[2],又曰羯磨,译云种业。种业者,不必专言罪恶,乃功罪之通名,善恶之公号。人惟入泥洹灭度者,可免轮回,永离苦趣,否则善恶虽殊,要皆由此无明,转成业识。造一切业,熏为种子,种必有果,果复生子,轮转生死,无有穷期,而苦趣亦与俱永,生之与否,固不可离而二也。盖彼欲明生类舒惨之所以不齐,而现前之因果,又不足以尽其所由然,用是不得已而有轮回之说。然轮回矣,使甲转为乙,而甲自为甲,乙自为乙,无一物焉以相受于其间,则又不足以伸因果之说也。于是而羯磨种业之说生焉。所谓业种自然,如恶叉聚者,即此义也。曰恶叉聚者,与前合揉剂和之语同意。盖羯磨世以微殊,因夫过去矣,而现在所为,又可使之进退,此彼学所以重熏修之事也。熏修证果之说,竺乾以此为教宗,而其理则尚为近世天演家所聚讼。夫以受生不同,与修行之得失,其人性之美恶,将由此而有扩充消长之功,此诚不诬之说。顾云是必足以变化气质,则尚有难言者。世固有毕生刻厉,而育子不必贤于其亲,抑或终身慆淫,而生孙乃远胜于厥祖。身则善矣恶矣,而气质之本然,或未尝变也,熏修勤矣,而果则不必证也。由是知竺乾之教,独谓熏修为必足证果者,盖使居养修行之事,期于变化气质,乃在或然或否之间,则不徒因果之说,将无所施,而吾生所恃以自性自度者,亦从此而尽废。而彼所谓超生死出轮回者,又乌从以致其力乎? 故竺乾新旧二教,皆有熏修证果之言,而推其根源,则亦起于不得已也。

> 复案:三世因果之说,起于印度,而希腊论性诸家,惟柏拉图与之最为相似。柏拉图之言曰:人之本初,与天同体,所见皆理而无气质之私。以有违误,谪遣人间,既被形气,遂迷本来。然以堕落方新,故有触便悟,易于迷复,此有凤根人所以参理易契也。因其因悟加功,幸而明心见性,洞识本来,则一世之后,可复初位,仍享极乐。使其因迷增迷,则由贤转愚,去天滋远,人道既尽,乃入下生,下生之中,亦有差等,大抵善则上升,恶则下降,去初弥远,复天愈难矣。其说如此。复意:希、印两土相近,柏氏当有沿袭而来。如宋代诸儒言性,其所云明善复初诸说,多根佛书。顾欧洲学者,辄谓柏氏所言,为标己见,与竺乾诸教,绝不相谋。二者均无确证,姑存其说,以俟贤达取材焉。

---

[1] 今译遗传学(Heredity)。

[2] 今译命运、因果(Karma)。

论八　冥往

考乾竺初法，与挽近斐洛苏非①所明，不相悬异。其言物理也，皆有其不变者为之根，谓之曰真、曰净。真净云者，精湛常然，不随物转者也。净不可以色、声、味、触接，可以色、声、味、触接者，附净发现，谓之曰应、曰名。应名云者，诸有为法，变动不居，不主故常者也。宇宙有大净曰婆罗门，而即为旧教之号。其分赋人人之净曰阿德门，二者本为同物。特在人者，每为气禀所拘，官骸所囿，而嗜欲哀乐之感，又丛而为其一生之幻妄，于是乎本然之体，有不可复识者矣。幻妄既指以为真，故阿德门缠缚沉沦，回转生死，而末由自拔。明哲悟其然也，曰身世既皆幻妄，而凡困苦、僇辱之事，又皆生于自为之私，则何如断绝由缘，破其初地之为得乎？于是则绝圣弃智，惩忿窒欲，求所谓超生死而出轮回者。此其道无他，自吾党观之，直不游于天演之中，不从事于物竞之纷纭已耳。夫羯摩种业，既借薰修锄治而进退之矣，凡粗浊贪欲之事，又可由是而渐消，则所谓自营为己之深私，与夫恶死蕲生之大惑，胥可由此道焉而脱其梏也。然则世之幻影，将有时而销，生之梦泡，将有时而破，既破既销之后，吾阿德门之本体见，而与明通公溥之婆罗门合而为一。此旧教之大旨，而佛法未出之前，前识之士所用以自度之术也。顾其为术也，坚苦刻厉，肥遁陆沈，及其道之既成，则冥然罔觉，顽尔无知。自不知者观之，则与无明失心者无以异也。虽然，其道则自智以生，又必赖智焉以运之。譬诸镭火之家，不独于黄白铅汞之性，深知晓然，又必具审度之能，化合之巧，而后有以期于成而不败也。且其事一主于人，而于天焉无所与。运如是智，施如是力，证如是果，其权其效，皆薰修者所独操，天无所任其功过，此正后人所谓自性自度者也。由今观昔，乃知彼之冥心孤往，刻意修行，诚以谓生世无所逃忧患，且苦海舟流，匪知所届。然则冯生保世，徒为弱丧而不知归，而捐生蕲死，其惑未必不滋甚也。幸今者大患虽缘于有身，而是境悉由于心造，于是有媿心之术焉：凡吾所系悬于一世，而为是心之纠缠者，若田宅，若亲爱，若礼法，若人群，将悉取而捐之，甚至生事之必需，亦裁制抑啬，使之仅足以存而后已。破坏穷乞，佯狂冥痴，夫如是乃超凡离群，与天为徒也。婆罗门之道，如是而已。

论九　真幻

迨乔答摩②肇兴天竺，誓拯群生，其宗旨所存，与旧教初不甚远。独至缮性反宗，所谓修阿德门以入婆罗门者，乃若与之迥别。旧教以婆罗门为究竟，其无形体，无方相，冥灭灰槁，可谓至矣。而自乔答摩观之，则以为伪道魔宗，人入其中，如投罗网。盖婆罗门虽

---

① 译言爱智。——译者注
今译哲学（Philosophy）。
② 乔答摩或作侨昙弥，或作俱谭，或作瞿昙，一音之转，乃佛姓也。《西域记》本星名，从星立称，代为贵姓，后乃改为释迦。——译者注

为元同止境，然但使有物尚存，便可堕入轮转，举一切人天苦趣，将又炽然而兴，必当并此无之，方不授权于物，此释迦氏所为迥绝恒蹊，都忘言议者也。往者希腊智者，与挽近西儒之言性也，曰一切世法，无真非幻，幻还有真。何言乎无真非幻也？山河大地，及一切形气思虑中物，不能自有，赖觉知而后有，见尽色绝，闻塞声亡。且既赖觉而存，则将缘官为变，目劳则见朱成碧，耳病则蚁斗疑牛，相固在我，非著物也，此所谓无真非幻也。何谓幻还有真？今夫与我接者，虽起灭无常，然必有其不变者以为之根，乃得所附而著，特舍相求实，舍名求净，则又不得见耳。然有实因，乃生相果，故无论粗为形体，精为心神，皆有其真且实者，不变长存，而为是幻且虚者之所主。是知造化必有真宰，字曰上帝，吾人必有真性，称曰灵魂，此所谓幻还有真也。前哲之说，可谓精矣，然而人为形气中物，以官接象，即意成知，所了然者，无法非幻已耳。至于幻还有真与否，则断断乎不可得而明也。前人已云，舍相求实，不可得见矣，可知所谓真实、所谓不变长存之主，若舍其接时生心者以为言，则亦无从以指实。夫所谓迹者，履之所出，不当以迹为履固也，而如履之卒不可见何？所云见果知因者，以他日尝见是因，从以是果故也。今使从元始以来。徒见有果，未尝见因，则因之存亡，又乌从察？且即谓事止于果，未尝有因，如晚近比圭黎①所主之说者，又何所据以排其说乎？名学家穆勒氏喻之曰：今有一物于此，视之泽然而黄，臭之郁然而香，抚之挛然而员，食之滋然而甘者，吾知其为橘也。设去其泽然黄者，而无施以他色；夺其郁然香者，而无界以他臭；毁其挛然员者，而无赋以他形；绝其滋然甘者，而无予以他味，举凡可以根尘接者，皆褫之而无被以其他，则是橘所余留为何物耶？名相固皆妄矣，而去妄以求其真，其真又不可见，则安用此茫昧不可见者，独宝贵之以为性真为哉？故曰幻之有真与否，断断乎不可知也。虽然，人之生也，形气限之，物之无对待而不可以根尘接者，本为思议所不可及。是故物之本体，既不敢言其有，亦不得遽言其无，故前者之说，未尝固也。悬揣微议，而默于所不可知。独至释迦，乃高唱大呼，不独三界四生，人天魔龙，有识无识，凡法轮之所转，皆取而名之曰幻。其究也，至法尚应舍，何况非法？此自有说理以来，了尽空无，未有如佛者也。

　　复案：此篇及前篇所诠观物之理，最为精微。初学于名理未熟，每苦难于猝喻。顾其论所关甚巨，自希腊倡说以来，至有明嘉靖隆、万之间，其说始定，定而后新学兴，此西学绝大关键也。鄙人谫陋，才不副识，恐前后所翻，不足达作者深旨，转贻理障之讥。然兹事体大，所愿好学深思之士，反覆勤求，期于必明而后措，则继今观理，将有庖丁解牛之乐，不敢惮烦，谨为更敷其旨。法人特嘉尔②者，生于一千五百九十六年。少羸弱，而绝颖悟，从耶稣会神父学，声入心通，长老惊异，每设疑问，其师辄穷置对。目睹世道晦盲，民智僿野，而束教圄习之士，动以古义相劫持，不察事理之真实。于是倡尊疑之学，著《道术新论》，以剟击旧教。曰：吾所自任者无他，不妄语而已。理之未明，虽刑威当前，不能讳疑而言信也。学如建大屋然，务先立不可撼之基，客土浮虚，不可任也。掘之穿之，必求实地。有实地乎？事基于此，无实地乎？亦期了然。今者吾生百观，随在皆妄，古训成说，弥多失真，虽证据纷纶，滋偏蔽耳。

---

① 今译柏克莱（George Berkely）。
② 今译笛卡儿（René Descartes）。

借思求理,而诐谬之累,即起于思,即识寻真,而逃罔之端,乃由于识。事迹固显然也,而观相乃互乖,耳目固最切也,而所告或非实。梦,妄也,方其未觉,即同真觉;真矣,安知非梦妄名觉。举毕生所涉之涂,一若有大魅焉,常以荧惑人为快者?然则吾生之中,果何事焉,必无可疑,而可据为实乎?原始要终,是实非幻者,惟意而已。何言乎惟意为实乎?盖意有是非而无真妄,疑意为妄者,疑复是意,若曰无意,则亦无疑,故曰惟意无幻。无幻故常住,吾生终始,一意境耳,积意成我,意自在,故我自在,非我可妄,我不可妄,此所谓真我者也。特嘉尔之说如此。后二百余年,赫胥黎讲其义曰:世间两物曰我非我,非我名物,我者此心,心物之接,由官觉相,而所觉相,是意非物。意物之际,常隔一尘,物因意果,不得径同,故此一生,纯为意境。特氏此语,既非奇创,亦非艰深,人倘凝思,随在自见。设有圆赤石子一枚于此,持示众人,皆云见其赤色,与其圆形,其质甚坚,其数只一,赤圆坚一,合成此物,备具四德,不可暂离。假如今云:此四德者,在汝意中,初不关物,众当大怪,以为妄言。虽然,试思其赤色者,从何而觉,乃由太阳,于最清气名伊脱①者,照成光浪,速率不同,射及石子,余浪皆入,独一浪者不入反射而入眼中,如水晶盂,摄取射浪,导向眼帘,眼帘之中,脑络所会,受此激荡,如电报机,引达入脑,脑中感变,而知赤色。假使于今石子不变,而是诸缘,如光浪速率,目晶眼帘,有一异者,斯人所见,不成为赤,将见他色②。每有一物当前,一人谓红,一人谓碧,红碧二色,不能同时而出一物,以是而知色从觉变,谓属物者,无有是处。所谓圆形,亦不属物,乃人所见,名为如是。何以知之,假使人眼外晶,变其珠形,而为圆柱,则诸圆物,皆当变形。至于坚脆之差,乃由筋力,假使人身筋力,增一百倍,今所谓坚,将皆成脆,而此石子,无异馒首,可知坚性,亦在所觉。赤圆与坚,是三德者,皆由我起。所谓一数,似当属物,乃细审之,则亦由觉。何以言之,是名一者,起于二事:一由目见,一由触知,见触会同,定其为一。今手石子,努力作对眼观之,则在触为一,在见成二,又以常法观之,而将中指交于食指,置石交指之间,则又在见为独,在触成双。今若以官接物,见触同重,前后互殊,孰为当信?可知此名一者,纯意所为,于物无与。即至物质,能隔阂者,久推属物,非凭人意。然隔阂之知,亦由见触,既由见触,亦本人心。由是总之,则石子本体,必不可知,吾所知者,不逾意识,断断然矣。惟意可知,故惟意非幻。此特嘉尔积意成我之说所由生也。非不知必有外因,始生内果,然因同果否,必不可知,所见之影,即与本物相似可也。抑因果互异,犹鼓声之与击鼓人,亦无不可。是以人之知识,止于意验相符。如是所为,已足生事③,更骛高远,真无当也。夫只此意验之符,则形气之学贵矣。此所以自特嘉尔以来,格物致知之事兴,而古所云心性之学微也④。

---

① 今译以太(Ether)。

② 人有生而病眼,谓之色盲,不能辨色。人谓红者,彼皆谓绿。又用干酒调盐燃之暗室,则一切红物皆成灰色,常人之面,皆若死灰。——译者注

③ 此庄子所以云心止于符也。——译者注

④ 然今人自有心性之学,特与古人异耳。——译者注

论十　佛法

　　夫云一切世间，人天地狱，所有神魔人畜，皆在法轮中转，生死起灭，无有穷期，此固婆罗门之旧说。自乔答摩出，而后取群实而皆虚之。一切有为，胥由心造，譬如逝水，或回旋成齐，或跳荡为汨，倏忽变现，因尽果销。人生一世间，循业发现，正如絷犬于株，围绕蹢躅，不离本处。总而言之，无论为形为神，一切无实无常，不特存一己之见，为缠著可悲，而即身以外，所可把玩者，果何物耶？今试问方是之时，前所谓业种羯摩，则又何若？应之曰：羯摩固无恙也。盖羯摩可方磁气，其始在磁石也，俄而可移之入钢，由钢又可移之入镉，展转相过，而皆有吸铁之用。当其寓于一物之时，其气力之醇醨厚薄，得以术而增损聚散之，亦各视其所遭逢，以为所受浅深已耳。是以羯摩果业，随境自修，彼是转移，绵延无已。顾世尊一大事因缘，正为超出生死，所谓廓然空寂，无有圣人，而后为幻梦之大觉。大觉非他，涅槃是已。然涅槃究义云何？学者至今，莫为定论，不可思议，而后成不二门也。若取其粗者诠之，则以无欲无为，无识无相，湛然寂静，而又能仁为归。必入无余涅槃而灭度之，而后羯摩不受轮转，而爱河苦海，永息迷波，此释道究竟也。此与婆罗门所证圣果，初若相似，而实则复乎不同。至薰修自度之方，则旧教以刻厉为真修，以嗜欲为粮莠，佛则又不谓然，目为揠苗助长，非徒无益，抑且害之。彼以为为道务澄其源，苟不揣其本，而惟末之齐，即断毁支体，摩顶放踵，为益几何？故欲绝恶根，须培善本，善本既立，恶根自除。道在悲智兼大，以利济群生，名相两忘，而净修三业。质而言之，要不外塞物竞之流，绝自营之私，而明通公溥，物我一体而已。自营未尝不争，争则物竞兴，而轮回无以自免矣。婆罗门之道为我，而佛反之以兼爱，此佛道径涂，与旧教虽同，其坚苦卓厉，而用意又迥不相侔者也。此其一人作则而万类从风，越三千岁而长存，通九重译而弥远，自生民神道设教以来，其流传广远，莫如佛者，有由然矣。恒河沙界，惟我独尊，则不知造物之有宰；本性圆融，周遍法界，则不信人身之有魂；超度四流，大患永灭，则长生久视之蕲，不仅大愚，且为罪业。祷颂无所用也，祭祀匪所歆也，舍自性自度而外，无它术焉。无所服从，无所争竞，无所求助于道外众生，寂旷虚寥，冥然孤往。其教之行也，合五洲之民计之，望风承流，居其少半，虽今日源远流杂，渐失清净本来，然较而论之，尚为地球中最大教会也。呜呼，斯已奇尔！

　　复案："不可思议"四字，乃佛书最为精微之语，中经稗贩妄人，滥用率称，为日已久，致渐失本意，斯可痛也。夫"不可思议"之云，与云"不可名言""不可言喻"者迥别，亦与云"不能思议"者大异。假如人言见奇境怪物，此为不可名言；又如深喜极悲，如当身所觉，如得心应手之巧，此谓不可言喻；又如居热地人生未见冰，忽闻水上可行，如不知通吸力理人，初闻地贠对足底之说，茫然而疑，翻谓世间无此理实，告者妄言，此谓不能思议。至于"不可思议"之物，则如云世间有圆形之方，有无生而死，有不质之力，一物同时能在两地诸语，方为不可思议。此在日用常语中，与所谓谬妄违反者，殆无别也。然而谈理见极时，乃必至"不可思议"之一境，既不可谓谬，而理又难知，此则真佛书所谓"不可思议"，而"不可思议"一言，专为此设者也。佛所称涅槃，即其不可思议之一。他如理学中不可思议之理，亦多有之，如天地元始，造化真宰，万物本体是已。至于物理之不可思议，则如宇如宙，宇者太虚也①，宙者时也②，他如万物质点，动静真殊，力之本始，神思起讫之伦，虽在圣智，皆不能言，此皆真实不可思议者。今欲敷其旨，则过于奥博冗长，姑举其凡，为涅槃起例而已。涅槃者，盖佛以谓三界诸有为相，无论自创创他，皆暂时忻合成观，终于消亡。而人身之有，则以想爱同结，聚幻成身，世界如空华，羯摩如空果，世世生生，相续不绝。人天地狱，各随所修，是以贪欲一捐，诸幻都灭，无生既证，则与生俱生者，随之而尽，此涅槃最浅义谛也。然自世尊宣扬正教以来，其中圣贤，于泥洹皆不著文字言说，以为不二法门，超诸理解，岂曰无辨？辨所不能言也。然而津逮之功，非言不显，苟不得已而有云，则其体用固可得以微指也。一是涅槃为物，无形体，无方相，无一切有为法，举其大意言之，固与寂灭真无者无以异也。二是涅槃寂不真寂，灭不真灭，假其真无，则无上，正偏知之名乌从起乎？此释迦牟尼所以译为空寂而兼能仁也。三是涅槃湛然妙明，永脱苦趣，福慧两足，万累都捐，断非未证斯果者所及知，所得喻，正如方劳苦人，终无由悉息肩时情况。故世人不知，以谓佛道若究竟灭绝空无，则亦有何足慕！而智者则知，由无常以入长存，由烦恼而归极乐，所得至为不可言喻。故如渴马奔泉，久客思返，真人之慕，诚非凡夫所与知也。涅槃可指之义如此。第其所以称不可思议者，非必谓其理之幽渺难知也，其不可思议，即在"寂不真寂，灭不真灭"二语。世界何物，乃为非有、非非有耶？譬之有人，真死矣，而不可谓死，此非天下之违反，而至难著思者耶？故曰不可思议也。此不徒佛道为然，理见极时，莫不如是。盖天下事理，如木之分条，水之分派，求解则追溯本源。故理之可解者，在通众异为一同，更进则此所谓同，又成为异，而与他异通于大同。当其可通，皆为可解，如是渐进，至于诸理会归最上之一理，孤立无对，既无不冒，自无与通，无与通则不可解，不可解者，不可思议也。此所以毗耶一会，文殊师利菩萨，唱不二法门之旨。一时三十二说皆非，独净名居士不答一言，斯为真喻。何以故？不二法门与思议解说，二义相灭，不可同称也，其为不可思议真实理解，而浅者以谓幽夐迷罔之词，去之远矣。

论十一　学派

今若舍印度而渐迤以西，则有希腊、犹太、义大利诸国，当姬汉之际，迭为声明文物之邦。说者谓彼都学术，与亚南诸教，判然各行，不相祖述；或则谓西海所传，尽属东来旧法，引绪分支。二者皆一偏之论，而未尝深考其实者也。为之平情而论，乃在折中二说之间。盖欧洲学术之兴，亦如其民之种族，其始皆自伊兰旧壤而来。追源远支交，新知踵出，则冰寒于水，自然度越前知，今观天演学一端，即可思而得其理矣。希腊文教，最为昌

① 庄子谓之有实而无夫处，处界域也，谓其有物而无界域，有内而无外者也。——译者注

② 庄子谓之有长而无本剽，剽末也，谓其有物而无起讫也，二皆甚精界说。——译者注

明，其密理图①学者，皆识斯义，而伊匪苏②之额拉吉来图为之魁。额拉生年，与身毒释迦之时，实为相接，潭思著论，精旨微言，号为难读。晚近学者，乃取其残缺，熟考而精思之，乃悟今兹所言，虽诚益密益精，然大体所存，固已为古人先获。即如此论首篇，所引濯足长流诸喻，皆额拉氏之绪言。但其学苟六合，阐造化，为数千年格致先声，不断断于民生日用之间，修己治人之事。洎夫数传之后，理学卢涂，辐辏雅典，一时明哲，咸殚思于人道治理之中，而以额拉氏为穷高骛远矣。此虽若近思切问，有鞭辟向里之功，而额拉氏之体大思精，所谓检押大宇，囊括万类者，亦随之而不可见矣。盖中古理家苏格拉第与柏拉图师弟二人，最为超特。顾彼于额拉氏之绪论遗文，知之转不若吾后人之亲切者。学术之门庭各异，则虽年代相接，未必能相知也。苏格氏之大旨，以为天地六合之大，事极广远，理复繁赜，决非生人智虑之所能周。即使穷神竭精，事亦何裨于日用？所以存而不论，反以求诸人事交际之间，用以期其学之翔实。独不悟理无间于小大，苟有脊仑对待，则皆为学问所可资。方其可言，不必天难而人易也，至于无对，虽在近习，而亦有难窥者矣。是以格致实功，恒在名理气数之间，而绝口不言神化。彼苏格氏之学，未尝讳神化也，而转病有仑脊可推之物理为高远而置之，名为崇实黜虚，实则舍全而事偏，求近而遗远，此所以不能引额拉氏未竟之绪，而大有所明也。夫薄格致气质之学，以为无关人事，而专以修己治人之业，为切要之图者，苏格氏之宗旨也。此其道，后之什匿克③宗用之，厌恶世风，刻苦励行，有安得臣④，知阿真尼⑤为眉目。再传之后，有雅里大德勒⑥崛起马基顿⑦之南，察其神识之所周，与其解悟之所入，殆所谓超凡入圣，凌铄古今者矣。然尚不知物化迁流、宇宙悠久之论，为前识所已言。故额拉氏为天演学宗，其滴髓真传，前不属于苏格拉第，后不属之雅里大德勒，二者虽皆当代硕师，而皆无与于此学，传衣所托，乃在德谟吉利图⑧也。顾其时民智尚未宏开，阿伯智拉所倡高言，未为众心之止，直至斯多噶之徒出，乃大阐径涂，上接额拉氏之学，天演之说，诚当以此为中兴，条理始终，厘然具备矣。独是学经传授，无论见知、私淑，皆能渐失本来。缘学者各奋其私，迭传失实，不独夺其所本有，而且羼以所本无，如斯多噶所持造物真宰之说，则其尤彰明较著者也。原夫额拉之论，彼以火化为万物根本，皆出于火，皆入于火，由火生成，由火毁灭，递劫盈虚，周而复始，又常有定理大法焉以运行之。故世界起灭，成败循还，初不必有物焉，以纲维张弛之也。自斯多噶之徒兴，于是宇宙冥顽，乃有真宰，其德力无穷，其悲智兼大，无所不在，无所不能，不仁而至仁，无为而体物，孕太极而无对，窅然居万化之先，而永为之主。此则额拉氏所未言，而纯为后起之说也。

---

① 今译米利都（Miletus）。
② 今译以弗所（Ephesus）。
③ Cynics.
④ Antisthenes.
⑤ 今译第欧根尼（Diogenes）。
⑥ 即亚里士多德。
⑦ 今译马其顿。
⑧ 即德谟克利特。

复案：密理图旧地，在安息①西界。当春秋昭定之世，希腊全盛之时，跨有二洲，其地为一大都会，商贾辐辏，文教休明，中为波斯所侵，至战国时，罗马渐盛，希腊稍微，而其地亦废，在今斯没尔拿地南。

伊匪苏旧壤，亦在安息之西，商辛、周文之时，希腊建邑于此，有祠宇祀先农神知安那②最著号。周显王十三年，马基顿名王亚烈山大③生日，伊匪苏灾，四方布施，云集山积，随复建造，壮丽过前，为南怀仁所称宇内七大工之一。后属罗马，耶稣之徒波罗，宣景教于此。曹魏景元、咸熙间，先农之祠又毁。自兹厥后，其地寝废，突厥兴，尚取其材以营君士但丁焉。

额拉吉来图，生于周景王十年，为欧洲格物初祖。其所持论，前人不知重也，今乃愈明，而为之表章者日众。按额拉氏以常变言化，故谓万物皆在已与将之间，而无可指之，今以火化为天地秘机，与神同体，其说与化学家合。又谓人生而神死，人死而神生，则与漆园彼是方生之言若符节矣。

苏格拉第，希腊之雅典人，生周末元、定之交，为柏拉图师。其学以事天、修己、忠国、爱人为务，精辟膊挚，感人至深，有欧洲圣人之目。以不信旧教，独守真学，于威烈王二十二年，为雅典王坐以非圣无法杀之，天下以为冤。其教人无类，无著作，死之后，柏拉图为之追述言论，纪事迹也。

柏拉图，一名雅里大各，希腊雅典人，生于周考王十四年，寿八十岁，仪形魁硕。希腊旧俗，庠序间极重武事，如超距搏跃之属，而雅里大各称最能，故其师字之曰柏拉图，柏拉图，汉言骈胁也。折节为学，善歌诗，一见苏格拉第，闻其言，尽弃旧学，从之十年。苏以非罪死，柏拉图为讼其冤，党人仇之，乃弃乡里，往游埃及，求师访道十三年，走义大利，尽交罗马贤豪长者，论议触其王讳，为所卖为奴，主者心知柏拉图大儒，释之。归雅典，讲学于亚克特美园，学者裹粮挟赟，走数千里，从之问道。今泰西太学，称亚克特美，自柏拉图始。其著作多称师说，杂出己意，其文体皆主客设难，至今人讲诵弗衰，精深微妙，善天人之际，为人制行纯懿，不愧其师，故西国言古学者称苏、柏。

什匿克者，希腊学派名，以所居射圃而著号，倡其学者，乃苏格拉第弟子名安得臣者。什匿克宗旨，以绝欲遗世，克己励行为归，盖类中土之关学，而质确之余，杂以任达，故其流极，乃贫贱骄人，穷丐狂保，谿刻自处，礼法荡然。相传安得臣常以一木器自随，坐卧居起，皆在其中，又好对人露秽，白昼持烛，遍走雅典，人询其故，曰：吾觅遍此城，不能得一男子也。

斯多噶者，亦希腊学派名，昉于周末考、显间，而芝诺称祭酒，以市楼为讲学处，雅典人呼城闉为斯多亚，遂以是名其学。始于希腊，成于罗马，而大盛于西汉时，罗马著名豪杰，皆出此派，流风广远，至今弗衰。欧洲风尚之成，此学其星宿海也，以格致为修身之本。其教人也，尚任果，重犯难，好然诺，贵守义相死，有不苟荣、不幸生

---

① 安息，今名小亚西亚。——译者注
② Diana.
③ 今译亚历山大大王。

193

之风。西人称节烈不屈男子曰"斯多噶",盖所从来旧矣。

雅里大德勒[①]者,柏拉图高足弟子,而马基顿名王亚烈山大师也。生周安王十八年,寿六十二岁。其学自天算格物,以至心性,政理、文学之事,靡所不赅,虽导源师说,而有出蓝之美。其言理也,分四大部,曰理,曰性,曰气,而最后曰命,推此以言天人之故。盖自西人言理以来,其立论树义,与中土儒者较明,最为相近者,雅里氏一家而已。元明以前,新学未出,泰西言物性、人事、天道者,皆折中于雅里氏,其为学者崇奉笃信,殆与中国孔子侔矣。洎有明中叶,柏庚起英,特嘉尔起法,倡为实测内籀之学,而奈端[②]、加理列倭[③]、哈尔维[④]诸子,踵用其术,因之大有所明,而古学之失日著,激者引绳排根,矫枉过直,而雅里氏二千年之焰,几乎熄矣。百年以来,物理益明,平陂往复,学者乃澄识平虑,取雅里旧籍考而论之,别其芜类,载其菁英,其真乃出,而雅里氏之精旨微言,卒以不废。嗟乎!居今思古,如雅里大德勒者,不可谓非聪颖特达,命世之才也。

德谟吉利图者,希腊之亚伯地拉人,生春秋鲁哀间。德谟善笑,而额拉吉来图好哭,故西人号额拉为哭智者,而德谟为笑智者,犹中土之阮嗣宗、陆士龙也。家雄于财,波斯名王绰克西斯至亚伯地拉时,其家款王及从者甚隆谨,绰克西斯去,留其傅马支[⑤]教主人子,即德谟也。德谟幼颖敏,尽得其学。复从之游埃及、安息、犹大诸大邦,所见闻广。及归,大为国人所尊信,号"前知",野史稗官,多言德谟神异,难信。其学以觉意无妄,而见尘非真为旨,盖已为特嘉尔噶矢矣。又黜四大之说,以莫破质点言物,此别质学种子,近人达尔敦[⑥]演之,而为化学始基云。

论十二　天难

学术相承,每有发端甚微,而经历数传,事效遂巨者,如斯多噶创为上帝宰物之言是已。夫茫茫天壤,既有一至仁极义,无所不知,无所不能,无所不往,无所不在之真宰,以弥纶施设于其间,则谓宇宙有真恶,业已不可,谓世界有不可弥之缺憾,愈不可也。然而吾人内审诸身心之中,外察诸物我之际,觉覆载徒宽,乃无所往而可离苦趣,今必谓世界皆妄非真,则苦乐固同为幻相,假世间尚存真物,则忧患而外,何者为真?大地抟抟,不徒恶业炽然,而且缺憾分明,弥缝无术,孰居无事,而推行是?质而叩之,有无可解免者矣。虽然,彼斯多噶之徒不谓尔也。吉里须布曰:一教既行,无论其宗风谓何,苟自其功分趣数而观之,皆可言之成理。故斯多噶之为天讼直也,一则曰天行无过,二则曰祸福倚伏,患难玉成,三则曰威怒虽甚,归于好生。此三说也,不独深信于当年,实且张皇于后叶,胪

---

① 此名多与雅里大各相混,雅里大各乃其师名耳。——译者注
② 今译牛顿。
③ 今译伽利略。
④ 今译哈维。
⑤ 古神巫号。——译者注
⑥ 今译道尔顿。

诸简策，布在风谣，振古如兹，垂为教要。往者朴伯以韵语赋《人道篇》①数万言，其警句云："元宰有秘机，斯人特未悟，世事岂偶然，彼苍审措注，乍疑乐律乖，庸知各得所？虽有偏渗灾，终则其利溥，寄语傲慢徒，慎勿轻毁诅，一理今分明，造化原无过。"如前数公言，则从来无不是上帝是已。上帝固超乎是不是而外，即庸有是不是之可论，亦必非人类所能知。但即朴伯之言而核之，觉前六语诚为精理名言，而后六语则考之理实，反之吾心，有蹇蹇乎不相比附者，虽用此得罪天下，吾诚不能已于言也。盖谓恶根常含善果，福地乃伏祸胎，而人常生于忧患，死于安乐，夫宁不然。但忧患之所以生，为能动心、忍性、增益不能故也，为操危虑深者，能获德慧、术知故也，而吾所不解者，世间有人非人，无数下生，虽空乏其身，拂乱所为，其能事决无由增益，虽极茹苦困殆，而安危利菑，智慧亦无从以进。而高高在上者，必取而空乏、拂乱、茹苦、困殆之者，则又何也？若谓此下愚虫豸，本彼苍所不爱惜云者，则又如前者至仁之说何？且上帝既无不能矣，则创世成物之时何？不取一无灾无害无恶业无缺憾之世界而为之，乃必取一忧患从横水深火烈如此者，而又造一切有知觉能别苦乐之生类，使之备尝险阻于其间，是何为者？嗟嗟！是苍苍然穹尔高者，果不可问耶？不然，使致憾者明目张胆，而询其所以然，吾恐芝诺、朴伯之论，自号为天讼直者，亦将穷于置对也。事自有其实，理自有其平，若徒以贵位尊势，箝制人言，虽帝天之尊，未足以厌其意也。且径谓造物无过，其为语病尤深。盖既名造物，则两间所有，何一非造物之所为？今使世界已诚美备，无可复加，则安事斯人，毕生胼胝，举世勤劬，以求更进之一境？计惟有式饮庶几，式食庶几，芸芸以生，泯泯以死！今日之世事，已无足与治，明日之世事，又莫可谁何？是故用斯多噶、朴伯之道，势必愿望都灰，修为尽绝，使一世溃然萎然，成一伊壁鸠鲁之豕圈②而后可。生于其心，害于其政，势有必至，理有固然者也。

　　复案：伊壁鸠鲁，亦额里思人，柏拉图死七年，而伊生于阿底加③。其学以惩忿窒欲，遂生行乐为宗，而仁智为之辅。所讲名理治化诸学，多所发明，补前人所未逮。后人谓其学专主乐生，病其恣肆，因而有豕圈之诮，犹中土之讥杨、墨，以为无父无君，等诸禽兽，门户相非，非其实也。实则其教清净节适，安遇乐天，故能为古学一大宗，而其说至今不坠也。

论十三　论性④

　　吾尝取斯多噶之教与乔答摩之教，较而论之，则乔答摩悲天悯人，不见世间之真美；而斯多噶乐天任运，不睹人世之足悲。二教虽均有所偏，而使二者必取一焉，则斯多噶似为差乐。但不幸生人之事，欲忘世间之真美易，欲不睹人世之足悲难。祸患之叩吾闾，与娱乐之踵吾门，二者之声孰厉？削艰虞之陈迹，与去欢忻之旧影，二者之事孰难？黠者纵

---

① *Essay on Man.*
② *Sty of Epicurus.*
③ Attica.
④ 性，Nature。

善自宽,而至剥肤之伤,断不能破涕以为笑。徒矜作达,何补真忧!斯多噶以此为第一美备世界,美备则诚美备矣,而无如居者之甚不便何也?又为斯多噶之学者曰:率性以为生。斯言也,意若谓人道以天行为极则,宜以人学天也。此其言据地甚高,后之用其说者,遂有侗然不顾一切之概。然其道又未必能无弊也。前者吾为导言十余篇,于此尝反复而觊缕之矣。诚如斯多噶之徒言,则人过固当扶强而抑弱,重少而轻老,且使五洲殊种之民,至今犹巢居鲜食而后可。何则?天行者,固无在而不与人治相反者也。然而以斯多噶之言为妄,则又不可也。言各有攸当,而斯多噶设为斯言之本旨,恐又非后世用之者所尽知也。夫性之为言,义训非一,约而言之,凡自然者谓之性,与生俱生者谓之性,故有曰万物之性,火炎、水流、鸢飞、鱼跃是已。有曰生人之性,心知、血气、嗜欲、情感是已。然而生人之性,有其粗且贱者,如饮食男女,所与含生之伦同具者也;有其精且贵者,如哀乐羞恶,所与禽兽异然者也[①]。而是精且贵者,其赋诸人人,尚有等差之殊,其用之也,亦常有当否之别。是故果敢、辩慧贵矣,而小人或以济其奸;喜怒哀乐精矣,而常人或以伤其德。然则吾人性分之中,贵之中尚有贵者,精之中尚有精者。有物浑成,字曰清净之理,人惟具有是性而后有以超万有而独尊,而一切治功教化之事以出。有道之士,能以志帅气矣,又能以理定志,而一切云为动作,胥于此听命焉,此则斯多噶所率为生之性也。自人有是性,乃能与物为与,与民为胞,相养相生,以有天下一家之量。然则是性也,不独生之所恃以为灵,实则群之所恃以为合,教化风俗,视其民率是性之力不力以为分,故斯多噶又名此性曰群性[②]。盖惟一群之中,人人以损己益群,为性分中最要之一事,夫而后其群有以合而不散,而日以强大也。

> 复案:此篇之说,与宋儒之言性同。宋儒言天,常分理气为两物。程子有所谓气质之性,气质之性,即告子所谓生之谓性,荀子所谓恶之性也。大抵儒先言性,专指气而言则恶之,专指理而言则善之,合理气而言者则相近之,善恶混之,三品之,其不同如此。然惟天降衷有恒矣,而亦生民有欲,二者皆天之所为。古"性"之义通"生",三家之说,均非无所明之论。朱子主理居气先之说,然无气又何从见理?赫胥黎氏以理属人治,以气属天行,此亦自显诸用者言之。若自本体而言,亦不能外天而言理也,与宋儒言性诸说参观可耳。

论十四　矫性

天演之学,发端于额拉吉来图,而中兴于斯多噶。然而其立教也,则未尝以天演为之基。自古言天之家,不出二途:或曰是有始焉,如景教《旧约》所载创世之言是已;有曰是常如是,而未尝有始终也,二者虽斯多噶言理者所弗言,而代以天演之说,独至立教,则与前二家有尝异焉。盖天本难言,况当日格物学浅!斯多噶之徒,意谓天者人道之标准,所

[①]　按哀乐羞恶,禽兽亦有之,特始见端,而微眇难见耳。——译者注
[②]　群性,Political Nature。——原编者注

贵乎称天者，将体之以为道德之极隆，如前篇所谓率性为生者。至于天体之实，二仪之所以位，混沌之所由开，虽好事者所乐知，然亦何关人事乎？故极其委心任运之意，其蔽也，乃徒见化工之美备，而不睹天运之疾威，且不悟天行人治之常相反。今夫天行之与人治异趋，触目皆然，虽欲美言粉饰，无益也。自吾所身受者观之，则天行之用，固常假手于粗且贱之人心，而未尝诱衷于精且贵之明德，常使微者愈微，危者愈危。故彼教至人，亦知欲证贤关，其功行存乎矫拂，必绝情塞私，直至形若槁木，心若死灰而后可。当斯之时，情固存也，而不可以摇其性，云为动作，必以理为之依。如是绵绵若存，至于解脱形气之一日，吾之灵明，乃与太虚明通公溥之神，合而为一。是故自其后而观之，则天竺、希腊两教宗，乃若不谋而合。特精而审之，则斯多噶与旧教之婆罗门为近，而亦微有不同者：婆罗门以苦行穷乞，为自度梯阶，而斯多噶未尝以是为不可少之功行。然则是二土之教，其始本同，其继乃异，而风俗人心之变，即出于中，要之其终，又未尝不合。读印度《四韦陀》之诗，与希腊鄂谟尔①之什，皆豪壮轻侠，目险巇为夷涂，视战斗为乐境。故其诗曰："风雷晴美日，欣受一例看。"当其气之方盛壮也，势若与鬼神天地争一旦之命也者。不数百年后，文治既兴，粗豪渐泯，薿彼后贤，乃忽然尽丧其故。跳脱飞扬之气，转以为忧深虑远之风，悲来悼往之意多，而乐生自憙之情减。其沉毅用壮，百折不回之操，或有加乎前，而群知趋营前猛之可悼。于是敛就新懦，谓天下非胜物之为难，其难胜者，即在于一己。精锐英雄，回向折节，痹瘠诚求，崤归大道。提婆②、殑伽③两水之旁，先觉之畴，如出一辙，咸晓然于天行之太劲，非脱屣世务，抖擞精修，将历劫沉沦，莫知所届也。悲夫！

　　复案：此篇所论，虽专言印度希腊古初风教之同异，而其理则与国种盛衰强弱之所以然，相为表里。盖生民之事，其始皆教庞儇野如土番猺獠，名为野蛮。洎治教粗开，则武健侠烈敢斗轻死之风竞，至于变质尚文，化深俗易，则良儒俭啬计深虑远之民多。然而前之民也。内虽不足于治，而种常以强。其后之民，则卷娄濡需，黠诈惰窳。易于驯伏矣，然而无耻尚利，贪生守雌，不幸而遇外仇，驱而縻之，犹羊豕耳。不观之诗乎？有《小戎》《驷骥》之风，而秦卒以并天下，《蟋蟀》、《葛屦》、《伐檀》、《硕鼠》之诗作，则唐、魏卒底于亡。周、秦以降，与戎狄角者，西汉为最，唐之盛时次之，南宋最下。论古之士，察其时风俗政教之何如，可以得其所以然之故矣。至于今日，若仅以教化而论，则欧洲中国优劣尚未易言，然彼其民，好然诺，贵信果，重少轻老，喜壮健无所屈服之风。即东海之倭，亦轻生尚勇，死党好名，与震旦之民大有异。呜呼！隐忧之大，可胜言哉！

论十五　演恶

　　意者四千余年之人心不相远乎？学术如废河然。方其废也，介然两厓之间，浩浩平沙，舜舜黄芦而止耳，迨一日河复故道，则依然曲折委蛇，以达于海。天演之学犹是也。

---

①　今译荷马（Homer）。

②　今译台伯（Tiber）。

③　今译恒河（Ganga）。

不知者以为新学，究切言之，则大抵引前人所已废也。今夫明天人之际，而标为教宗者，古有两家焉，一曰闵世之教，婆罗门、乔答摩、什匿克三者是已。如是者彼皆以国土为危脆，以身世为梦泡，道在苦行真修，以期自度于尘劫，虽今之时，不乏如此人也。国家禁令严，而人重于远俗，不然，则桑门坏色之衣，比丘乞食之钵，什匿克之蓬累带索，木器自随，其忍为此态者，独无徒哉!? 又其一曰乐天之教，如斯多噶是已。彼则以世界为天园，以造物为慈母，种物皆日蒸于无疆，人道终有时而极乐。虎狼可化为羊也，烦恼究观皆福也。道在率性而行，听民自由，而不加以夭阏。虽今之时，愈不乏如此人也。前去四十余年，主此说以言治者最众，今则稍稍衰矣。合前二家之论而折中之，则世固未尝皆足闵，而天又未必皆可乐也。夫生人所历之程，哀乐亦相半耳! 彼毕生不遇可忻之境，与由来不识何事为可悲者，皆居生人至少之数，不足据以为程者也①。善夫先民之言曰：天分虽诚有限，而人事亦不足有功。善固可以日增，而恶亦可以代减。天既予人以自辅之权能，则练心缮性，不徒可以自致于最宜，且右挈左提，嘉与宇内共跻美善之徒，使天行之威日杀，而人人有以乐业安生者，固斯民最急之事也。格物致知之业，无论气质名物，修齐治平，凡为此而后有事耳。至于天演之理，凡属两间之物，固无往而弗存，不得谓其显于彼而微于此。是故近世治群学者，知造化之功，出于一本，学无大小，术不互殊，本之降衷固有之良，演之致治雍和之极，根荄华实，厘然备具，又皆有条理之可寻，诚犁然有当于人心，不可以旦莫之言废也。虽然，民有秉彝矣，而亦天生有欲。以天演言之，则善固演也，恶亦未尝非演。若本天而言，则尧、桀、夷、跖，虽义利悬殊，固同为率性而行，任天而动也，亦其所以致此者异耳。用天演之说，明殃庆之各有由，使制治者知操何道焉，而民日趋善，动何机焉，而民日竞恶，则有之矣。必谓随其自至，则民群之内，恶必自然而消，善必自然而长，吾窃未之敢信也。且苟自心学之公例言之，则人心之分别见，用于好丑者为先，而用于善恶者为后。好丑者，其善恶之萌乎? 善恶者，其好丑之演乎? 是故好善、恶恶，容有未实，而好好色、恶恶臭之意，则未尝不诚也。学者先明吾心忻好、厌丑之所以然，而后言任自然之道，而民群善恶之机，孰消孰长可耳。

> 复案：通观前后论十七篇，此为最下。盖意求胜斯宾塞，遂未尝深考斯宾氏之所据耳。夫斯宾塞所谓民群任天演之自然，则必日进善不日趋恶，而郅治必有时而臻者，其竖义至坚，殆难破也。何以言之? 一则自生理而推群理。群者，生之聚也，今者合地体、植物、动物三学观之，天演之事，皆使生品日进，动物自子孖螺蠕，至成人身，皆有绳迹可以追溯，此非一二人之言也。学之始起，不及百年，达尔文论出，众虽翕然，攻者亦至众也。顾乃每经一攻，其说弥固，其理弥明，后人考索日繁，其证佐亦日实。至今外天演而言前三学者，殆无人也。夫群者，生之聚也，合生以为群，犹合阿弥巴②而成体。斯宾塞氏得之，故用生学之理以谈群学，造端此事，粲若列眉矣。然于物竞天择二义之外，最重体合，体合者，物自致于宜也。彼以为生既以天演而进，则群亦当以天演而进无疑。而所谓物竞、天择、体合三者，其在群亦与在生无以

---

① 赫胥黎氏此语最蹈谈理肤浅之弊，不类智学家言。而于前二氏之学去之远矣。试思所谓哀乐相半诸语，二氏岂有不知，而终不尔云者，以道眼观一切法，自与俗见不同。赫氏此语取媚浅学人，非极挚之论也。——译者注

② 极小虫生水藻中，与血中白轮同物，为生之起点。——译者注

异，故曰任天演自然，则郅治自至也。虽然，曰任自然者，非无所事事之谓也，道在无扰而持公道。其为公之界说曰：各得自由，而以他人之自由为域。其立保种三大例，曰：一，民未成丁，功食为反比例率，二，民已成丁，功食为正比例率，三，群己并重，则舍己为群。用三例者，群昌，反三例者，群灭。今赫胥氏但以随其自至当之，可谓语焉不详者矣。至谓善恶皆由演成，斯宾塞固亦谓尔。然民既成群之后，苟能无扰而公，行其三例，则恶将无从而演，恶无从演，善自日臻。此亦犹庄生去害马以善群，释氏以除翳为明目之喻已。又斯宾氏之立群学也，其开宗明义，曰：吾之群学如几何，以人民为线面，以刑政为方圆，所取者皆有法之形。其不整无法者，无由论也。今天下人民国是，尚多无法之品，故以吾说例之，往往若不甚合者。然论道之言，不资诸有法固不可①，学者别白观之，幸勿讶也云云。而赫氏亦每略其起例而攻之，读者不可不察也。

论十六　群治

　　本天演言治者，知人心之有善种，而忘其有恶根，如前论矣，然其蔽不止此。晚近天演之学，倡于达尔文，其《物种起源》一作，理解新创，而精确详审，为格致家不可不读之书。顾专以明世间生类之所以繁殊，与动植之所以盛灭，曰物竞，曰天择，据理施术，树畜之事，日以有功，言治者遂谓牧民进种之道，固亦如是，然而其蔽甚矣。盖宜之为事，本无定程，物之强弱善恶，各有所宜，亦视所遭之境以为断耳。人处今日之时与境，以如是身，入如是群，是固有其最宜者，此今日之最宜，所以为今日之最善也。然情随事迁，浸假而今之所善，又未必他日之所宜也。请即动植之事明之，假令北半球温带之地，转而为积寒之墟，则今之梗柟、豫章皆不宜，而宜者乃蒿蓬耳，乃苔藓耳，更进则不毛穷发，童然无有能生者可也。又设数千万年后，此为赤道极热之区，则最宜者深菁长藤，巨蜂元蜡，兽蹄鸟迹，交于中国而已，抑岂吾人今日所祈向之最善者哉！故曰宜者不必善，事无定程，各视所遭以为断。彼言治者，以他日之最宜，为即今日之最善，夫宁非蔽欤！人既相聚以为群，虽有伦纪法制行夫其中，然终无所逃于天行之虐。盖人理虽异于禽兽，而孳乳浸多，则同生之事无涯，而奉生之事有涯，其未至于争者，特早晚耳。争则天行司令，而人治衰，或亡或存，而存者必其强大，此其所谓最宜者也。当是之时，凡脆弱而不善变者，不能自致于最宜，而日为天演所耘，以日少日灭，故善保群者，常利于存；不善保群者，常邻于灭，此真无可如何之势也。治化愈浅，则天行之威愈烈。惟治化进，而后天行之威损。理平之极，治功独用，而天行无权。当此之时，其宜而存者，不在宜于天行之强大与众也。德贤仁义，其生最优，故在彼则万物相攻相感而不相得，在此则黎民于变而时雍，在彼则役物广己者强，在此则黜私存爱者附，排挤蹂躏之风，化而为立达保持之隐。斯时之存，不仅最宜者已也。凡人力之所能保而存者，将皆为致所宜，而使之各存焉。故天行任物之竞，以致其所为择，治道则以争为逆节，而以平争济众为极功。前圣人既竭耳目之力，胼

---

① 按此指其废君臣、均土田之类而言。——译者注

手胍足，合群制治，使之相养相生，而不被于行之虐矣，则凡游其宇而蒙被庥嘉，当思屈己为人，以为酬恩报德之具。凡所云为动作，其有隳交际，干名义，而可以乱群害治者，皆以为不义而禁之。设刑宪，广教条，人抵皆沮任性之行，而劝以人职之所当守。盖以谓群治既兴，人人享乐业安生之福，夫既有所取之以为利，斯必有所与之以为偿，不得仍初民旧贯，使群道坠地，而溃然复返于狉榛也。

　　复案：自营一言，古今所讳，诚哉其足讳也！虽然，世变不同，自营亦异。大抵东西古人之说，皆以功利为与道义相反，若薰莸之必不可同器。而今人则谓生学之理，舍自营无以为存。但民智既开之后，则知非明道，则无以计功，非正谊，则无以谋利，功利何足病？问所以致之之道阿如耳。故西人谓此为开明自营，开明自营，于道义必不背也。复所以谓理财计学，为近世最有功生民之学者，以其明两利为利，独利必不利故耳。

　　又案：前篇皆以尚力为天行，尚德为人治，争且乱则天胜，安且治则人胜。此其说与唐刘、柳诸家天论之言合，而与宋以来儒者以理属天，以欲属人者，致相反矣。大抵中外古今，言理者不出二家，一出于教，一出于学。教则以公理属天，私欲属人；学则以尚力为天行，尚德为人治。言学者期于征实，故其言天不能舍形气；言教者期于维世，故其言理不能外化神。赫胥黎尝云：天有理而无善。此与周子所谓诚无为，陆子所称性无善无恶同意。荀子性恶而善伪之语，诚为过当，不知其善，安知其恶耶？至以善为伪，彼非真伪之伪，盖谓人为以别于性者而已。后儒攻之，失荀旨矣。

论十七　进化

　　令夫以公义断私恩者，古今之通法也。民赋其力以供国者，帝王制治之同符也。犯一群之常典者，群之人得共诛之，此又有众者之公约也。乃今以天演言治者，一一疑之。谓天行无过，任物竞天择之事，则世将自至于太平。其道在人人自由，而无强以损己为群之公职，立为应有权利之说，以饰其自营为己之深私。又谓民上之所宜为，在持刑宪以督天下之平，过此以往，皆当听民自为，而无劳为大匠斲。唱者其言如纶，和者其言如綍，此其蔽无他，坐不知人治、天行二者之绝非同物而已。前论反覆，不惮冗烦，假吾言有可信者存，则此任天之治为何等治乎？嗟乎！今者欲治道之有功，非与天争胜焉，固不可也。法天行者非也，而避天行者亦非。夫曰与天争胜云者，非谓逆天拂性，而为不详不顺者也。道在尽物之性，而知所以转害而为利。夫自不知者言之，则以藐尔之人，乃欲与造物争胜，欲取两间之所有，驯扰驾御之以为吾利，其不自量力，而可闵叹，孰逾此者？然溯太古以迄今兹，人治进程，皆以此所胜之多寡为殿最。百年来欧洲所以富强称最者，其故非他，其所胜天行，而控制万物前民用者，方之五洲，与夫前古各国，最多故耳。以已事测将来，吾胜天为治之说，殆无以易也。是故善观化者，见大块之内，人力皆有可通之方，通之愈宏，吾治愈进，而人类乃愈亨。彼佛以国土为危脆，以身世为浮沤，此诚不自欺之说也。

然法士巴斯噶尔①不云乎，吾诚弱草，妙能通灵，通灵非他，能思而已。以蕞尔之一茎，蕴无穷之神力，其为物也，与无声无臭，明通公溥之精为类，故能取天所行，而弥纶燮理之，犹佛所谓居一芥子，转大法轮也。凡一部落，一国邑之为聚也，将必皆有法制礼俗，系夫其中，以约束其任性而行之暴慢，必有罔罟、牧畜、耕稼、陶渔之事，取天地之所有，被以人巧焉，以为养生送死之资，其治弥深，其术之所加弥广，直至今日，所牢笼弹压、驯伏驱除，若执古人而讯之，彼将谓是鬼神所为，非人力也。此无他，亦格致思索之功胜耳。此二百年中之讨索，可谓辟四千年未有之奇。然自其大而言之，尚不外日之初生，泉之始达，来者方多，有愿力者任自为之，吾又乌测其所至耶？是故居今而言学，则名数质力为最精，纲举目张，可以操顺溯逆推之左券，而身心、性命、道德、治平之业，尚不过略窥大意，而未足以拨云雾睹青天也。然而格致程途，始模略而后精深，疑似参差，皆学中应历之境，以前之多所舣艉，遂谓无贯通融会之一日者，则又不然之论也。迨此数学者明，则人事庶有大中至正之准矣，然此必非笃古贱今之士所能也。天演之学，将为言治者不祧之宗。达尔文真伟人哉！然须知万化周流，有其隆升，则亦有其污降。宇宙一大年也，自京垓亿载以还，世运方趋，上行之轨，日中则昃，终当造其极而下迤。然则言化者，谓世运必日亨，人道必止至善，亦有不必尽然者矣。自其切近者言之，则当前世局，夫岂偶然！经数百万年火烈水深之物竞，洪钧范物，陶炼砻磨，成其如是，彼以理气互推，此乃善恶参半，其来也既深且远如此。乃今者欲以数百年区区之人治，将有以大易乎其初，立达绥动之功虽神，而气质终不如是之速化，此其为难偿虚愿，不待智者而后明也。然而人道必以是自沮焉，又不可也。不见夫叩气而吠之狗乎？其始，狼也，虽卧氍氀之上，必数四回旋转踏，而后即安者，沿其鼻祖山中跐藉之习，而犹有存也。然而积其驯伏，乃可使牧羊，可使救溺，可使守藏，矫然为义兽之尤。民之从教而善变也，易于狗。诚使继今以往，用其智力，奋其志愿，由于真实之途，行以和同之力，不数千年，虽臻郅治可也。况彼后人，其所以自谋者，将出于今人万万也哉？居今之日，藉真学实理之日优，而思有以施于济世之业者，亦惟去畏难苟安之心，而勿以宴安偷乐为的者，乃能得耳。欧洲世变，约而论之，可分三际为言：其始如侠少年，跳荡粗豪，于生人安危苦乐之殊，不甚了了，继则欲制天行之虐而不能，侘傺灰心，转而求出世之法。此无异填然鼓之之后，而弃甲曳兵者也。吾辈生当今日，固不当如鄂谟所歌侠少之轻剽，亦不学瞿昙黄面，哀生悼世，脱屣人寰，徒用示弱，而无益来叶也。固将沉毅用壮，见大丈夫之锋颖，强立不反，可争可取而不可降。所遇善，固将宝而维之，所遇不善，亦无懂焉。早夜孜孜，合同志之力，谋所以转祸为福，因害为利而已矣。丁尼孙之诗曰："挂飒沧海，风波茫茫，或沦无底，或达仙乡。二者何择？将然未然，时乎时乎！吾奋吾力，不竦不戁，丈夫之必。"吾愿与普天下有心人，共矢斯志也。

---

① 巴斯噶尔（Pascal Blaise，1623—1662）。

全新改版·华美精装·大字彩图·书房必藏

科学元典丛书，销量超过 100 万册!

——你收藏的不仅仅是 "纸" 的艺术品，更是两千年人类文明史!

科学元典丛书（彩图珍藏版）除了沿袭丛书之前的优势和特色之外，还新增了三大亮点：

① 每一本都增加了数百幅插图。

② 每一本都增加了专家的 "音频+视频+图文" 导读。

③ 装帧设计全面升级，更典雅、更值得收藏。

名作名译·名家导读

《物种起源》由舒德干教授领衔翻译，他是中国科学院院士，国家自然科学奖一等奖获得者，西北大学早期生命研究所所长，西北大学博物馆馆长。2015年，舒德干教授重走达尔文航路，以高级科学顾问身份前往加拉帕戈斯群岛考察，幸运地目睹了达尔文在《物种起源》中描述的部分生物和进化证据。本书也由他亲自 "音频+视频+图文" 导读。附录还收入了他撰写的《进化论的十大猜想》，既高屋建瓴又通俗易懂地阐述了进化论发展的未来之路，令人耳目一新，豁然开朗。

《自然哲学之数学原理》译者王克迪，系北京大学博士，中共中央党校教授、现代科学技术与科技哲学教研室主任。在英伦访学期间，曾多次寻访牛顿生活、学习和工作过的圣迹，对牛顿的思想有深入的研究。本书亦由他亲自 "音频+视频+图文" 导读。

《狭义与广义相对论浅说》译者杨润殷先生是著名学者、翻译家，天津师范大学外国语学院教授。校译者胡刚复（1892—1966）是中国近代物理学奠基人之一，著名的物理学家、教育家。本书由中国科学院李醒民教授撰写导读，中国科学院自然科学史研究所方在庆研究员 "音频+视频" 导读。